Analysis

in einer Veränderlichen

Theo de Jong

Analysis

in einer Veränderlichen

PEARSON

Higher Education

München • Harlow • Amsterdam • Madrid • Boston
San Francisco • Don Mills • Mexico City • Sydney

a part of Pearson plc worldwide

Bibliografische Information der Deutschen Nationalbibliothek

Die Deutsche Nationalbibliothek verzeichnet diese Publikation in der Deutschen Nationalbibliografie; detaillierte bibliografische Daten sind im Internet über <http://dnb.d-nb.de> abrufbar.

10 9 8 7 6 5 4 3 2 1

12

ISBN 978-3-86894-112-8

Programmleitung: Birger Peil, bpeil@pearson.de
Development: Alice Kachnij, akachnij@pearson.de
Korrektorat: Petra Kienle, Fürstenfeldbruck
Einbandgestaltung: Thomas Arlt, tarlt@adesso21.net
Herstellung: Monika Weiher, mweiher@pearson.de
Satz: le-tex publishing services GmbH, Leipzig
Druck und Verarbeitung: GraphyCems, Villatuerta

Printed in Spain

für meine Frau Petra und unsere Kinder

Inhaltsverzeichnis

Einführung

Mathematik ist die Wissenschaft, die selbstgeschaffene abstrakte Strukturen auf ihre Eigenschaften und Muster untersucht.
Wiktionary

Mathematics is the study of mental objects with reproducable properties.
Davis, Hersch[1]

Der Mathematikunterricht an den deutschen Gymnasien hat sich in den letzten Jahren geändert. Aufgeschreckt durch PISA und inspiriert von Ländern wie den Niederlanden stehen mehr Anwendungen der Mathematik in der „realen Welt" im Vordergrund.[2] Unter Einfluss von modernen Rechengeräten wird weniger Wert auf Rechenfertigkeiten als noch vor zehn oder zwanzig Jahren gelegt. Man kann feststellen, dass viele Studienanfänger nicht mehr über diese Rechenfertigkeiten verfügen. Um dies nachzuholen, werden häufig Brücken- oder Vorkurse angeboten. Allerdings ist es utopisch zu denken, dass man sich in zwei oder drei Wochen Fertigkeiten aneignen kann, wofür früher einige Jahre veranschlagt wurden.

Mathematik besteht nicht nur aus Rechenfertigkeiten, wie Studienanfänger der Mathematik schon immer festgestellt haben. Im Mathematikstudium wird die gesamte Mathematik von Grund auf neu aufgebaut, um die oben genannten mentalen Objekte zu beschreiben. Daher bekommt ein Mathematikstudent im ersten Semester oft zu hören:

Vergessen Sie alles, was Sie in der Schule gelernt haben!

Wenn ein Lehramtsstudierender das Studium abgeschlossen hat und als Lehrer zurück in die Schule kommt, hört dieser hingegen leider oft von seinen neuen Kollegen:

Vergessen Sie alles, was Sie an der Universität gelernt haben!

Ein Grund hierfür ist, dass die grundlegenden mathematischen (mentalen) Objekte an der Universität üblicherweise anders eingeführt werden als an den Gymnasien. So erklärt man die reellen Zahlen nicht durch Dezimalentwicklungen, sondern durch Äquivalenzklassen von Cauchyfolgen rationaler Zahlen, Intervallschachtelungen oder Dedekindschnitte. Oft werden die reellen Zahlen nur „axiomatisch" beschrieben. Ein anderes Beispiel ist die Erklärung der Sinus- und Cosinusfunktion. Sie wird nicht geometrisch eingeführt, sondern oft mit Hilfe von Potenzreihen: $\sin(x) = \sum_{n=0}^{\infty}(-1)^n \frac{x^{2n+1}}{(2n+1)!}$. Noch bemerkenswerter ist die oft benutzte Definition von π als 2-mal die kleinste positive Nullstelle von $\cos(x)$.

Das vorliegende Buch stellt die Analysis auf natürliche Weise in einer reellen Veränderlichen, welche im ersten Semester gelesen wird, dar. Der Lehramtsstudierende sollte den Bezug zur Schulmathematik nicht aus den Augen verlieren.

1 Davis, Hersch: The mathematical experience (1981).
2 In den Niederlanden gibt es jetzt wieder eine mehr oder weniger erfolgreiche Gegenbewegung.

Zum Beispiel werden die reellen Zahlen mittels „Binärentwicklungen“ eingeführt und die Definition wird anhand der Zahlengeraden motiviert.[3] Einer Binärentwicklung lässt sich ein Punkt auf der Zahlengeraden rechts von 0 zuordnen und umgekehrt. Die Winkelfunktionen Sinus und Cosinus sowie das Integral werden geometrisch erklärt wie die Zahl π.

Eine natürliche Einführung beinhaltet, dass man sich konkret Gedanken macht, wie wichtige Zahlen der Mathematik zu berechnen sind, d. h. wie man die Binärentwicklungen und/oder die Dezimalentwicklungen bestimmen kann. Zum Beispiel wird die Zahl $\sqrt{2}$ durch ein konkretes Verfahren zur Berechnung der Binärstellen definiert.

Jedes Kapitel beginnt mit einer ausführlichen Einführung. Hier werden die wichtigsten Definitionen und Sätze erläutert. Darauf folgen auf den linken Buchseiten die genauen mathematischen Definitionen und Sätze. Auf den Seiten rechts stehen Aufgaben, anhand derer das Gelernte sofort geübt werden kann. Die Aufgaben fangen meist einfach an und werden allmählich schwerer.

Auf den linken Seiten werden auch Beweise aufgeführt. Diese wurden recht kurz gehalten und auf das Wesentliche des Arguments beschränkt. Bei Phrasen wie „man rechnet nach, dass ... “ wird erwartet, dass der Leser an dieser Stelle die Berechnungen durchführt. Ist der Beweis länger, so wird er auf zwei Zwischenseiten ausführlich dargestellt. Für das Weiterlernen ist es nicht unbedingt erforderlich, diese langen Beweise (sofort) durchzuarbeiten.

Bei kurzen Beweisen ist die Absicht, dass die Studenten den Beweis so lange studieren, bis sie ihn verstanden haben. Allerdings sollte man nicht zu schnell frustriert sein. Das Verstehen von Beweisen muss geübt werden und es kann manchmal Wochen, ja sogar Monate oder gar Jahre dauern, bevor man einen Beweis wirklich zu 100% versteht. Der Autor dieses Buches weiß selbst ganz genau, wie es ist, jede Zeile eines Beweises logisch verfolgen zu können, jedoch das Gefühl zu haben, ihn trotzdem nicht richtig zu verstehen. Es gibt drei Hinweise, welche beim Verstehen von Beweisen helfen können:

1. Lernen Sie die Definitionen und die Aussagen der Sätze auswendig.
2. Was geht schief bei dem angegebenen Beweis, wenn Sie eine Voraussetzung aus dem Satz weglassen?
3. Denken Sie darüber nach, ob es andere Beweise geben kann. Warum kann der Satz nicht einfacher bewiesen werden?

Es ist nicht die Meinung des Autors, dass Mathematik ein Fach ist, bei dem man nichts auswendig lernen sollte.

Ganz anders sieht es aus bei den Rechenaufgaben auf den rechten Seiten. Wenn es mehrere Aufgaben vom gleichen Typ gibt, so sollte der Student diese so lange üben, bis er diesen Typ Aufgabe routinemäßig lösen kann. Lösungshinweise gibt es auf der Companion Website, jedoch sollte man vorher ernsthaft versuchen, die Aufgaben selbst zu lösen.

Welche Themen beinhaltet dieses Buch? Behandelt werden alle klassische Themen der Analysis: reelle Zahlen, Stetigkeit, Differenzieren, Reihen und Potenzreihen, komplexe Zahlen,

3 Wir machen dies nicht mit Dezimalentwicklungen, weil diese weniger natürlich sind. Binärentwicklungen lassen sich einfach in Dezimalentwicklungen umschreiben.

Integrieren und Funktionenfolgen. Im Buch findet man keine Diskussion über Logik: Es macht keinen Sinn, über Logik zu reden, wenn man zu wenig Übung im logischen Denken hat. Am Anfang des Buches finden Sie, ohne Aufgaben, lediglich eine Zusammenfassung der naiven Mengenlehre, welche wir brauchen, um verschiedene mathematische Objekte formulieren zu können.

Die mit Sternchen * gekennzeichneten Abschnitte können ohne schlechtes Gewissen beim ersten Durchlesen übersprungen werden. Sie vermitteln dem interessierten Leser zusätzliches Informationsmaterial zur Vertiefung der Thematik.

Bedanken möchte ich mich bei Duco van Straten für die anregenden Diskussionen über grundlegende Begriffe der Mathematik, Stefan Müller-Stach, Ysette Weiß-Pidstrygach und Cynthia Hog-Angeloni für hilfreiche Verbesserungsvorschläge und Renate Emerenziani für das Korrekturlesen. Weiterhin gilt mein Dank dem Pearson Verlag für die angenehme Zusammenarbeit. Vor allem jedoch danke ich meiner Frau Petra für die bedingungslose Unterstützung, ohne die ich dieses Buch nie hätte fertigstellen können.

Die nachfolgenden kleinen griechischen Buchstaben muss man auswendig kennen.

α	alpha	β	beta	γ	gamma	δ	delta
ϵ	epsilon	ζ	zeta	η	eta	θ, ϑ	theta
ι	iota	κ	kappa	λ	lambda	μ	mu
ν	nu	ξ	xi	o	omikron	π	pi
ρ	rho	σ	sigma	τ	tau	ϕ, φ	phi
χ	chi	ψ	psi	ω	omega		

Außerdem werden die nachfolgenden großen griechischen Buchstaben gelegentlich benutzt.

Γ	Gamma	Δ	Delta	Θ	Theta	Λ	Lambda
Π	Pi	Σ	Sigma	Φ	Phi	Ω	Omega

Kapitel 0
Mengen und Funktionen

Der Begriff der Menge kommt in der Mathematik fast überall vor. Georg Cantor beschreibt eine Menge in folgender Weise:

> *Unter einer Menge verstehen wir jede Zusammenfassung von bestimmten wohlunterschiedenen Objekten unserer Anschauung oder unseres Denkens zu einem Ganzen.*

Die Objekte, von denen CANTOR spricht, nennen wir Elemente. Üblicherweise nimmt man zur Bezeichnung einen Buchstaben, also z. B. $A, B, \ldots$ für Mengen und $a, b, x, \alpha, \beta, \ldots$ für Elemente. Oft, aber nicht immer werden Großbuchstaben für Mengen, Kleinbuchstaben für Elemente benutzt.

Enthält die Menge A das Objekt (Element) x, so schreibt man $x \in A$ und sagt

$$x \text{ ist ein Element von (der Menge) } A\,.$$

Enthält A nicht das Element x, so schreibt man $x \notin A$ und sagt

$$x \text{ ist kein Element von } A\,.$$

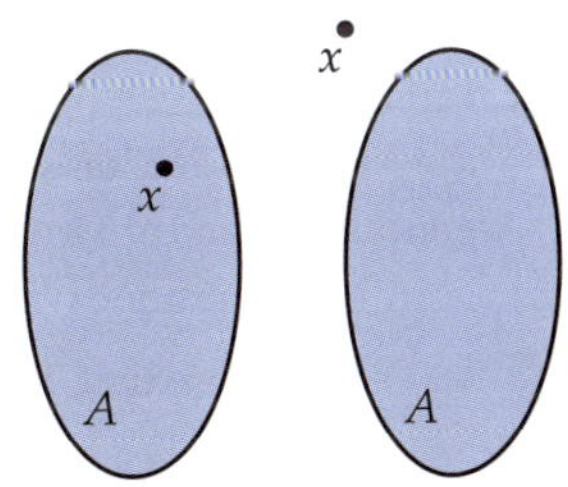

$x \in A$ $\qquad$ $x \notin A$

Zur Veranschaulichung benutzt man oft Diagramme wie in der nebenstehenden Figur. In der linken Figur wird dargestellt, dass x ein Element von A ist. Dagegen wird rechts der Sachverhalt, dass x kein Element von A ist, gezeichnet.

Hat eine Menge nur endlich viele Elemente, so wird diese oft durch die Aufzählung ihrer Elemente, eingeschlossen durch geschweifte Klammern, sog. Akkoladen, notiert. So ist

$$A = \{1, 4, \mathit{Affe}, \mathit{Pferd}\}$$

eine Menge, welche die und nur die Elemente 1, 4, *Affe* und *Pferd* hat. Die Menge, welche überhaupt keine Elemente hat, nennt man die leere Menge. Sie wird mit dem Symbol $\emptyset$ bezeichnet, welches eine Ähnlichkeit mit dem großen griechischen Buchstaben Φ hat.

Diese Aufzählung funktioniert nur, wenn die Menge nur endlich viele Elemente hat. Trotzdem benutzt man diese Abzählung auch oft, wenn klar ist, wie die Elemente aus der Menge aussehen. Die Menge der natürlichen Zahlen $\mathbb{N}$ notiert man manchmal mit

$$\{1, 2, 3, 4, \ldots\}\,.$$

Mit $\mathbb{N}_0$ bezeichnen wir die Menge $\{0, 1, 2, 3, 4, \ldots\}$. Eine andere oft benutzte Methode ist die der Aussonderung von Elementen aus einer gewissen bekannten Menge. So könnte man die

Menge der geraden natürlichen Zahlen auch folgendermaßen notieren:

$$\{a \in \mathbb{N}\colon a \text{ ist durch 2 teilbar}\}\,.$$

Mit $\#A$ bezeichnen wir die Anzahl Elemente von A, insbesondere $\#\emptyset = 0$. Hat A unendlich viele Elemente, so schreiben wir $\#A = \infty$.

Eine Menge A heißt **Teilmenge** der Menge B, wenn jedes Element von A ebenfalls ein Element von B ist. Wir nennen dann B auch eine Obermenge von A. Notation:

$$A \subset B \text{ oder } B \supset A\,.$$

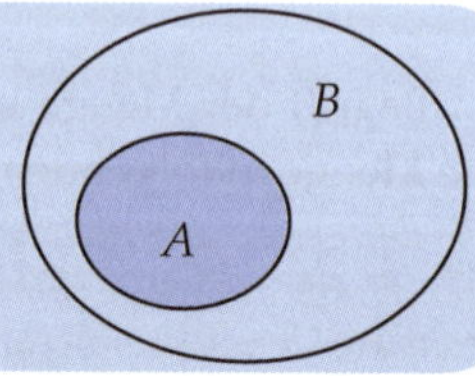

Es seien A, B Mengen.

1. Mit dem Durchschnitt $A \cap B$ bezeichnet man die Menge der Elemente, die sowohl in A als auch in B enthalten sind.
2. Mit der Vereinigung $A \cup B$ bezeichnet man die Menge der Elemente, die entweder in A oder B (oder in beiden) enthalten sind.
3. Mit der Differenz oder dem Komplement von B in A, Notation $A \setminus B$ bezeichnet man die Menge der Elemente, die in A, aber nicht in B enthalten sind. Wird A stillschweigend als bekannt vorausgesetzt, so schreiben wir oft B^c statt $A \setminus B$ und reden einfach vom Komplement von B.
4. Ist I ein Menge und für jedes $i \in I$ eine Menge A_i gegeben, so bezeichnen wir mit der Vereinigung $\cup_{i\in I} A_i$ die Menge aller Elemente, die in einer der A_i liegt. Der Durchschnitt $\cap_{i\in I} A_i$ ist die Menge aller Elemente, die in jedem A_i enthalten ist.
   Ist $I = \{1, 2, 3, \ldots\}$, so schreiben wir oft $\cup_{i=1}^{\infty} A_i$ statt $\cup_{i\in I} A_i$ und analog $\cap_{i=1}^{\infty} A_i$ statt $\cap_{i\in I} A_i$ usw.

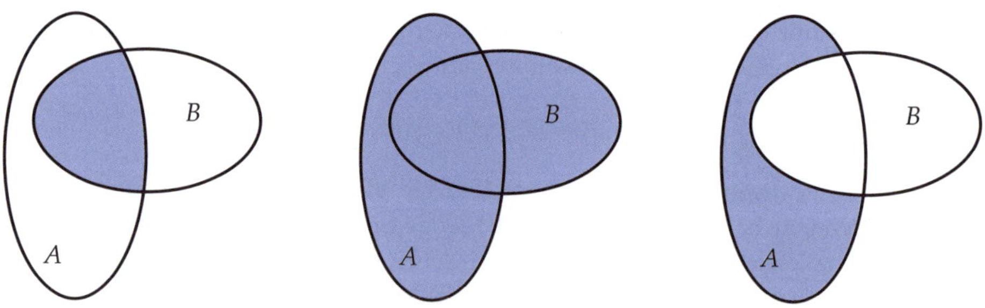

$A \cap B$ $\quad$ $A \cup B$ $\quad$ $A \setminus B$

Bemerken Sie, dass die Aussage $A \subset B$ äquivalent ist zu einer der nachfolgenden Aussagen:

1. $A = A \cap B$
2. $A \setminus B = \emptyset$
3. $B = A \cup B$

Es ist wenig sinnvoll, solche Aussagen auswendig zu lernen, weil sie sich schnell im Kopf herleiten lassen.

Sind A, B zwei Mengen, so definieren wir das **kartesische Produkt** $A \times B$ als die Menge der Paare (a, b) mit $a \in A$ und $b \in B$. Man schreibt:

$$A \times B = \{(a, b) : a \in A \text{ und } b \in B\} .$$

Hier ist es erlaubt, dass $A = B$ und dann schreibt man oft A^2 statt $A \times A$. Das wichtigste Beispiel für uns ist die Menge $\mathbb{R}^2$, welche die Ebene darstellt.

Seien A und B Mengen. Eine **Abbildung**, auch **Funktion** genannt, $f: A \to B$ von A nach B ist eine Vorschrift, die jedem $a \in A$ genau ein Element $f(a) \in B$ zuordnet.

Wenn $f(a) = b$ ist, so schreiben wir oft:

$$\begin{aligned} f : A &\to B \\ a &\mapsto b \end{aligned}$$

Einer Funktion $f: A \to B$ kann man den Graph von f zuordnen. Dieser ist die Teilmenge

$$\{(a, f(a)) : a \in A\}$$

des kartesischen Produktes $A \times B$. Die Funktion ist durch seinen Graph eindeutig festgelegt.

Sind A, B, C Mengen, $f: A \to B$ und $g: B \to C$ Funktionen, so definieren wir die **Komposition** $g \circ f: A \to C$ durch die Vorschrift

$$g \circ f(a) := g(f(a))$$

für jedes $a \in A$.

Ein ganz wichtiger Spezialfall ist der Fall, dass $A = C$ und dass

$$\begin{aligned} g(f(a)) &= a \quad \text{für jedes } a \in A \quad \text{und} \\ f(g(b)) &= b \quad \text{für jedes } b \in B \,. \end{aligned}$$

In diesem Fall nennt man g die zu f inverse Funktion oder Umkehrfunktion, Notation $g = f^{-1}$ und ebenso $f = g^{-1}$. Also ist $(f^{-1})^{-1} = f$.

Beispiele von Umkehrfunktionen kennen Sie aus der Schule:

1 Sei $A = B = \{x \in \mathbb{R} : x \geq 0\}$, $f(x) = x^2$ und $g(x) = \sqrt{x}$, so ist g die zu f inverse Funktion, denn $f(g(x)) = (\sqrt{x})^2 = x$ und $g(f(x)) = \sqrt{x^2} = x$.

2 Sei $A = \mathbb{R}$ und B die Menge der positiven reellen Zahlen. Sei $f: A \to B$ gegeben durch $f(x) = 2^x$ und $g: B \to A$ durch $g(x) = \log_2(x)$.

Ist $f: A \to B$ eine Funktion mit der Eigenschaft, dass es für jedes $b \in B$ genau ein $a \in A$ gibt $f(a) = b$, so nennt man f **bijektiv**. Man definiert für eine bijektive Funktion f die inverse Funktion $f^{-1}: B \to A$ durch $f^{-1}(b) = a$. Es gilt also

$$f(a) = b \text{ genau dann, wenn } a = f^{-1}(b) .$$

So hat man in Beispiel 2

$$y = 2^x \text{ genau dann, wenn } x = \log_2(y) .$$

Die reellen Zahlen

1

ÜBERBLICK

LERNZIELE

- Das Beweisprinzip der vollständigen Induktion und seine Anwendung in einfachen Situationen
- Die Definition der reellen Zahlen; Binär- und Dezimalentwicklung
- Kleinste obere Schranke und größte untere Schranke
- Die Rechengesetze der reellen Zahlen
- Die binomische Lehrformel und Anwendungen
- Begriff des Häufungspunktes einer Menge von reellen Zahlen

> Die ganzen Zahlen hat der liebe Gott gemacht, alles andere ist Menschenwerk.
> (L. KRONECKER (1866))

> Die Zahlen sind freie Schöpfungen des menschlichen Geistes, sie dienen als ein Mittel, um die Verschiedenheit der Dinge leichter und schärfer aufzufassen.
> (R. DEDEKIND, Was sind und was sollen die Zahlen.)

Wir beginnen das Kapitel mit einer Diskussion über die natürlichen und ganzen Zahlen. Für uns ist die wichtigste Schreibweise die binäre: Im Computer sind die Zahlen ebenfalls binär gespeichert. Die binäre Schreibweise ist nicht schwierig. Wir realisieren zunächst, dass, wie in der Grundschule unterrichtet, die Schreibweise 945 bedeutet

$$945 = 9 \cdot 10^2 + 4 \cdot 10^1 + 5 \cdot 10^0 = 9 \cdot 100 + 4 \cdot 10 + 5 \cdot 1 .$$

Bei der binären Darstellung werden nur die Ziffern 0 und 1 benutzt und die 10 oben wird durch die Zahl 2 ersetzt. So bedeutet in binärer Darstellung die Zahl 10110

$$10100 = 1 \cdot 2^4 + 0 \cdot 2^3 + 1 \cdot 2^2 + 0 \cdot 2^1 + 0 \cdot 2^0 ,$$

in der gewöhnlichen dezimalen Schreibweise gleich $16+4 = 20$. Man überlegt sich leicht, dass man jede natürliche Zahl in einer solchen Binärdarstellung schreiben kann.

Das erste richtig Neue, was Sie lernen, ist die **vollständige Induktion**. Die vollständige Induktion erlaubt es uns in vielen Fällen, mehr oder weniger routinemäßig Identitäten nachzuweisen: Wenn man nicht weiter weiß, versucht man es mit Induktion. Das Prinzip ist folgendermaßen: Wenn man eine Aussage oder eine Identität für jede natürliche Zahl n zeigen will, so zeige man es zunächst für $n = 1$. Dann nimmt man an, die Aussage ist für ein n gezeigt (Induktionsvoraussetzung) und zeigt, dass sie dann auch für $n + 1$ wahr ist.

Eine Metapher ist die der fallenden Dominosteine: Man stelle sich die natürlichen Zahlen als eine unendliche Reihe von Dominosteinen vor. Wenn einer fällt, dann ist die entsprechende Aussage bewiesen. Nun tippt man den ersten Stein an, er fällt um und der Rest folgt ...

Nun zur Definition der reellen Zahlen. Eine genaue Einführung der reellen Zahlen wird in einer Grundvorlesung oft vermieden; stattdessen wird ein axiomatischer Ansatz genommen. Dabei sind die reellen Zahlen den meisten schon als Dezimalentwicklungen (evtl. mit einem Minuszeichen versehen) bekannt. Zum Beispiel ist die Quadratwurzel aus 2 die Zahl mit einer Dezimalentwicklung, welche anfängt mit

$$\sqrt{2} = 1{,}41421356237309504880168872420969807856967187537694807317667973799 \cdots$$

oder die Zahl π ist diejenige, welche die Dezimalentwicklung

$$\pi = 3{,}1415926535897932384626433832795028841971693993751058209749445923 07 \cdots$$

hat. Dennoch sollen die reellen Zahlen hier nicht mit Hilfe von Dezimalentwicklungen eingeführt werden. Ein berechtigter Grund hierfür ist, dass die Zahl 10 keine besondere Stellung in der Mathematik einnimmt.

Dieser Einwand gilt jedoch nicht für die Binärentwicklungen: Die Zahl 2 ist die wohl meist unterschätzte Zahl in der Mathematik. Tatsächlich lässt sich eine Definition der reellen Zahlen mit Hilfe von Binärentwicklungen geometrisch schön motivieren und das werden wir jetzt tun.

Eine Binärentwicklung ist eine Abbildung

$$\begin{aligned} x\colon \mathbb{Z} &\to \{0,1\} \\ n &\mapsto x_n\,, \end{aligned}$$

so dass $x_k = 0$ für alle hinreichend große Zahlen k. Wir benutzen oft die Notation $x_n x_{n-1} \ldots x_0, x_{-1} \ldots$, wenn $x_k = 0$ für $k > n \geq 0$. Hierbei ist zu beachten, dass

$$0{,}1111111 \cdots \text{ und } 1{,}0000000 \cdots$$

die gleiche reelle Zahl beschreiben.

Als Modell für die reellen Zahlen benutzen wir eine Gerade, die „Zahlengerade“. Wir fixieren eine Zahl 0 auf dieser Geraden. Punkte, die links von Null liegen, nennen wir negativ, Punkte, die rechts von 0 liegen, nennen wir positiv.

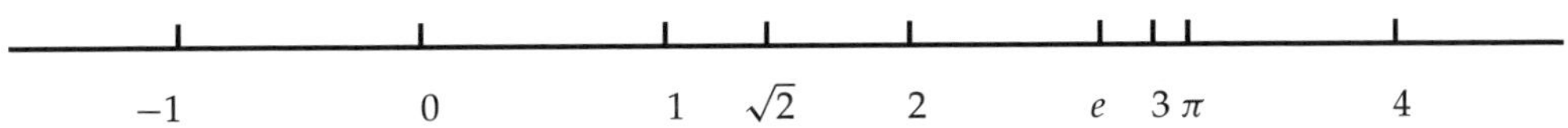

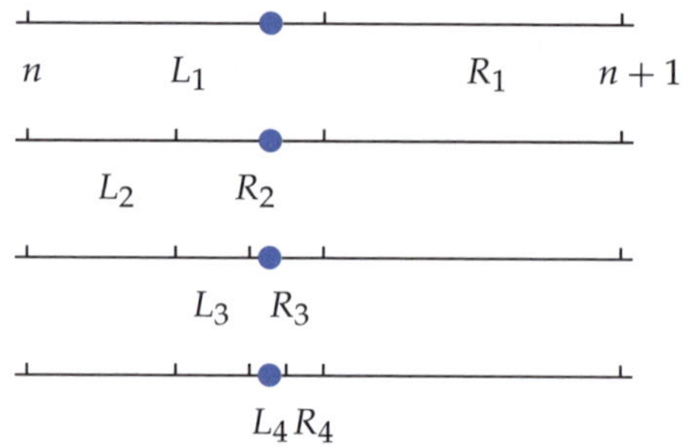

Weiterhin liegt rechts von 0 die Zahl 1 und jede weitere natürliche Zahl. Nun können wir jeder Binärentwicklung einen Punkt p rechts der Null zuordnen. Es sei b_i eine solche Binärentwicklung mit $b_{k+1} = b_{k+2} = \cdots$ gleich Null und $b_k = 1$. Dann ist $b_k 2^k + b_{k-1} 2^{k-1} + \cdots + b_0$ eine natürliche Zahl n.

Unser Punkt p liegt dann zwischen n und $n+1$. Nun betrachten wir b_{-1}. Wir teilen die Strecke zwischen n und $n+1$ in zwei gleiche Teile L_1 und R_1 auf. Ist $b_{-1} = 0$, so liegt p in $I_1 := L_1$, ist $b_{-1} = 1$, so liegt p in $I_1 := R_1$. Nun teilen wir I_1 in zwei gleiche Teile L_2 und R_2 auf. Ist $b_{-2} = 0$, so liegt p in $I_2 := L_2$, ist $b_{-2} = 1$, so liegt p in $I_2 := R_2$ und so weiter. Im obigen Bild gilt $b_{-1} = 0$, $b_{-2} = 1$, $b_{-3} = 1$ und $b_{-4} = 0$. Es sieht danach aus, dass $b_{-5} = 1$ ist und $b_{-6} = 0$, aber dann müssten wir noch mal genauer hinschauen.

Umgekehrt kann man auf diese Weise jedem Punkt rechts von 0 eine Binärentwicklung zuordnen. Hierbei ist aber Folgendes zu beachten. Ist p z. B. genau in der Mitte zwischen 0 und 1 (also die Zahl 1/2), so müssten wir entscheiden, ob dieses p in L_1 oder in R_1 liegt. Entscheiden wir, dass p in L_1 liegt, so erhalten wir die Binärentwicklung $0,\, 0\,1\,1\,1, \ldots$ Wenn wir aber entscheiden, dass p in R_1 liegt, erhalten wir $0,\, 1\,0\,0\,0, \ldots$. Diese zwei Binärentwicklungen sollten deshalb die gleiche reelle Zahl definieren und das ist auch so gemacht worden.

Es dürfte dem Leser klar sein, dass man auf ähnliche Weise den Punkten rechts von Null eine Dezimalentwicklung zuordnen könnte, nur muss man dann die Strecken nicht jeweils in zwei, sondern in zehn gleiche Teile aufteilen.

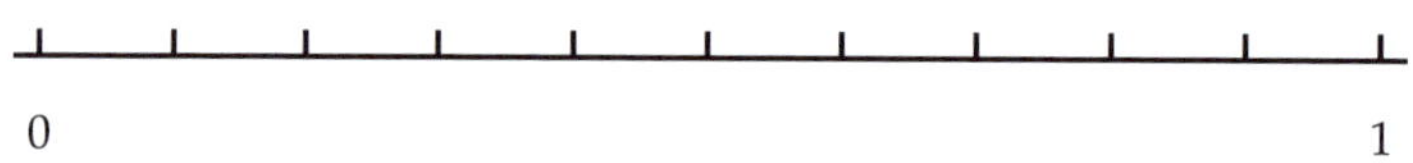

Die Einführung der reellen Zahlen in diesem Buch in Abschnitt 1.3 ist nur eine Möglichkeit unter mehreren, also sollte der Leser sich nicht wundern, wenn in anderen Lehrbüchern eine andere Methode zur Konstruktion der reellen Zahlen gewählt wird. Weitere Möglichkeiten hierfür sind:

1 Die Methode der Dedekindschen Schnitte

2 Die Methode der Intervallschachtelungen

3 Die Methode der Äquivalenzklassen von Cauchyfolgen rationaler Zahlen

Diese Begriffe werden hier nicht erklärt und wir verweisen hierfür auf die Literatur. Welche Methode man zur Konstruktion der reellen Zahlen nimmt, ist im Prinzip gleichgültig, weil sie alle letztendlich das gleiche Ergebnis liefern. Ich habe in diesem Buch die Methode der Binärentwicklungen gewählt, weil sie meiner Ansicht nach die wohl elementarste Methode ist. Man braucht nicht einmal den Begriff der rationalen Zahl und man muss außerdem für die Definition der reellen Zahlen nicht wissen, wie man natürliche oder rationale Zahlen addiert. Allerdings müssen wir natürlich die Addition und Multiplikation von reellen Zahlen definieren und dies werden wir auch diskutieren.

Aber zunächst zur Anordnung von reellen Zahlen. Sind x, y reelle Zahlen, so ist die geometrische Bedeutung von $x < y$ (x kleiner als y), dass x links von y auf der Zahlengeraden liegt. Negative Zahlen sind kleiner als positive Zahlen. Für positive Zahlen x, y kann man die Bedingung $x < y$ mit den Binärentwicklungen von x und y beschreiben und für negative Zahlen x, y natürlich auch.

Wir kommen zum wichtigen Begriff des **Supremums** einer Menge A von reellen Zahlen. Ein Synonym für Supremum von A ist **kleinste obere Schranke** von A, welche den Begriff besser charakterisiert. Die Zahl b heißt obere Schranke der nichtleeren Menge A, wenn b größer oder gleich jedem Element aus A ist. Natürlich braucht eine Menge reeller Zahlen keine obere Schranke zu haben, wie zum Beispiel $A = \mathbb{N}$. Hat die Menge A eine obere Schranke, so nennt man sie **von oben beschränkt**. Eine wichtige Eigenschaft der reellen Zahlen ist die sogenannte Vollständigkeit:

> Jede nichtleere von oben beschränkte Menge A reeller Zahlen besitzt eine (eindeutig bestimmte) kleinste obere Schranke $\sup(A)$.

Auf analoge Weise verwendet man den Begriff **Infimum** oder auch **größte obere Schranke** einer Menge A.

Um diese zu finden, bestimmen wir die „Abschneidungen" des Supremums $x = \sup(A)$. Die Abschneidung $\lfloor x \rfloor_n$ einer reellen Zahl x erhält man aus x, indem man alle x_{-k} für $k \geq n$ durch 0 ersetzt. Dann ist x die größte Binärentwicklung, so dass es für jedes k ein $a \in A$ gibt mit $\lfloor x \rfloor_k < a$.

Hat A nur positive Elemente, so ist das Infimum die größte Binärentwicklung, so dass $\lfloor x \rfloor_k < a$ für jedes $a \in A$. Man findet sowohl für das Supremum als auch für das Infimum die Abschneidungen $\lfloor x \rfloor_k$ induktiv nach k.

Nun zur Addition. Wenn wir zwei reelle Zahlen, wie z. B. in binärer Schreibweise $\pi = 11{,}00100100\ldots$ und $\sqrt{2} = 1{,}01101010\ldots$, addieren (oder multiplizieren) möchten, so haben wir das Problem, dass wir nicht „rechts" anfangen können. Wir können jedoch für jedes n abschneiden und addieren. So ist $\lfloor \pi \rfloor_4 + \lfloor \sqrt{2} \rfloor_4 = 11{,}0010 + 1{,}0110 = 100{,}1010$. Die Zahl in binärer Darstellung 100,1010 ist eine gute Annäherung von $\pi + \sqrt{2}$, aber natürlich nicht gleich $\pi + \sqrt{2}$. Die Summe $\lfloor \pi \rfloor_5 + \lfloor \sqrt{2} \rfloor_5 = 11{,}00100 + 1{,}01101 = 100{,}10101$ ist eine bessere Annäherung. Wir erhalten also

$$\lfloor \pi \rfloor_4 + \lfloor \sqrt{2} \rfloor_4 \leq \lfloor \pi \rfloor_5 + \lfloor \sqrt{2} \rfloor_5 \leq \lfloor \pi \rfloor_6 + \lfloor \sqrt{2} \rfloor_6 \leq \cdots$$

Bei wachsendem k werden immer mehr binäre Stellen richtig sein. Genauer gesagt, gibt es zu jeder Zahl k ein N mit

$$\Big\lfloor \lfloor \pi \rfloor_N + \lfloor \sqrt{2} \rfloor_N \Big\rfloor_k = \Big\lfloor \lfloor \pi \rfloor_{N+1} + \lfloor \sqrt{2} \rfloor_{N+1} \Big\rfloor_k = \cdots ,$$

welche nach Definition gleich $\lfloor \pi + \sqrt{2} \rfloor_k$ ist. Diese Methode funktioniert ebenfalls für die Multiplikation von zwei beliebigen positiven Zahlen.

Diesen Vorgang formalisieren wir mit dem Begriff Grenzwert. Zu jeder wachsenden Folge $z_1 \leq z_2 \leq z_3 \leq \cdots$ von reellen Zahlen, so dass z_n nicht über alle Zahlen hinauswächst, führt man den Grenzwert $\lim_{n\to\infty} z_n$ ein. Er ist eigentlich nichts anderes als die kleinste obere Schranke der Menge $\{z_n : n \in \mathbb{N}\}$. Die Summe zweier positiver reeller Zahlen x und y ist dann definitionsgemäß gleich

$$x + y := \lim_{n\to\infty} \left(\lfloor x \rfloor_n + \lfloor y \rfloor_n \right)$$

und das Produkt ist

$$x \cdot y := \lim_{n\to\infty} \left(\lfloor x \rfloor_n \cdot \lfloor y \rfloor_n \right) .$$

Das größte Problem besteht darin zu zeigen, dass die Assoziativgesetze und das Distributivgesetz gültig sind. Dies folgt ohne größere Probleme aus den Rechenregeln

$$\lim_{n\to\infty} (x_n + y_n) = \lim_{n\to\infty} x_n + \lim_{n\to\infty} y_n , \quad \lim_{n\to\infty} (x_n \cdot y_n) = \lim_{n\to\infty} x_n \cdot \lim_{n\to\infty} y_n .$$

Der Begriff Grenzwert von Folgen wird in Kapitel 3 allgemeiner gefasst und die obigen Rechenregeln werden allgemeiner nachgewiesen.

Relativ einfach zu bestimmen sind die Differenz $x - y$ für $x > y$ und der Kehrwert $1/x$. Diese sind dann auch (mit entsprechenden Tipps) als Aufgaben überlassen. Die Erweiterung der Definition der Summe und des Produktes auf nicht notwendigerweise positive reelle Zahlen wird auf formale Art und Weise gemacht. So ist z. B. wenn $x > 0 > y$ $x \cdot y$ definiert durch $x \cdot y := -(x \cdot (-y))$. Wenn überdies $-y < x$, so definiert man $x + y := x - (-y)$, sonst $x + y := -(-y - x)$.

Wir schließen das Kapitel ab mit einer Diskussion über die binomische Lehrformel, Intervalle, Häufungspunkte und Abzählungen.

1.1 Die natürlichen, ganzen und rationalen Zahlen

Wir kennen alle die natürlichen Zahlen $1, 2, 3, 4, 5, 6, \ldots$ und die ganzen Zahlen $\ldots, -2, -1, 0, 1, 2, 3, 4, \ldots$ und haben in der Schule hiermit rechnen gelernt. So können wir diese addieren und multiplizieren: Für je zwei ganze Zahlen x, y sind die Summe $x + y$ und das Produkt $x \cdot y$ definiert. Diese Operationen erfüllen die Kommutativgesetze $x + y = y + x$, $x \cdot y = y \cdot x$, die Assoziativgesetze $(x + y) + z = x + (y + z)$, $(x \cdot y) \cdot z = x \cdot (y \cdot z)$ und das Distributivgesetz $x \cdot (y + z) = x \cdot y + x \cdot z$.

Normalerweise werden die natürlichen Zahlen in der Dezimalschreibweise geschrieben. Für uns (und auch für den Rechner) ist es zweckmäßiger, die *Binärschreibweise* der natürlichen Zahlen zu benutzen. Ist x eine natürliche Zahl, so setzen wir $x_0 = 0$, wenn x gerade; $x_0 = 1$, wenn x ungerade ist. Dann ist $x^{(1)} := (x - x_0)/2$ eine kleinere natürliche Zahl als x. Wir setzen $x_1 = 1$, wenn $x^{(1)}$ ungerade ist und $x_1 = 0$, wenn $x^{(1)}$ gerade ist. Danach setzen wir $x^{(2)} = (x^{(1)} - x_1)/2$ usw. Nach endlich vielen Schritten haben wir x geschrieben als

$$x = x_n \cdot 2^n + \cdots + x_1 \cdot 2 + x_0 \,.$$

Die Binärdarstellung schreiben wir als $(x_n x_{n-1} \cdots x_1 x_0)_2$ oder $x_n x_{n-1} \cdots x_1 x_0$, wenn klar ist, dass wir nicht von einer Dezimalschreibweise reden. So ist z. B. $10 = (1010)_2$, $13 = (1101)_2$ und so weiter. Auch in der binären Schreibweise können wir die Addition, Multiplikation und auch die schriftliche Division, wie in der Schule gelernt, durchführen. Siehe die Aufgaben auf der rechten Seite.

Finden Sie ein Argument, warum die Grundrechenarten in der binären Schreibweise einfacher sind als in der dezimalen Schreibweise.

Rationale Zahlen sind Zahlen, die als Bruch geschrieben werden können. Sie haben deshalb die Form a/b, wobei a und b ganze Zahlen sind mit b ungleich 0. Zwei rationale Zahlen a/b und c/d sind gleich, wenn $ad = bc$ ist.

Wenn eine rationale Zahl als a/b geschrieben ist, so nennt man a den Zähler und b den Nenner. Aus der Schule wissen wir, wie rationale Zahlen addiert und multipliziert werden können:

$$\frac{a}{b} + \frac{c}{d} = \frac{ad + bc}{bd}\,, \quad \frac{a}{b} \cdot \frac{c}{d} = \frac{ac}{bd}\,.$$

Wir können immer dafür sorgen, dass der Nenner eine natürliche Zahl ist. Ist dies für a/b und c/d der Fall, so schreiben wir $a/b < c/d$, wenn $ad < bc$ ist.

Satz 1.1 Für x rational gilt $1 + x + \cdots + x^n = (1 - x^{n+1})/(1 - x)$.

Folgt aus $(1 - x) \cdot (1 + x + x^2 + \ldots + x^n) = 1 - x^{n+1}$. ∎

Aufgaben

COMPANION WEBSITE Lösung

Aufgabe 1.1 Schreiben Sie die nachfolgenden Zahlen in binärer Schreibweise: 16, 21, 32, 35, 41, 201

Aufgabe 1.2 Schreiben Sie die nachfolgenden in binärer Schreibweise gegebenen Zahlen in Dezimalschreibweise: 1011, 100101, 10101010101, 11, 100, 111, 10000, 1111111, 10000000

Aufgabe 1.3
Berechnen Sie die Summe $a + b$ und das Produkt ab der nachfolgenden, in binärer Schreibweise gegebenen Zahlen. Schreiben Sie diese dann in der Dezimalschreibweise und kontrollieren Sie das Ergebnis. Rechts steht das Beispiel $a = 1011$ und $b = 1101$, also $a = 11$ und $b = 13$.

$$\begin{array}{r} 1011 \\ 1101 \\ \hline 11000 \end{array} + \qquad \begin{array}{r} 1011 \\ 1101 \\ \hline 1011 \\ 101100 \\ 1011000 \\ \hline 10001111 \end{array}$$

1. $a = 1011,\ b = 10$ 2. $a = 10101,\ b = 11$
3. $a = 10101,\ b = 101$ 4. $a = 111011,\ b = 10111$

Aufgabe 1.4 Schreiben Sie die nachfolgenden Zahlen a, b in binärer Schreibweise und führen Sie die schriftliche Division (in binärer Schreibweise) durch.

1. $a = 16,\ b = 5$ 2. $a = 81,\ b = 3$ 3. $a = 101,\ b = 7$

Aufgabe 1.5 Sei $x = y/100$.

1. Sie legen einen Betrag von B Euro zu einem Zins von $y\%$ monatlich an. Zeigen Sie, dass dieser Betrag nach n Monaten auf $B \cdot (1 + x)^n$ angewachsen ist.
2. Sie bezahlen monatlich einen Betrag R in ein Sparguthaben ein, das mit $y\%$ monatlich verzinst wird. Zeigen Sie, dass Ihr Kapital nach n Monaten auf

$$R \cdot \frac{(1 + x)^{n+1} - 1}{x}$$

angewachsen ist.

3. Sie nehmen bei der Bank einen Kredit von K Euro zu $y\%$ Zinsen monatlich auf, den Sie mit einer Rate von R Euro monatlich in n Monaten abbezahlen. Leiten Sie eine Gleichung zwischen B, K, x und n her.
Achtung: Sie zahlen die erste Rate erst nach einem Monat.
4. Sie nehmen einen Kredit von 300.000 Euro für einen Hausbau auf, zu 6% jährlich nominal, d. h. 0, 5% monatlich. Sie bezahlen den Kredit in 30 Jahren zurück. Wie hoch ist die monatliche Rate? (Benutzen Sie einen Taschenrechner.)

1.2 Vollständige Induktion

Für die ganzen Zahlen gilt die **vollständige Induktion** (oder einfach die Induktion), welche wir ohne weitere Begründung (wenn eine solche überhaupt notwendig wäre) akzeptieren:

Sei n_0 eine ganze Zahl und $P(n)$ eine Aussage, welche für jede Zahl $n \geq n_0$ definiert ist und entweder *wahr* oder *falsch* ist.

Wenn $P(n_0)$ wahr ist und es für alle $n \geq n_0$ zutrifft, dass $P(n+1)$ aus $P(n)$ folgt, so ist $P(n)$ wahr für jede ganze Zahl $n \geq n_0$.

Beispiel: Für jede natürliche Zahl n gilt die Behauptung $P(n)$:

$$1^2 + 2^2 + \cdots + n^2 = \frac{1}{6} n(n+1)(2n+1) .$$

1. Schritt. Die Behauptung $P(1)$ ist richtig: $1 = \frac{1}{6} \cdot 1 \cdot 2 \cdot 3$.
2. Schritt. (Induktionsschritt) Wir nehmen an, dass für ein bestimmtes n die *Induktionsvoraussetzung* $P(n)$ wahr ist. Wir haben $P(n+1)$ zu zeigen. Da

$$1^2 + 2^2 + \cdots + n^2 = \frac{1}{6} n(n+1)(2n+1)$$

folgt durch Addition von $(n+1)^2$ zu beiden Seiten

$$1^2 + 2^2 + \cdots + n^2 + (n+1)^2 = \frac{1}{6} n(n+1)(2n+1) + (n+1)^2 = \frac{1}{6}(n+1)(n+2)(2n+3) ,$$

$P(n+1)$ ist also wahr.
Nach dem Prinzip der vollständigen Induktion ist dann $P(n)$ für alle natürlichen Zahlen n gültig.

Für Zahlen a_i, $i = 1, \ldots, n+1$ definieren wir

$$\sum_{i=1}^{1} a_i := a_1 , \quad \sum_{i=1}^{n+1} a_i := a_{n+1} + \sum_{i=1}^{n} a_i , \qquad \prod_{i=1}^{1} a_i := a_1 , \quad \prod_{i=1}^{n+1} a_i := a_{n+1} \cdot \prod_{i=1}^{n} a_i$$

Nach dem Prinzip der vollständigen Induktion sind dann $\sum_{i=1}^{n} a_i$ und $\prod_{i=1}^{n} a_i$ für alle n definiert. Wir schreiben aber auch oft $a_1 + \cdots + a_n$ für $\sum_{i=1}^{n} a_i$ und $a_1 \cdot \cdots \cdot a_n$ für $\prod_{i=1}^{n} a_i$. Auch hier braucht die Summe oder das Produkt nicht bei 1 anzufangen, es kann eine beliebige ganze Zahl sein.

Für $n \in \mathbb{N}_0$ definieren wir die Fakultätsfunktion $0! := 1$ und $n! := \prod_{k=1}^{n} k = 1 \cdot 2 \cdot \cdots \cdot n$.

Aufgaben

Lösung

Aufgabe 1.6 Beweisen Sie die nachfolgenden Aussagen durch vollständige Induktion.

1. $\sum_{k=1}^{n} k = \frac{1}{2}n(n+1)$
2. $\sum_{k=1}^{n}(2k-1) = n^2$
3. $\sum_{j=1}^{n}(-1)^{j+1}j^2 = (-1)^{n+1}\frac{n}{2}(n+1)$
4. $\sum_{i=1}^{n} i(i+1)(i+2) = \frac{1}{4}n(n+1)(n+2)(n+3)$
5. $n! \geq 2^{n-1}$
6. Für $n \geq 3$ gilt $(n+1)! < n^n$
7. Für alle $n \geq 2$ ist $3^{2n+1} + 2^{n-1}$ teilbar durch 7.
8. Für alle $n \in \mathbb{N}$ ist $4^n + 15n - 1$ teilbar durch 9.
9. $\sum_{k=1}^{n}(k+1)2^k = n2^{n+1}$

Aufgabe 1.7 Warum gilt die Gleichung $\sum_{k=m}^{n} a_k = \sum_{k=m+1}^{n+1} a_{k-1}$?

Aufgabe 1.8 Warum gilt $\sum_{j=1}^{n} a_j = \sum_{k=1}^{n} a_k$?
Aus diesem Grund wird die **Summationsvariable** j (bzw. k) auch eine Dummyvariable genannt.

Aufgabe 1.9 Betrachten Sie für jede natürliche Zahl n die Zahl

$$a_n = \frac{1}{0!} + \frac{1}{1!} + \cdots + \frac{1}{n!}$$

Zeigen Sie, dass $a_n < 3$ für jedes n.
Tipp: Beachten Sie, dass $n! > 2^{n-1}$ für $n \geq 3$.

Aufgabe 1.10 Beweisen Sie mit Induktion die Ungleichung von Bernoulli:
Ist $x > -1$ und x eine rationale Zahl, so gilt $(1+x)^n > 1 + nx$ für $n > 1$.

Aufgabe 1.11

1. Für $n \in \mathbb{N}$ sei $b_n = (1 + \frac{1}{n})^n$. Zeigen Sie, dass $b_n < b_{n+1}$ für jedes n gilt.
   Tipp: Betrachten Sie b_{n+1}/b_n und benutzen Sie die Ungleichung von Bernoulli aus der vorherigen Aufgabe.
2. Sei $c_n = (1 + \frac{1}{n})^{n+1}$. Zeigen Sie, dass $c_n > c_{n+1}$ für jedes n gilt.

Aufgabe 1.12 Beweisen Sie mit Induktion nach n: Für alle natürliche Zahlen k und n ist

$$\frac{1}{k^2} = \frac{n!}{k^2(k+1)\ldots(k+n)} + \sum_{j=1}^{n} \frac{(j-1)!}{k(k+1)\ldots(k+j)}$$

1.3 Definition der reellen Zahlen

1 Eine **Binärentwicklung** x ist eine Vorschrift $x\colon \mathbb{Z} \to \{0,1\}$, $k \mapsto x_k$, so dass nicht alle $x_k = 0$ und es eine ganze Zahl N gibt mit $0 = x_{N+1} = x_{N+2} = x_{N+3} = \cdots$.

2 Ist $x_n = 1$ und $x_i = 0$ für $i < n$, so definieren x und y, wobei $y_i = x_i$ für $i > n$, $y_n = 0$ und $y_i = 1$ für $i < n$, die gleiche **positive reelle Zahl**.

3 **Die Menge der reellen Zahlen** $\mathbb{R}$ besteht aus den Zahlen 0, den positiven Zahlen a und den negativen Zahlen $-a$. Wir definieren $-0 = 0$, $-(-a) = a$.

Definitionsgemäß beschreiben 1,000000 ... und 0,11111111 ... die gleiche reelle Zahl.

Wenn x eine Binärentwicklung ist, so reden wir oft von *der reellen Zahl* x. Auch wenn wir von einer positiven reellen Zahl reden, so haben wir in Gedanken schon eine Binärentwicklung gewählt (wenn überhaupt eine Wahl möglich ist). In der Praxis wird dies nicht zur Verwirrung führen. Ist n eine natürliche Zahl, so dass $x_k = 0$ für $k > n$ gilt, so benutzen wir oft die Notation $x = x_n x_{n-1} \ldots x_1 x_0, x_{-1} x_{-2} x_{-3} x_{-4} \ldots$

Für zwei positive Zahlen x, y mit $x \neq y$ definieren wir $x < y$, wenn für das größte n mit $x_n \neq y_n$ gilt $x_n = 0$ und $y_n = 1$. Wir definieren $-x < 0 < y$ für positive Zahlen x, y. Wir schreiben $x \leq y$, wenn $x < y$ oder $x \neq y$.

Die geometrische Interpretation von $x < y$ ist, dass y rechts von x auf der Zahlengeraden liegt. Man hat die nachfolgenden leicht nachzuprüfenden Eigenschaften.

Satz 1.2

1 Ist $x \leq y$ und $y \leq x$, dann folgt $x = y$.

2 Für jedes $x \neq y$ gilt entweder $x < y$ oder $y < x$.

3 Ist $x \leq y$ und $y \leq z$, dann ist $x \leq z$.

Eine Binärentwicklung x heißt *endlich* oder eine **endliche Binärzahl**, wenn es ein k gibt mit $x_i = 0$ für $i < k$.

Für solche endlichen Binärentwicklungen gibt es stets eine andere Binärentwicklung, welche die gleiche reelle Zahl darstellt. Eine endliche Binärentwicklung stellt eine rationale Zahl dar. Der nachfolgende Begriff der Abschneidung wird bei der Definition von Addition und Multiplikation eine wichtige Rolle spielen.

Es sei x eine Binärentwicklung und n eine ganze Zahl. Wir definieren die endliche Binärzahl $\lfloor x \rfloor_n$, **Abschneidung** genannt, indem man alle x_i mit $i < -n$ gleich 0 setzt.

Aufgaben

Lösung

Aufgabe 1.13 (Quadratwurzel)
Es sei a eine positive Zahl mit $2^{2n} < a < 2^{2n+2}$. Wir definieren eine Zahl $b = \sqrt{a}$ folgendermaßen. Wir setzen $b_i = 0$ für $i > n$ und $b_n = 1$. Sind $b_n, \ldots, b_{k+1}$ bekannt, so setzen wir $b_k = 1$, wenn $(\sum_{i=k+1}^{n} b_i 2^i + 2^k)^2 < a$, sonst $b_k = 0$.
Kontrollieren Sie, dass $\sqrt{2} = 1{,}0110\ldots$ ist. Benutzen Sie hierfür einen Taschenrechner.

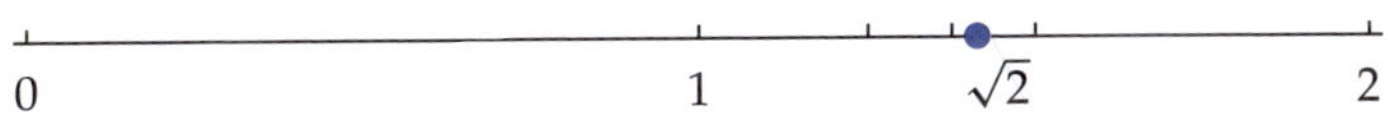

Berechnen Sie die ersten vier binären Stellen von $\sqrt{3}$, $\sqrt{5}$ und $\sqrt{7}$.

Aufgabe 1.14 Berechnen Sie die ersten vier binären Stellen von $\sqrt[3]{2}$.

Aufgabe 1.15 (Dezimalentwicklung) Eine Dezimalentwicklung einer positiven reellen Zahl ist eine Vorschrift $d\colon \mathbb{Z} \to \{0, \ldots, 9\}, k \mapsto d_k$, so dass es eine ganze Zahl N gibt mit $0 = d_{N+1} = d_{N+2} = d_{N+3} = \ldots$, aber nicht alle $d_k = 0$.

1. Ordnen Sie jeder Binärentwicklung d auf vernünftige Weise eine Dezimalentwicklung zu.
   Tipp: Nehmen Sie m und d_m maximal, so dass ein ℓ existiert mit $d_m 10^m < \lfloor x \rfloor_\ell$.
2. Ordnen Sie jeder Dezimalentwicklung auf vernünftige Weise eine Binärentwicklung zu.
3. Geben Sie die ersten drei Dezimalstellen von $\sqrt{2}$, $\sqrt{3}$, $\sqrt{5}$ und $\sqrt{7}$ auf die Weise an, wie wir in der Aufgabe 1.13 Binärentwicklungen bestimmt haben.

Aufgabe 1.16

1. Es seien p, q natürliche Zahlen. Benutzen Sie schriftliche Division, um die rationale Zahl p/q als reelle Zahl zu schreiben. Erklären Sie ebenfalls, warum diese Binärentwicklung periodisch ist, also das Muster der Binärentwicklung sich wiederholt.
   (Nehmen Sie der Einfachheit halber $p < q$.)
2. Berechnen Sie die Binärentwicklung von $1/2, 1/4, 1/5, 1/7, 3/5, 5/7$.

Beispiel. Wir berechnen die Binärentwicklung von $\frac{1}{3}$.

$$\begin{array}{rcl} 1 & = & \mathbf{0} \cdot 3 + 1 \\ 2 \cdot 1 = 2 & = & \mathbf{0} \cdot 3 + 2 \\ 2 \cdot 2 = 4 & = & \mathbf{1} \cdot 3 + 1 \\ 2 \cdot 1 = 2 & = & \mathbf{0} \cdot 3 + 2 \\ 2 \cdot 2 = 4 & = & \mathbf{1} \cdot 3 + 1 \\ \ldots & \ldots & \ldots \end{array}$$

Also hat $1/3$ die Binärentwicklung $0{,}\ 0101\ldots = 0{,}\ \overline{01}$.

1.4 Supremum und Infimum

Sei A eine Menge von reellen Zahlen und a eine reelle Zahl.

1. a heißt **obere Schranke** von A, wenn $x \leq a$ für jedes $x \in A$.
2. A heißt von **oben beschränkt**, wenn eine obere Schranke von A existiert.
3. $\sup(A)$ heißt **kleinste obere Schranke** oder **Supremum** von A, wenn es eine obere Schranke von A ist und alle weiteren oberen Schranken von A kleiner sind.
4. $\max(A) \in A$ heißt **Maximum** von A, wenn $x \leq \max(A)$ für jedes $x \in A$.
5. Analog definieren wir **untere Schranke**, von **unten beschränkt**, **Minimum** (min) und **Infimum** (inf), auch **größte untere Schranke** genannt.

Satz 1.3 Eine von oben beschränkte nichtleere Menge reeller Zahlen A hat ein eindeutig bestimmtes Supremum $\sup(A)$. Eine von unten beschränkte nichtleere Menge von reellen Zahlen A hat ein eindeutig bestimmtes Infimum $\inf(A)$.

Eindeutigkeit. Sind a und b beide Suprema von A, so folgt $a \leq b$ und $b \leq a$ nach der ersten Eigenschaft. Also ist $a = b$. Analog für das Infimum.

Existenz. Wir zeigen zuerst die Existenz des Supremums für den Fall, dass A positive Zahlen enthält. Die Idee ist folgende:

Ist a das zu konstruierende Supremum, so ist $\lfloor a \rfloor_k$ die **größte** endliche Binärzahl, so dass es ein $x \in A$ gibt mit $x > \lfloor a \rfloor_k$. Zur induktiven Konstruktion der Bits von a sei n die größte ganze Zahl mit der Eigenschaft, dass es ein $x \in A$ gibt mit $2^n = \lfloor x \rfloor_n$. Diese Zahl gibt es, denn A ist von oben beschränkt. Wir setzen $a_i = 0$ für $i > n$ und $a_n = 1$. Sind dann $a_n, \ldots, a_{k+1}$ schon bestimmt, so setzen wir:

$$a_k = \begin{cases} 1\,, & \text{falls es ein } x \in A \text{ gibt mit } \lfloor x \rfloor_k = 2^n + a_{n-1}2^{n-1} + \cdots + a_{k+1}2^{k+1} + 2^k \\ 0\,, & \text{sonst} \end{cases} .$$

Wäre $a < x$ für ein $x \in A$, so sei k so gewählt, dass $a_i = x_i$ für $i > k$, aber $a_k = 0$ und $x_k = 1$. In der Konstruktion hätten wir aber dann $a_k = 1$ gewählt. Also ist $x \leq a$ für jedes $x \in A$ und a ist somit eine obere Schranke von A.

Wäre $b < a$ ebenfalls eine obere Schranke, so wählen wir wiederum k mit $b_i = a_i$ für $i > k$ und $b_k = 0$, $a_k = 1$. Nach Konstruktion von a gibt es ein $x \in A$ mit $x_i = a_i$ für $i > k$ und $x_k = 1$. Aber dann $b < x$ und es folgt, dass b keine obere Schranke von A ist, Widerspruch. Somit ist a die kleinste obere Schranke von A.

Die Existenz des Infimums, wenn A nur nicht negative Zahlen enthält, zeigt man auf ähnliche Weise, siehe Aufgabe 1.17. Enthält A nur negative Elemente, so sei $B = \{-a \colon a \in A\}$. Dann hat B nur positive Elemente und $-\inf(B)$ ist dann das Supremum von A. Ebenso ist $-\sup(B)$ das Infimum von A. ∎

Aufgaben

Lösung

Aufgabe 1.17

1. Zeigen Sie die Existenz des Infimums $\inf(A)$ für den Fall, dass A lediglich nicht negative Elemente enthält.
2. Wir haben die Existenz des Supremums mit der Binärentwicklung gezeigt. Geben Sie hierfür einen Beweis mit Hilfe der Dezimalentwicklung.
3. Das Supremum von A braucht nicht in A zu liegen.
   Tipp: Betrachten Sie $A = \{x \text{ positiv}: x < 1\}$.
4. Zeigen Sie: Für eine beschränkte Menge A reeller Zahlen existiert das Maximum $\max(A)$ genau dann, wenn $\sup(A)$ ein Element von A ist. Analog gilt dies für das Minimum.

Aufgabe 1.18 Welche der folgenden Mengen sind beschränkt? Geben Sie jeweils Supremum und Infimum dieser Mengen an. In welchen Fällen existiert das Maximum bzw. das Minimum.

1. $[0, 1]$
2. $\{x \in \mathbb{R}: x < 1\}$
3. $\{a - b: a, b \in \mathbb{Q} \cap (1, 2)\}$
4. $\{x \in \mathbb{R}: -2 \leq x < 1\}$
5. $\{x \in \mathbb{R} : |x| < 1\}$
6. $\{1 + 1/n : n \in \mathbb{N}\}$
7. $\{(-1)^n 1/n : n \in \mathbb{N}\}$
8. $\left\{\frac{1}{2}, \frac{2}{3}, \frac{3}{4}, \frac{4}{5}, \ldots\right\}$
9. $\{1/m + 1/n : m, n \in \mathbb{N}\}$
10. $\{1/(2n + 1) : n \in \mathbb{N}\}$
11. $\{1 + (-1)^n : n \in \mathbb{N}\}$
12. $\left\{x \in \mathbb{Q}, \frac{2x - 1}{x - 5} \geq 5\right\}$

Aufgabe 1.19 Seien A und B nichtleere beschränkte Teilmengen von $\mathbb{R}$. Zeigen Sie:

1. $A \cup B$ ist beschränkt und falls $A \cap B \neq \emptyset$ ist, ist auch $A \cap B$ beschränkt.
2. $\sup(A \cup B) = \max\{\sup(A), \sup(B)\}$
3. $\sup A \leq \sup B$, falls $A \subset B$. Geben Sie ein Beispiel mit $A \subsetneq B$, aber $\sup(A) = \sup(B)$.
4. $\sup(A \cap B) \leq \min\{\sup(A), \sup(B)\}$, falls $A \cap B \neq \emptyset$. Geben Sie ein Beispiel an, für das $\sup(A \cap B) < \min\{\sup(A), \sup(B)\}$ gilt.

Bemerkungen zum Supremum

Eine von oben beschränkte Menge von reellen Zahlen braucht kein Maximum zu haben (wie z. B. das Intervall $(0, 1)$), das Supremum jedoch existiert immer. Die Aussage gilt nicht für die rationalen Zahlen: So bilden z. B. die positiven rationalen Zahlen mit $0 < x < \sqrt{2}$ eine beschränkte Menge, welche kein Supremum hat, das rational ist.

Wir werden den Begriff des Supremums benutzen, um z. B. die Kreiszahl π oder allgemeiner das Bogenmaß zu definieren. Man kann die Eulersche Zahl $e \approx 2,7182818\ldots$ beschreiben als das Supremum der Menge $\{(1 + 1/n)^n : n \in \mathbb{N}\}$. Der Begriff des Supremums ist für die Studierenden im ersten Semester sehr wahrscheinlich neu und deshalb gewöhnungsbedürftig. Er ist aber von zentraler Bedeutung, weshalb man sich unbedingt mit diesem Begriff auseinandersetzen sollte.

1.5 Addition und Multiplikation von positiven Zahlen

Für eine beschränkte monoton wachsende Folge positiver reeller Zahlen $x_1 \le x_2 \le x_3 \le \ldots$ definieren wir den Grenzwert $\lim\limits_{n\to\infty} x_n := \sup\{x_n \colon n \in \mathbb{N}\}$.

Wenn wir den Beweis der Existenz des Supremums der Menge $\{x_n \colon n \in \mathbb{N}\}$ anschauen, so sehen wir Folgendes: Wir betrachten die Abschneidungen $\lfloor x_n \rfloor_k$ für festes k. Dann gilt für ein N (abhängig von k):

$$\lfloor x_N \rfloor_k = \lfloor x_{N+1} \rfloor_k = \lfloor x_{N+2} \rfloor_k = \cdots \quad \text{sowie} \quad \left\lfloor \lim_{n\to\infty} x_n \right\rfloor_k = \lfloor x_N \rfloor_k$$

Sind x, y zwei Binärentwicklungen, so sind $\lfloor x \rfloor_n + \lfloor y \rfloor_n$ und $\lfloor x \rfloor_n \cdot \lfloor y \rfloor_n$ beide beschränkte monoton wachsende Folgen, deren Abschneidungen sich stabilisieren.

Sind x, y zwei nicht negative Zahlen, so definieren wir:

$$x + y := \lim_{n\to\infty} \left(\lfloor x \rfloor_n + \lfloor y \rfloor_n\right), \quad x \cdot y := \lim_{n\to\infty} \left(\lfloor x \rfloor_n \cdot \lfloor y \rfloor_n\right)$$

Hier ist zu beweisen, dass diese Definition nicht von der Wahl der Binärdarstellung abhängig ist. Dies werden wir auf Seite 36 tun. Alternativ könnte man dies mit Dezimalentwicklung machen.

Beispiel: Wir betrachten $\sqrt{2} + \sqrt{2}$ und die Addition gewisser Abschneidungen.

$1,0110101000001$	$1,414213562$	
$1,0110101000001+$	$1,414213562+$	*Ist das letzte Bit bzw. die letzte Dezimalstelle korrekt?*
$10,1101010000010$	$1,828427124$	

Satz 1.4 Für alle nicht negativen reellen Zahlen x, y, z gilt:

1. Die Addition und Multiplikation sind wohldefiniert.
2. **Kommutativgesetz**: $x + y = y + x,\ x \cdot y = y \cdot x$
3. **Assoziativgesetz**: $(x + y) + z = x + (y + z),\ (x \cdot y) \cdot z = x \cdot (y \cdot z)$
4. **Distributivgesetz**: $x \cdot (y + z) = x \cdot y + x \cdot z$
5. **Neutrales Element**: $1 \cdot x = x$
6. **Differenz**: Ist $x > y$, so gibt es genau eine positive Zahl z mit $y + z = x$. Wir notieren diese Zahl z mit $x - y$.
7. **Kehrwert**: Ist $x > 0$, so existiert genau eine Zahl z mit $z \cdot x = 1$. Wir notieren diese Zahl z mit $1/x$.

Wir werden die Aussagen über die Differenz und den Kehrwert als Aufgabe behandeln, die Aussagen 2. und 5. sind offensichtlich. Die anderen Aussagen bereiten etwas mehr Mühe und wir behandeln sie auf den Seiten 36 und 37. ■

Aufgaben

Lösung

Aufgabe 1.20 Sei $x = 0,10101\ldots$ und $y = 0,11101\ldots$. Wie viele Bits nach dem Komma von $x + y$ und $x \cdot y$ können Sie mit Sicherheit bestimmen?

Aufgabe 1.21

1. Im Dezimalsystem ist $\sqrt{2} = 1,414\ldots$ und $\pi = 3,141\ldots$. Berechnen Sie die ersten Dezimalstellen von $\sqrt{2}+\pi$, $\sqrt{2}\cdot\sqrt{2}$ und π^2. Von welchen Dezimalstellen sind Sie sicher, dass sie richtig sind?
2. Zeigen Sie, dass $\sqrt{2} \cdot \sqrt{2} = 2$.

Aufgabe 1.22

1. Seien x und y positive Zahlen. Zeigen Sie, dass $x + y > x$.
2. Es sei $z \cdot x = w \cdot x$. Zeigen Sie $z = w$. Hierbei dürfen Sie Satz 1.4 benutzen.

Aufgabe 1.23 Wir behandeln in dieser Aufgabe die Differenz.

1. Sei $x > y$ und sei n so, dass $x_i = y_i$ für $i > n$, $x_n = 1$, $y_n = 0$. Definiere u und w durch:

$$u_k = \begin{cases} 0 & k \geq n \\ 1 - y_i & k < n \end{cases} \qquad \text{und} \qquad w_k = \begin{cases} 0 & k \geq n \\ x_k & k < n \end{cases}$$

   Sei $z = u + w$. Zeigen Sie, dass $z > 0$ und $y + z = x$. Sie dürfen hierbei die Assoziativität benutzen.

2. **Kürzungslemma.** Es sei $x = y + z = y + w$. Zeigen Sie, dass $z = w$.

Aufgabe 1.24 Wir diskutieren hier den Kehrwert einer reellen Zahl. Sie dürfen in dieser Aufgabe das Assoziativgesetz und das Distributivgesetz benutzen.

1. Überlegen Sie sich, warum es reicht, den Fall $1 < x < 2$ zu betrachten.
2. Sei $1 < x < 2$. Definiere die reelle Zahl w mit $w_i = 0$ für $i \geq 0$ und sei $w_i = 0$ oder $w_1 = 1$ bestimmt durch die Gleichungen rechts, wobei $0 \leq r_i < x$. Zeigen Sie, dass $w \cdot x = 1$.

$$\begin{aligned} 2 &= w_{-1} \cdot x + r_1 \\ 2r_1 &= w_{-2} \cdot x + r_2 \\ 2r_2 &= w_{-3} \cdot x + r_3 \\ &\vdots \\ 2r_{k-1} &= w_{-k} \cdot x + r_k \end{aligned}$$

3. Im Binärsystem ist $\sqrt{2} = 1,011010100\cdots$. Benutzen Sie diese Prozedur, um die ersten Binärstellen von $1/\sqrt{2}$ zu berechnen. (Im Binärsystem ist $\sqrt{2} = 1,01101\cdots$.) Analysieren und erklären Sie das Ergebnis.
4. Formulieren Sie eine analoge Prozedur für die Dezimalentwicklungen und berechnen Sie vier Nachkommastellen von $1/\pi$. Welches ist die Beziehung zu der schriftlichen Division aus der Schule?

Beweis des Satzes 1.4

Vielleicht ist es ratsam, die Beweise dieses Abschnitts erst zu lesen, wenn man Kapitel 3 durchgearbeitet hat. Bevor man mit dem Lesen eines Beweises anfängt, sollte man sich überzeugt haben, dass es tatsächlich etwas zu beweisen gibt.

Zunächst wollen wir zeigen, dass die Addition und Multiplikation nicht von der Wahl der Binärentwicklung abhängen. Dazu:

Lemma 1.5 Ist $x > y$, so gibt es ein k mit $\lfloor x \rfloor_\ell - \lfloor y \rfloor_\ell \geq 2^{-k}$ für alle hinreichend großen ℓ.

Wir dürfen annehmen, dass x keine endliche Binärentwicklung ist. Sei N so, dass $\lfloor x \rfloor_N = \lfloor y \rfloor_N$, aber $\lfloor x \rfloor_N \neq \lfloor y \rfloor_N$. Dann ist $\lfloor x \rfloor_N - \lfloor y \rfloor_N = 2^{-N}$. Es gilt $\lfloor y \rfloor_\ell - \lfloor y \rfloor_N \leq 2^{-N}$. Dann gilt für $\ell \geq k$:

$$\begin{aligned} \lfloor x \rfloor_\ell - \lfloor y \rfloor_\ell &= (\lfloor x \rfloor_\ell - \lfloor x \rfloor_N) + \big(\lfloor x \rfloor_N - \lfloor y \rfloor_N\big) + \big(-\lfloor y \rfloor_\ell + \lfloor y \rfloor_N\big) \\ &\geq 2^{-k} + 2^{-N} - 2^{-N} = 2^{-k} \end{aligned}$$

■

Sei x eine endliche Binärentwicklung und n der kleinste Index mit $x_n = 1$. Dann bezeichnen wir mit $\underline{x}$ die Binärentwicklung, gegeben durch $\underline{x}_k = x_k$, wenn $k > n$, $\underline{x}_n = 0$ und $x_k = 1$, wenn $k < n$. Die Binärentwicklungen x und $\underline{x}$ definieren dann die gleiche reelle Zahl.

Nachweis der Wohldefiniertheit der Addition. Die Aussage ist klar, wenn y eine endliche Binärzahl ist. Sei x eine endliche Binärzahl und y eine nicht endliche Binärzahl. Dann ist $\lfloor x \rfloor_k - \lfloor \underline{x} \rfloor_k \leq 2^k$. Sei ℓ gewählt und k so groß, dass $x_{-k} = 0$, $y_k = 1$ und $\lfloor \underline{x} + y \rfloor_\ell = \lfloor \lfloor \underline{x} \rfloor_k + \lfloor y \rfloor_k \rfloor_\ell$. Dann

$$\lfloor \underline{x} + y \rfloor_\ell = \lfloor \lfloor \underline{x} \rfloor_k + \lfloor y \rfloor_k \rfloor_\ell \geq \lfloor \lfloor x \rfloor_k + \lfloor y \rfloor_k - 2^{-k}) \rfloor_\ell \geq \lfloor x + y \rfloor_\ell$$

Hieraus folgt mit Lemma 1.5 die Behauptung $\underline{x} + y = x + y$. Der Fall, dass y eine endliche Binärzahl ist, ist einfacher. ■

Nachweis der Wohldefiniertheit der Multiplikation. Nach Multiplikation mit einer Potenz von 2^k reicht es, dies für $y < 1$ zu zeigen, weil nur das Komma verschoben wurde. Dann ist

$$\lfloor \underline{x} \rfloor_k \cdot \lfloor y \rfloor_k \geq \left(\lfloor x \rfloor_k - 2^{-k}\right) \cdot \lfloor y \rfloor_k \geq \lfloor x \rfloor_k \cdot \lfloor y \rfloor_k - 2^{-k}$$

und wir können wie bei der Addition argumentieren. ■

Lemma 1.6 Sei $x_1 \leq x_2 \leq \cdots$ und $y_1 \leq y_2 \leq \cdots$ beschränkt. Dann gilt:

$$\lim_{n\to\infty} (x_n + y_n) = \lim_{n\to\infty} x_n + \lim_{n\to\infty} y_n\,, \qquad \lim_{n\to\infty} (x_n \cdot y_n) = \lim_{n\to\infty} x_n \cdot \lim_{n\to\infty} y_n$$

Wir zeigen den Beweis für die Summe, für das Produkt geht er analog.

Sei ℓ vorgegeben und fest. Es gilt für n groß und dann m noch viel größer (Notation $m \gg n \gg 0$) nach Definition:

$$\left\lfloor \lim_{n\to\infty} (x_n + y_n) \right\rfloor_\ell = \lfloor x_n + y_n \rfloor_\ell = \left\lfloor \lfloor x_n \rfloor_m + \lfloor y_n \rfloor_m \right\rfloor_\ell \tag{1.1}$$

Für m groß und n noch viel größer als m (also $n \gg m \gg 0$) gilt:

$$\left\lfloor \lim_{n\to\infty} x_n + \lim_{n\to\infty} y_n \right\rfloor_\ell = \left\lfloor \lfloor \lim_{n\to\infty} x_n \rfloor_m + \lfloor \lim_{n\to\infty} y_n \rfloor_m \right\rfloor_\ell = \left\lfloor \lfloor x_n \rfloor_m + \lfloor y_n \rfloor_m \right\rfloor_\ell$$

Wir werden zeigen, dass es ein k gibt, so dass für alle $n, m \geq k$ gilt:

$$\lfloor x_k + y_k \rfloor_\ell = \left\lfloor \lfloor x_n \rfloor_m + \lfloor y_n \rfloor_m \right\rfloor_\ell .$$

Hieraus folgt dann das Lemma, weil $\lfloor \lim_{n\to\infty} (x_n + y_n) \rfloor_\ell = \lfloor \lim_{n\to\infty} x_n + \lim_{n\to\infty} y_n \rfloor_\ell$ für alle ℓ.

Betrachte dazu $z_n := \lfloor x_n + y_n \rfloor_n$. Dann ist $z_1 \leq z_2 \leq z_3 \ldots$ beschränkt. Sei ℓ gegeben. Es gibt ein k mit

$$\lfloor z_k \rfloor_\ell = \lfloor z_{k+1} \rfloor_\ell = \cdots$$

Dann ist für alle $n, m \geq k$

$$\left\lfloor \lfloor x_n \rfloor_m + \lfloor y_n \rfloor_m \right\rfloor_\ell = \lfloor z_k \rfloor_\ell$$

Ist nämlich $n > m$, dann

$$\lfloor z_k \rfloor_\ell \leq \left\lfloor \lfloor x_n \rfloor_m + \lfloor y_n \rfloor_m \right\rfloor_\ell \leq \left\lfloor \lfloor x_n \rfloor_n + \lfloor y_n \rfloor_n \right\rfloor_\ell = \lfloor z_k \rfloor_\ell$$

Für $n < m$ ist der Nachweis analog und das Lemma ist bewiesen. ■

Beweis der Assoziativität und der Distributivität. Wegen Lemma 1.6 gilt:

$$(x+y)+z = \lim_{n\to\infty} (\lfloor x \rfloor_n + \lfloor y \rfloor_n) + \lim_{n\to\infty} \lfloor z \rfloor_n = \lim_{n\to\infty} \left((\lfloor x \rfloor_n + \lfloor y \rfloor_n) + \lfloor z \rfloor_n \right) .$$

Wegen der Assoziativität für endliche Binärentwicklungen und erneut Lemma 1.6:

$$(x+y)+z = \lim_{n\to\infty} \left(\lfloor x \rfloor_n + (\lfloor y \rfloor_n + \lfloor z \rfloor_n) \right) = \lim_{n\to\infty} \lfloor x \rfloor_n + \lim_{n\to\infty} (\lfloor y \rfloor_n + \lfloor z \rfloor_n) = x + (y+z) .$$

Die Assoziativität der Multiplikation zeigt man auf ähnliche Weise. Für die Distributivität gilt wegen Lemma 1.6:

$$x \cdot (y+z) = \lim_{n\to\infty} \lfloor x \rfloor_n \cdot \lim_{n\to\infty} \left(\lfloor y \rfloor_n + \lfloor z \rfloor_n \right) = \lim_{n\to\infty} \left(\lfloor x \rfloor_n \left(\lfloor y \rfloor_n + \lfloor z \rfloor_n \right) \right) .$$

Jetzt wenden wir das Distributivgesetz für endliche Binärzahlen an. Also

$$\begin{aligned} x \cdot (y+z) &= \lim_{n\to\infty} \left(\lfloor x \rfloor_n \cdot \lfloor y \rfloor_n + \lfloor x \rfloor_n \cdot \lfloor z \rfloor_n \right) \\ &= \lim_{n\to\infty} \left(\lfloor x \rfloor_n \cdot \lfloor y \rfloor_n \right) + \lim_{n\to\infty} (\lfloor x \rfloor_n \cdot \lfloor z \rfloor_n) x \cdot y + x \cdot z , \end{aligned}$$

wobei wiederum Lemma 1.6 angewandt wurde. ■

1.6 Addition und Multiplikation, Betrag

Es seien x, y positive Zahlen. Wir definieren:

1 $x + (-y) := (-y) + x := x - y$, wenn $x > y$, gleich 0, wenn $x = y$, und $x + (-y) := (-y) + x := -(y - x)$, wenn $x < y$.

2 $(-x) + (-y) := -(x + y), x + 0 := x, 0 + 0 := 0, (-x) + 0 := -x$.

3 $(-x) \cdot (-y) := x \cdot y, (-x) \cdot y = (-y) \cdot x = -x \cdot y, x \cdot 0 = 0 \cdot x = (-x) \cdot 0 = 0 \cdot (-x) = 0$.

Ist $y \leq 0$, so schreiben wir $x - y$ für $x + (-y)$.

Satz 1.7 $\mathbb{R}$ ist ein vollständig geordneter Körper, d. h.:

1 $\mathbb{R}$ ist ein Körper, das heißt, für je zwei reelle Zahlen $x, y \in \mathbb{R}$ gibt es eine Summe $x + y \in \mathbb{R}$ und ein Produkt $x \cdot y \in \mathbb{R}$, mit folgenden Eigenschaften:

a. Assoziativgesetze: $(x + y) + z = x + (y + z)$ und $x \cdot (y \cdot z) = (x \cdot y) \cdot z$ für alle reellen Zahlen x, y, z

b. Kommutativgesetz: $x + y = y + x$ und $x \cdot y = y \cdot x$ für alle reellen Zahlen x, y

c. Es gibt eine reelle Zahl 0 und eine reelle Zahl $1 \neq 0$, so dass $x + 0 = x$ und $x \cdot 1 = x$ für alle reellen Zahlen x.

d. Für alle reellen Zahlen x gibt es ein Negativum $-x$, so dass $x + (-x) = 0$.

e. Für alle $x \neq 0$ gibt es eine Inverse x^{-1}, so dass $x \cdot x^{-1} = 1$.

f. Distributivgesetz: $x \cdot (y + z) = x \cdot y + x \cdot z$ für alle reelle Zahlen x, y, z

2 $\mathbb{R}$ ist angeordnet, d. h., für alle reellen Zahlen x, y gilt entweder $x < y$, $y < x$ oder $y = x$, mit folgenden Eigenschaften:

a. Ist $x < y$ und $y < z$, dann ist $x < z$.

b. Es gilt $x > y$ genau dann, wenn $x - y > 0$.

c. Ist $x > 0$ und $y > 0$, dann ist $x \cdot y > 0$.

3 $\mathbb{R}$ ist vollständig, d. h., jede von oben beschränkte nichtleere Menge reeller Zahlen hat ein Supremum.

Sei x eine reelle Zahl. Wir definieren den **Betrag** $|x|$ durch $|x| = x$, wenn $x \geq 0$ und $|x| = -x$, wenn $x \leq 0$.

Satz 1.8 (Dreiecksungleichung) Für alle reelle Zahlen x, y gilt $|x + y| \leq |x| + |y|$.

Für den Beweis siehe Aufgabe 1.26.

Aufgaben

Lösung

Aufgabe 1.25 In dieser Aufgabe behandeln wir den Nachweis aller Rechenregeln aus Satz 1.7, wobei wir natürlich annehmen dürfen, dass die Assoziativität, Kommutativität und Distributivität für positive Zahlen gültig sind. Ebenfalls wird das Kürzungslemma für positive Zahlen, siehe Aufgabe 1.23, benutzt. In dieser Aufgabe sind x, y, z usw. reelle Zahlen.

Vorsicht: Diese Aufgabe ist schwieriger, als Sie wahrscheinlich denken. In jedem Schritt darf nur das benutzt werden, was schon bewiesen oder definiert ist, und dies kann sehr verwirrend sein! Insbesondere dürfen Sie das Assoziativitätsgesetz zunächst nur für positive Zahlen benutzen.

1. Sei $x = a - b, y = c - d$ mit $a, b, c, d \geq 0$. Zeigen Sie, dass $x + y = (a + c) - (b + d)$.
   Tipp: Fall 1: $x, y \geq 0$. Addieren Sie zu beiden Seiten $(b + d)$ und benutzen Sie das Kürzungslemma von Aufgabe 1.23.
   Fall 2: $x \geq 0, y < 0$, aber $x + y \geq 0$: Addieren Sie auch hier $b + d$ zu beiden Seiten.
   Die restlichen Fälle führen Sie auf die obigen zwei Fälle zurück.
2. Zeigen Sie, dass eine reelle Zahl x in der Gestalt $x = a - b$ mit a, b positiv geschrieben werden kann.
3. Zeigen Sie das Assoziativgesetz. Schreiben Sie $x = a - b$, $y = c - d$ und $z = e - f$ für positive a, b, c, d, e, f.
4. Zeigen Sie $z \cdot (x - y) = z \cdot x - z \cdot y$ für x, y, z positiv.
   Tipp: Addiere zy.
5. Leiten Sie hieraus das Distributivgesetz ab.
   Tipp: $x = a - b, y = c - d$
6. Prüfen Sie jetzt alle Aussagen des Satzes 1.7.

Aufgabe 1.26 Zeigen Sie die Dreiecksungleichung, Satz 1.8.
Tipp: Unterscheiden Sie die Fälle $x, y > 0$ usw.

Bemerkungen zu Satz 1.7

Sie haben festgestellt, dass der Nachweis aller Eigenschaften ziemlich langwierig ist. Wie schon bemerkt, wird in vielen Büchern die Aussage des Satzes 1.7 als Axiomensystem genommen, also von vorneherein angenommen, dass es ein System von Zahlen gibt, welches alle genannten Eigenschaften des Satzes 1.7 erfüllt. Es lässt sich dann zeigen, dass jede positive reelle Zahl als Binärentwicklung (oder als Dezimalentwicklung) zu schreiben ist, so dass sich der Kreis hier schließt.

1.7 Die binomische Lehrformel

Für nicht negative ganze Zahlen n und k definieren wir den Binomialkoeffizient

$$\binom{n}{k} := \frac{n!}{k!(n-k)!} = \frac{n \cdot (n-1) \cdots (n-k+1)}{k(k-1) \cdots 2 \cdot 1}$$

Zum Beispiel ist $\binom{5}{2} = 10$, $\binom{6}{3} = 20$.

Satz 1.9 Folgende Formeln sind gültig, soweit die Terme definiert sind:

$$\binom{n}{k} = \binom{n}{n-k} \quad \text{und} \quad \binom{n+1}{k} = \binom{n}{k} + \binom{n}{k-1}$$

Den Beweis erhält man durch direktes Nachrechnen, siehe Aufgabe 1.27. Eine wichtige Interpretation von $\binom{n}{k}$ ist folgender Satz.

Satz 1.10 Die Zahl $\binom{n}{k}$ ist die Anzahl von Möglichkeiten, aus einer Menge von n Elementen k auszuwählen.

Diese Formel zeigen wir mit Induktion nach n. Sie ist nämlich offensichtlich wahr für $n = 1$ (und auch für $k = 0$). Für den Induktionsschritt seien $x_1, \ldots, x_{n+1}$ die Elemente der Menge. Eine k-elementige Menge ($k \geq 1$) enthält entweder das Element x_{n+1} oder nicht. Im zweiten Fall müssen aus $x_1, \ldots, x_n$ noch k Elemente ausgewählt werden, dafür gibt es nach Induktionsvoraussetzung $\binom{n}{k}$ Möglichkeiten, im ersten Fall noch $k-1$ Elemente, nach Induktionsvoraussetzung $\binom{n}{k-1}$ Möglichkeiten. Mit Satz 1.9 folgt die Behauptung. ■

Satz 1.11 (Binomische Lehrformel) Für reelle Zahlen a, b und $n \in \mathbb{N}$ gilt:

$$(a+b)^n = \sum_{k=0}^{n} \binom{n}{k} a^{n-k} b^k .$$

Beim Ausmultiplizieren des Produktes

$$\underbrace{(a+b) \cdot (a+b) \cdot \ldots \cdot (a+b)}_{n}$$

kommen offensichtlich nur Terme vom Typ $a^{n-k}b^k$ vor: Wir erhalten einen solchen Term, wenn wir k Faktoren aus den n Faktoren $a+b$ auswählen. Dafür gibt es $\binom{n}{k}$ Möglichkeiten. ■

Aufgaben

Aufgabe 1.27 Rechnen Sie die Formeln aus Satz 1.9 nach. Lösung

Aufgabe 1.28 Zeigen Sie die binomische Lehrformel mit Induktion nach n.

Aufgabe 1.29 Die Binomialkoeffizienten können wir im Pascalschen Dreieck anordnen. In der n-ten Zeile (beginnend mit der Zeile 0) stehen die Binomialkoeffizienten $\binom{n}{0}, \binom{n}{1}, \ldots, \binom{n}{n}$.

1
1 1
1 2 1
1 3 3 1
1 4 6 4 1
1 5 10 10 5 1
1 6 15 20 15 6 1
1 7 21 35 35 21 7 1
1 8 28 56 70 56 28 8 1

Jede Zahl im Innern des Dreiecks ist die Summe der beiden unmittelbar über ihr stehenden.

1. Erklären Sie, warum im Pascalschen Dreieck tatsächlich die Binomialkoeffizienten stehen.
2. Addieren Sie, beginnend mit der zweiten Zeile, die Quadrate der Einträge der Zeilen des Pascalschen Dreiecks und finden Sie diese Summen im Pascalschen Dreieck wieder.
3. Stellen Sie eine Formel für $\sum_{k=0}^{n} \binom{n}{k}^2$ auf und beweisen Sie diese Formel.

Aufgabe 1.30 Beweisen Sie die nachfolgenden Formeln.

1. $\displaystyle\sum_{k=0}^{n} \binom{n}{k} = 2^n$
2. $\displaystyle\sum_{n=0}^{k} (-1)^k \binom{n}{k} = 0$
3. $\displaystyle\sum_{k=5}^{n} \binom{k}{5} = \binom{n+1}{6}, \quad n \geq 5$
4. $\displaystyle\sum_{k=1}^{n} k\binom{n}{k} = n2^{n-1}$
5. $\displaystyle\binom{n+1}{k+1} = \sum_{m=k}^{n} \binom{m}{k}, \quad n \geq k$
6. $\displaystyle\sum_{k=0}^{n} \binom{p+k}{k} = \binom{p+n+1}{n}$

Aufgabe 1.31
Für eine reelle Zahl α und eine natürliche Zahl definieren wir $\binom{\alpha}{n} = \frac{\alpha\cdot(\alpha-1)\cdots(\alpha-n+1)}{n!}$. Sei $\binom{\alpha}{0} := 1$. Zeigen Sie die Formel

$$\binom{\alpha+\beta}{n} = \sum_{k=0}^{n} \binom{\alpha}{k}\binom{\beta}{n-k}$$

Tipp: Induktion. Beachten Sie, dass $\alpha + \beta - n = (\alpha - k + \beta - n + k)$.

1.8 Intervalle, Häufungspunkte

Seien $a, b \in \mathbb{R}$ mit $a < b$. Wir setzen:

1 $[a, b] := \{x \in \mathbb{R} : a \leq x \leq b\}$, abgeschlossenes Intervall.

2 $(a, b) := \{x \in \mathbb{R} : a < x < b\}$, offenes Intervall.

3 $(a, b] := \{x \in \mathbb{R} : a < x \leq b\}$, halboffenes Intervall.

4 $[a, b) := \{x \in \mathbb{R} : a \leq x < b\}$, halboffenes Intervall.

5 $(a, \infty) := \{x \in \mathbb{R}: x > a\}$, $(-\infty, a) = \{x \in \mathbb{R}: x < a\}$, $\mathbb{R} = (-\infty, \infty)$ nennen wir ebenfalls offene Intervalle.

6 Eine Menge U heißt **Umgebung** von p, wenn es ein offenes Intervall $I \subset U$ gibt mit $p \in I$.

7 Ein Punkt p heißt **Häufungspunkt** einer Teilmenge A von $\mathbb{R}$, wenn jede Umgebung U von p unendlich viele Elemente von A enthält.

Beachten Sie, dass in der Definition eines Häufungspunktes nicht gefordert wird, dass ein Häufungspunkt ein Element von A ist, und dies ist im Allgemeinen nicht der Fall. So ist z. B. die Zahl 0 ein Häufungspunkt des Intervalls $(0, 1)$.

Satz 1.12 (Bolzano-Weierstraß) Eine unendliche beschränkte Menge A von reellen Zahlen hat einen Häufungspunkt.

Es seien a und b so gewählt, dass $a < x < b$ für jedes $x \in A$ und es sei

$$W := \{c \in [a, b) : \text{ das Intervall } (c, b) \text{ enthält unendlich viele Elemente von } A\}\,.$$

Dann gilt $a \in W$ und W ist ein Intervall. Sei $s = \sup(W)$, also der rechte Endpunkt von W. Wir behaupten, dass s ein Häufungspunkt von A ist. Es gibt zwei Fälle:

1 Ist $s \in W$, so ist d mit $s < d < b$ nicht in W. Das Intervall (s, b) enthält unendlich, das Intervall (d, b) nur endlich viele Elemente von A. Also enthält (s, b) unendlich viele Elemente von A und s ist ein Häufungspunkt von A.

2 $s \notin W$: Ist d mit $a \leq d < s$, so ist $d \in W$, das Intervall (d, b) enthält unendlich, das Intervall (s, b) nur endlich viele Elemente von A. Also enthält (d, s) unendlich viele Elemente von A und s ist ein Häufungspunkt von A. ∎

Der im Beweis angegebene Häufungspunkt von A hat die Eigenschaft, dass es keinen größeren Häufungspunkt als diesen gibt.

Den größten Häufungspunkt von A nennt man auch den Limes Superior von A, Notation $\limsup(A)$. Analog nennt man den kleinsten Häufungspunkt Limes Inferior von A, Notation $\liminf(A)$.

Aufgaben

Lösung

Aufgabe 1.32 Bestimmen Sie alle Häufungspunkte, den lim sup und den lim inf der nachfolgenden Mengen, soweit die Letzteren existieren.

1. Das Intervall (a, b)
2. Die Menge $\mathbb{Q}$
3. Die Menge $\{x \in \mathbb{Q} : 0 < x < 1\}$
4. Die Menge $\{1/n : n \in \mathbb{N}\}$
5. Die Menge $\left\{1, \frac{1}{2}, \frac{2}{3}, \frac{1}{4}, \frac{4}{5}, \frac{1}{6}, \frac{6}{7}, \ldots\right\}$

Aufgabe 1.33 Sei A eine nichtleere Teilmenge von $\mathbb{R}$ mit der Eigenschaft, dass aus $a, b \in A$ folgt, dass $[a, b] \subset A$. Zeigen Sie, dass A ein Intervall ist.
Tipp: Nehmen Sie zunächst an, dass A beschränkt ist. Betrachten Sie $\liminf(A)$ und $\limsup(A)$.

Aufgabe 1.34 Sei $A = \left\{\dfrac{(-1)^n \cdot n}{n - (-1)^n} : n \in \mathbb{N}\right\}$.

1. Zeigen Sie, dass -1 ein Häufungspunkt von A ist.
2. Zeigen Sie, dass A von oben beschränkt ist.
3. Bestimmen Sie $\sup(A)$ und $\limsup(A)$.

Aufgabe 1.35 Sei $A = \left\{\frac{3}{2}, -\frac{1}{2}, \frac{4}{3}, -\frac{1}{3}, \frac{5}{4}, -\frac{1}{4}, \frac{6}{5}, -\frac{1}{5}, \ldots\right\}$. Zeigen Sie, dass $\limsup A = 1$ und $\liminf A = 0$.

Aufgabe 1.36 Es sei $x_1 < x_2 < x_3 < \cdots$ beschränkt und $A = \{x_i : i \in \mathbb{N}\}$. Warum ist $\sup(A) = \limsup(A)$?

Aufgabe 1.37 Sei A eine Menge und $a \in A$. Dann sind die Häufungspunkte der Menge A genau die Häufungspunkte der Menge $A \setminus \{a\}$. Zeigen Sie diese Aussage.

Aufgabe 1.38

1. Eine Zahl a ist Häufungspunkt der Menge A, wenn jede Umgebung von a mindestens *zwei* Elemente von A enthält. Zeigen Sie diese Aussage.
2. Unter welcher Bedingung ist es auch richtig, dass a ein Häufungspunkt ist, wenn jede Umgebung von a mindestens ein Element von A enthält?

Aufgabe 1.39 Es sei A eine von oben beschränkte Menge und A habe einen Häufungspunkt. Zeigen Sie, dass A ebenfalls einen größten Häufungspunkt hat, $\limsup(A)$ genannt.
Analog für nach unten beschränkte Mengen und lim inf.

Aufgabe 1.40 Es sei A eine nicht beschränkte Menge. Überlegen Sie sich eine vernünftige Definition von $\limsup(A)$ und $\liminf(A)$, welche eventuell auch gleich ∞ oder $-\infty$ sein dürfen.

1.9 Abzählungen

Es sei A eine Menge. Eine **Abzählung** von A ist eine Abbildung $\sigma : \mathbb{N}_0 \to A$, so dass es für alle $a \in A$ genau ein Element $k_a \in \mathbb{N}$ mit $\sigma(k_a) = a$ gibt.
Eine Abzählung von $\mathbb{N}_0$ nennen wir eine **Umordnung** von $\mathbb{N}_0$.

Eine Abbildung $\sigma : \mathbb{N}_0 \to \mathbb{N}_0$ ist somit eine Umordnung genau dann, wenn in der Folge $\sigma(0), \sigma(1), \sigma(2), \ldots$ jede Zahl aus $\mathbb{N}_0$ genau einmal vorkommt.

Satz 1.13 Die Menge $\mathbb{N}_0 \times \mathbb{N}_0 = \{(a, b) : a, b \in \mathbb{N}_0\}$ ist abzählbar.

Stellen Sie die Elemente von $\mathbb{N}_0 \times \mathbb{N}_0$ als Gitterelemente dar und betrachten Sie die Abzählung σ, welche durch die nebenstehende Figur suggeriert wird. In Formeln ausgedrückt sieht dies etwas komplizierter aus. Für $k \in \mathbb{N}_0$ suchen Sie eine Zahl $n \in \mathbb{N}_0$ mit

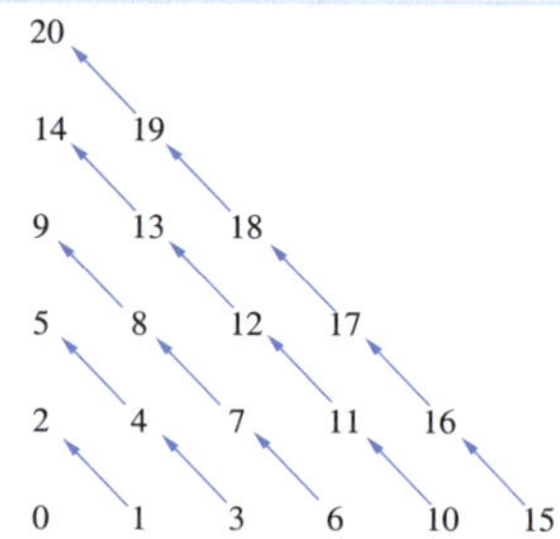

$$n(n+1)/2 \le k < (n+1)(n+2)/2$$

Nun setzen Sie $i := k - n(n+1)/2, j = n - i$. Dann setzen Sie $\sigma(k) = (i, j)$ und σ ist eine Abzählung von $\mathbb{N}_0 \times \mathbb{N}_0$. ■

Das gleiche Argument gibt:

Satz 1.14 Sei I eine abzählbare Menge und für jedes $i \in I$ sei eine abzählbare Menge A_i gegeben. Dann ist $\cup_{i=1}^{\infty} A_i$ eine abzählbare Menge.

Satz 1.15 (Cantor) Das Intervall $(0, 1]$ ist nicht abzählbar.

Der Beweis ist bekannt unter dem Namen *zweites Cantorsches Diagonalverfahren*. Nehmen wir an, wir hätten doch eine Abzählung. Der Anfang könnte wie nebenan aussehen.
Wählen Sie jetzt zwei Ziffern, z. B. 6 und 7, und definieren Sie induktiv eine reelle Zahl a in $(0, 1]$, die nicht in der Liste vorkommt. Das geht folgendermaßen:
Ist die i-te Dezimale der i-ten Zahl in der Liste ungleich 7, so hat a an der i-ten Dezimalstelle 7, sonst 6. Diese Zahl a kann nicht gleich einer der Zahlen in der Liste sein, da die i-te Ziffer so ist, dass die i-te Dezimale sich von der i-ten Dezimalen von a unterscheidet. Im Beispiel erhalten wir $0,7676777777\ldots$. Deshalb ist $(0, 1]$ nicht abzählbar. ■

0, 1 4 5 2 8 7 6 5 9 7 . . .
0, 2 7 1 8 2 8 3 4 5 2 . . .
0, 1 4 1 5 1 9 2 4 7 2 . . .
0, 8 0 1 7 4 6 1 7 0 2 . . .
0, 3 1 3 7 8 2 0 4 3 8 . . .
0, 4 6 8 2 9 1 3 5 6 0 . . .
0, 9 1 3 5 6 3 2 4 6 9 . . .
0, 2 8 0 1 8 6 7 3 2 9 . . .
0, 3 0 9 7 2 6 8 1 0 5 . . .
0, 9 7 2 3 3 1 5 1 7 8 . . .

Die Winkelfunktionen

2

ÜBERBLICK

LERNZIELE

- Abstände und Isometrie: Klassifikation der Isometrien der Ebene
- Winkel, Sinus, Cosinus und Tangens
- Die Additionstheoreme des Sinus und Cosinus
- Bogenmaß; die Kreiszahl π
- Arcsinus, Arccosinus und Arctangens

In diesem Kapitel besprechen wir zunächst den Begriff des Abstandes in der Ebene $\mathbb{R}^2$. Die Definition des Abstandes kann man selbstverständlich einfach begründen mit dem bekannten Satz von Pythagoras: Ist ein rechtwinkliges Dreieck in der Ebene gegeben mit den Katheten a und b und der Hypothenuse c, so gilt die Beziehung $a^2 + b^2 = c^2$. Sind deshalb die Punkte $P = (a, b)$ und $Q = (c, d)$ der Ebene $\mathbb{R}^2$ gegeben, so haben wir keine andere Wahl, als den Abstand zwischen P und Q durch

$$d(P, Q) := \sqrt{(a-c)^2 + (b-d)^2}$$

festzulegen.

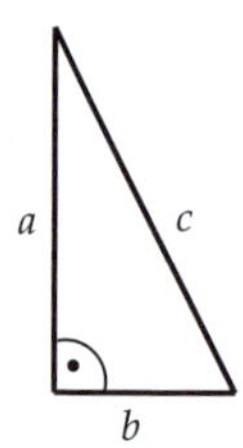

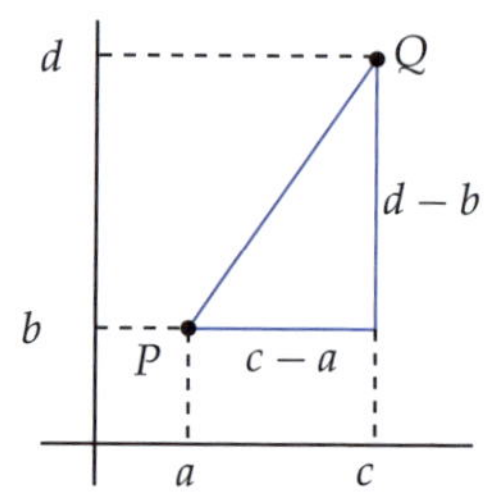

Die Abbildungen von $\mathbb{R}^2$ nach sich selbst, welche Abstand bewahren, werden Isometrien genannt. Kompositionen von Isometrien sind natürlich wieder Isometrien. Verschiebungen V sind Abbildungen der Form $V(x, y) = (x + c, x + d)$. Man rechnet sofort nach, dass diese Verschiebungen tatsächlich Isometrien sind. Weiterhin hat man die Drehung um den Punkt $O = (0, 0)$. Eine solche Drehung hat die Form

$$R_{a,b}(x, y) = (ax - by, bx + ay)$$

für $a^2 + b^2 = 1$. Auch gibt es noch die Spiegelung $S_{a,b}$, gegeben durch

$$S_{a,b}(x, y) = (ax + by, bx - ay)$$

für reelle Zahlen $(a, b) \in \mathbb{R}^2$ mit $a^2 + b^2 = 1$. Eine Berechnung zeigt, dass sowohl $R_{a,b}$ als auch $S_{a,b}$ Isometrien sind. Warum nennen wir $R_{a,b}$ eine Drehung und $S_{a,b}$ eine Spiegelung?

Dazu bemerken wir Folgendes: Ist T eine Isometrie $T(0, 0) = (0, 0)$ und $T(1, 0) = (a, b)$, so folgt $a^2 + b^2 = 1$, also liegt (a, b) auf dem Einheitskreis. Das Bild von $T(0, 1)$ von $(0, 1)$ liegt ebenfalls auf dem Einheitskreis. Weil der Abstand von $(1, 0)$ zu $(0, 1)$ gleich $\sqrt{2}$ ist, muss wegen der Isometrieeigenschaft das Bild von $(0,1)$ auf dem Kreis mit Zentrum $T(1,0) = (a,b)$ und dem Radius $\sqrt{2}$ liegen. Es folgt hiermit, dass $T(1,0)$ nur einer der zwei Schnittpunkte dieser zwei Kreise sein kann. Es gibt deshalb für $T(0,1)$ nur zwei Möglichkeiten: entweder $T(0,1) = (-b,a)$ oder $T(0,1) = (b,-a)$. Im ersten Fall haben wir die Drehung $R_{a,b}$ und in dem anderen Fall die Spiegelung.

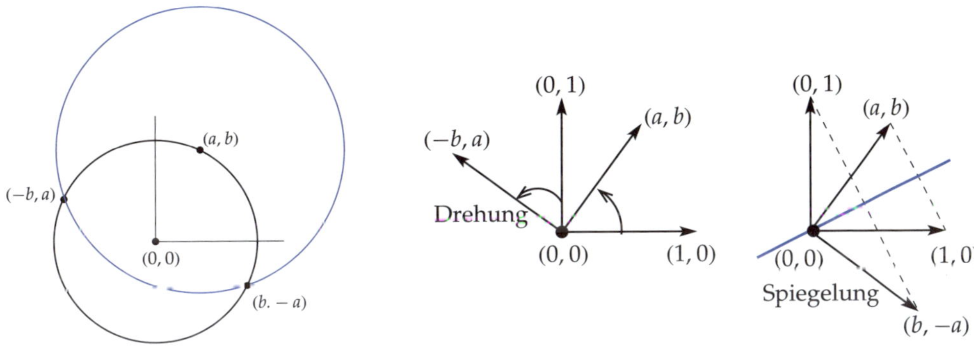

Ein **Winkel** α ist nichts anderes als eine Drehung $\alpha = R_{a,b}$. Die Summe zweier Winkel ist schlicht und einfach die Komposition der Drehungen: Ist $\alpha = R_{a,b}$ und $\beta = R_{c,d}$, so ist $\alpha + \beta$ nach Definition die Drehung, die entsteht, indem die Drehungen $R_{c,d}$ und $R_{a,b}$ nacheinander ausgeführt werden. Wir definieren für einen solchen Winkel die Winkelfunktionen Sinus, Cosinus und Tangens. Ist $\alpha = R_{a,b}$, so definieren wir $\sin(\alpha) := b$ und $\cos(\alpha) := a$. Sie lassen sich schön an dem Einheitskreis erklären.

Die berühmten klassischen Additionstheoreme für Sinus und Cosinus lauten:

$$\sin(\alpha + \beta) = \sin(\alpha) \cdot \cos(\beta) + \cos(\alpha) \cdot \sin(\beta)$$
$$\cos(\alpha + \beta) = \cos(\alpha) \cdot \cos(\beta) - \sin(\alpha) \cdot \sin(\beta)$$

Sie lassen sich durch eine direkte Berechnung beweisen. Im Altertum wurden mit Hilfe dieser Additionstheoreme Sinus- und Cosinustabellen aufgestellt, die für die Astronomie sehr wichtig waren.

Wir definieren das **Bogenmaß** eines Winkels $\alpha = R_{a,b}$. Es ist gleich der Länge der Bogen des Einheitskreises, welche man durch Linksdrehung von $(1,0)$ nach (a,b) bekommt. Eine genaue Definition ist etwas technisch. Insbesondere bekommen wir die Kreiszahl π als die Bogenlänge des halben Einheitskreises. Hiermit können wir die Sinus, Cosinus und Tangens für reelle Werte von x definieren. Im letzten Abschnitt betrachten wir noch kurz die „Umkehrfunktionen" arcsin, arccos und arctan.

2.1 Abstand und Isometrie

Für die Punkte $P = (a, b)$ und $Q = (c, d)$ in $\mathbb{R}^2$ definieren wir den Abstand $d(P, Q) := \sqrt{(a-c)^2 + (b-d)^2}$.

Eine **Isometrie** $T\colon \mathbb{R}^2 \to \mathbb{R}^2$ ist eine Abbildung mit der Eigenschaft $d(P, Q) = d(T(P), T(Q))$ für je zwei Punkte $P, Q \in \mathbb{R}^2$.

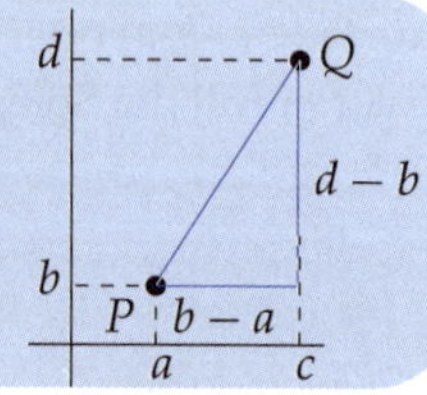

Ein Fixpunkt einer Isometrie ist ein Punkt (x, y) mit $T(x, y) = (x, y)$. Gilt dies für alle (x, y), so ist T die Identität. In der nebenstehenden Figur sind zwei Isometrien gezeigt, die Drehung und die Spiegelung. Natürlich ist die Translation, gegeben durch $T(x, y) = (x, y) + (c, d) := (x + c, y + d)$ für (c, d) fest, ebenfalls eine Isometrie.

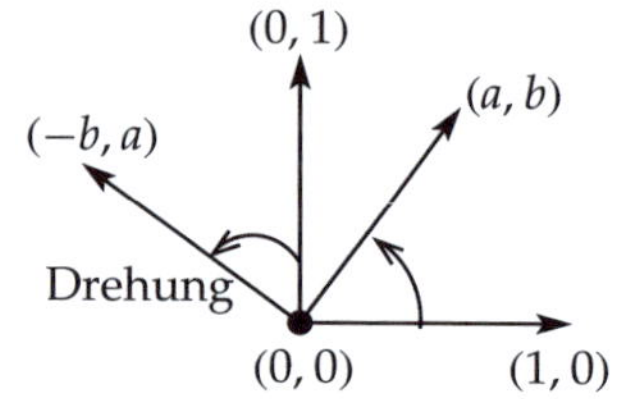

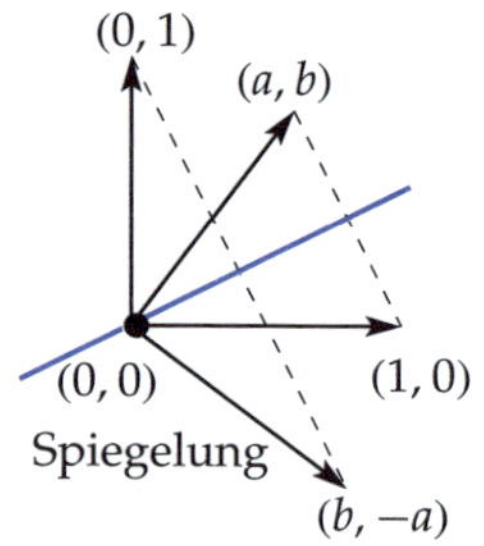

Satz 2.1 Sei T eine Isometrie der Ebene. Dann gibt es ein (a, b) auf dem Einheitskreis und ein $(c, d) \in \mathbb{R}^2$ mit entweder

1. $T(x, y) = (ax - by, bx + ay) + (c, d)$ oder
2. $T(x, y) = (ax + by, bx - ay) + (c, d)$.

Im ersten Fall hat T, wenn $(a, b) \neq (1, 0)$, genau einen Fixpunkt. Ist $(a, b) = (1, 0)$, so ist T entweder die Identität oder eine Verschiebung. Im zweiten Fall gibt es entweder keinen Fixpunkt oder die Menge der Fixpunkte bildet eine Gerade.

Sei zunächst $(0, 0)$ ein Fixpunkt. Setze $T(1, 0) = (a, b)$, $T(0, 1) = (c, d)$ und $T(x, y) = (z, w)$. Weil T eine Isometrie ist, folgt $a^2 + b^2 = c^2 + d^2 = 1$. Ebenfalls folgt $(c-a)^2 + (d-b)^2 = 2$, weil der Abstand von $(1, 0)$ zu $(0, 1)$ gleich $\sqrt{2}$ ist. Es folgt $ac + bd = 0$. Es gibt nur noch zwei Möglichkeiten, nämlich $c = -b, d = a$ oder $c = b, d = -a$. Im ersten Fall erhalten wir aus der Isometrieeigenschaft von T die nachfolgenden drei Gleichungen:

$$x^2 + y^2 = z^2 + w^2\,; \quad (z-a)^2 + (w-b)^2 = (x-1)^2 + y^2\,; \quad (z+b)^2 + (w-a)^2 = x^2 + (y-1)^2\,.$$

Hieraus leitet man $(z, w) = T(x, y) = (ax - by, bx + ay)$ ab. Im zweiten Fall zeigt man analog $T(x, y) = (ax + by, bx - ay)$. Ist im Allgemeinen $T(0, 0) = (c, d)$, so ist $U = T_{-c,-d} \circ T$ eine Isometrie mit $(0, 0)$ als Fixpunkt. Für U gibt es also zwei Möglichkeiten und mit $T = T_{c,d} \circ U$ folgt, dass entweder

$$T(x, y) = (ax - by + c, -bx + ay + d) \text{ oder } T(x, y) = (ax + by + c, bx - ay + d)\,.$$

Die Aussagen über die Fixpunkte werden als Aufgaben 2.3 und 2.2 überlassen. ∎

Aufgaben

Lösung

Aufgabe 2.1 Rechnen Sie nach, dass die Abbildungen, wie in Satz 2.1 beschrieben, tatsächlich Isometrien sind.

Aufgabe 2.2 Sei $a^2 + b^2 = 1$.

1. Betrachten Sie die Spiegelung $T(x, y) = (ax + by, bx - ay)$. Zeigen Sie, dass die Menge der Fixpunkte gleich $\{(\lambda(a + 1), \lambda b) : \lambda \in \mathbb{R}\}$ ist.
   Interpretieren Sie diese Gerade als eine bestimmte Winkelhalbierende. Fertigen Sie hierzu eine Skizze an.
2. Sei $T(x, y) = (ax + by + c, bx - ay + d)$. Zeigen Sie, dass T einen Fixpunkt hat genau dann, wenn $c(a+1)+bd = 0$, d. h., wenn (c, d) „senkrecht" auf der Spiegelachse der Spiegelung $(x, y) \mapsto (ax + by, bx - ay)$ steht.
   Interpretieren Sie in diesem Fall T als eine Spiegelung in einer Geraden, die nicht notwendigerweise durch 0 geht. Fertigen Sie hierzu eine Skizze an.

Aufgabe 2.3

1. Sei $a^2 + b^2 = 1$ mit $a \neq 1$. Sei $T(x, y) = (ax - by + c, bx + ay + d)$. Zeigen Sie, dass T genau einen Fixpunkt hat. Berechnen Sie diesen Fixpunkt.
2. Sei T eine Isometrie mit genau einem Fixpunkt (p, q). Zeigen Sie, dass es a, b gibt mit $a^2 + b^2 = 1$ und $T(x, y) = (a(x - p) - b(y - q) + p, b(x - p) + a(y - q) + q)$.
   Wir nennen T eine Drehung mit Zentrum (p, q).

Aufgabe 2.4 Seien P, Q zwei Punkte in der Ebene. Zeigen Sie, dass es eine Drehung gibt mit $T(P) = (0, 0)$, $T(Q) = (p, 0)$ mit $p > 0$.
Tipp: Machen Sie zunächst eine Verschiebung.

Aufgabe 2.5 Es seien O, P, Q drei Punkte in $\mathbb{R}^2$. Zeigen Sie die **Dreiecksungleichung**

$$d(P, Q) \leq d(O, P) + d(O, Q) ,$$

wobei Gleichheit nur dann auftreten kann, wenn O, P, Q auf einer Geraden liegen.
Tipp: Benutzen Sie die vorherige Aufgabe.

Aufgabe 2.6

1. Es seien P, Q zwei verschiedene Punkte in der Ebene. Zeigen Sie, dass es genau einen Punkt auf der Geraden durch P und Q gibt mit $d(M, P) = d(M, Q)$. Wir nennen M die Mitte zwischen P und Q.
2. Es sei ℓ eine Gerade und Q nicht auf ℓ. Zeigen Sie, dass es eine Isometrie gibt mit $T(\ell) = \{(x, y) : y = 0\}$ und $T(Q) = (0, q)$ mit $q > 0$.
3. Es sei ℓ eine Gerade und O nicht auf ℓ. Zeigen Sie, dass es eine Isometrie gibt, so dass $T(\ell) = \{(x, y) : y = a\}$ mit $a > 0$ und $T(O) = (0, 0)$.
4. Es seien O, P, Q drei verschiedene Punkte, die nicht auf einer Geraden liegen mit $d(O, P) = d(O, Q)$. Zeigen Sie, dass es eine Isometrie gibt mit $T(O) = (0, 0)$, $T(P) = (p, q)$ und $T(Q) = (-p, q)$ mit p und q beide nicht 0.
   Tipp: Betrachten Sie die Mitte von P und Q.

2.2 Winkel

Ein Winkel mit Scheitelpunkt O ist eine Drehung mit Zentrum O. Die Identitätsabbildung sehen wir auch als Drehung an.

Für feste (a, b) auf dem Einheitskreis betrachten wir alle Winkel

$$(x, y) \mapsto (a(x-c) - b(y-d) + c, b(x-c) + a(y-d) + d)$$

als gleich: Nur das Zentrum der Drehung ändert sich. Wir werden uns auf dieser Seite auf das Zentrum $O = (0, 0)$ beschränken. Es sei $R_{a,b}$ die Drehung gegeben durch $R_{a,b}(x, y) = (ax - by, bx + ay)$. Sie ist eindeutig bestimmt durch den Punkt (a, b) auf dem Einheitskreis. $R_{0,1}$ heißt **rechter** Winkel oder ein Winkel von 90°; $R_{-1,0}$ heißt **gestreckter** Winkel oder ein Winkel von 180°.

Lemma 2.2 $R_{a,b} \circ R_{c,d} = R_{ac-bd,ad+bc}$

Es gilt $R_{a,b}R_{c,d}(1, 0) = (ac-bd, ad+bc)$ und $R_{a,b}R_{c,d}(0, 1) = (-ad-bc, ac-bd)$. Aus Satz 2.1 folgt, dass $R_{a,b}R_{c,d}$ eine Drehung mit Zentrum 0 ist. ■

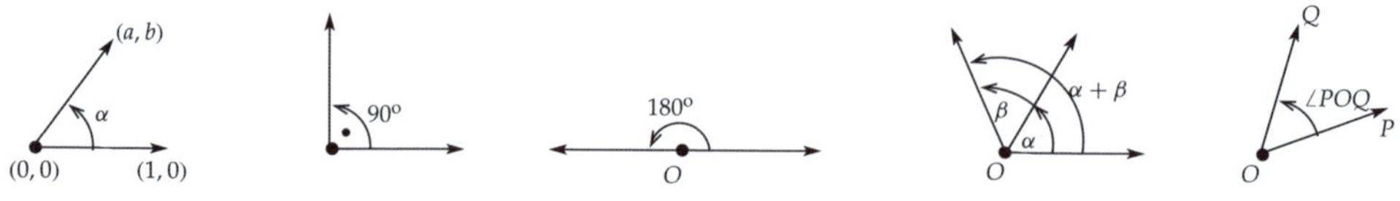

Ist $\alpha = R_{a,b}$ und $\beta = R_{c,d}$, so definieren wir $\alpha + \beta := R_{a,b} \circ R_{c,d}$.

Ist P ein Punkt auf dem Einheitskreis und α ein Winkel mit Scheitelpunkt O, $\alpha(P) = Q$, so schreiben wir auch $\angle POQ = \alpha$. Sind $P = (a, b)$ und $Q = (c, d)$, so gibt es eine Drehung R mit dem Zentrum O und $R(P) = Q$. Wir nehmen dafür nämlich $R_{c,d} \circ R_{a,-b}$. Es ist deshalb sinnvoll, von dem Winkel $\angle POQ$ zu reden. Ist im Allgemeinen $P, Q \neq O$, so setzen wir $P' = P/d(O, P)$, $Q' = Q/d(O, Q)$ und $\angle POQ := \angle P'OQ'$.

Für $\alpha = R_{a,b}$ definieren wir

1. $\sin(\alpha) := b$
2. $\cos(\alpha) := a$
3. $\tan(\alpha) := \dfrac{\sin(\alpha)}{\cos(\alpha)}$, falls $\cos(\alpha) \neq 0$
4. $\text{cotan}(\alpha) := \dfrac{\cos(\alpha)}{\sin(\alpha)}$, falls $\sin(\alpha) \neq 0$

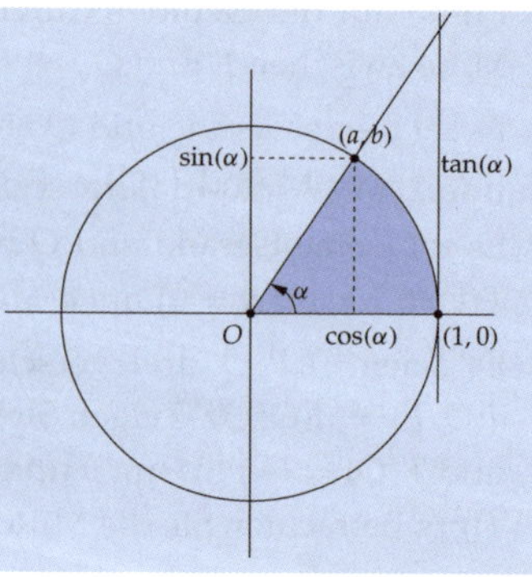

Aufgaben

Lösung

Aufgabe 2.7 Warum ist $\sin^2(\alpha) + \cos^2(\alpha) = 1$?

Aufgabe 2.8 Zeigen Sie, dass für die Winkel α, β, γ gilt: $\alpha + \beta = \beta + \alpha$ und $(\alpha + \beta) + \gamma = \alpha + (\beta + \gamma)$.

Aufgabe 2.9

1. In der Abbildung sind die Stufenwinkel und die Wechselwinkel gezeigt. Warum sind diese Winkel gleich?
2. Es seien α, β und γ die Winkel eines Dreiecks. Zeigen Sie: $\alpha + \beta + \gamma = 180°$.
   Tipp: Ziehen Sie die Gerade durch Q, parallel zur Geraden durch O und P.
3. Es sei OPQ ein gleichschenkliges Dreieck mit $d(O, Q) = d(P, Q)$. Zeigen Sie, dass $\angle POQ = \angle QPO$.
4. Es sei OPQ ein gleichseitiges Dreieck. Zeigen Sie, dass jeder Winkel im Dreieck gleich 60° ist.

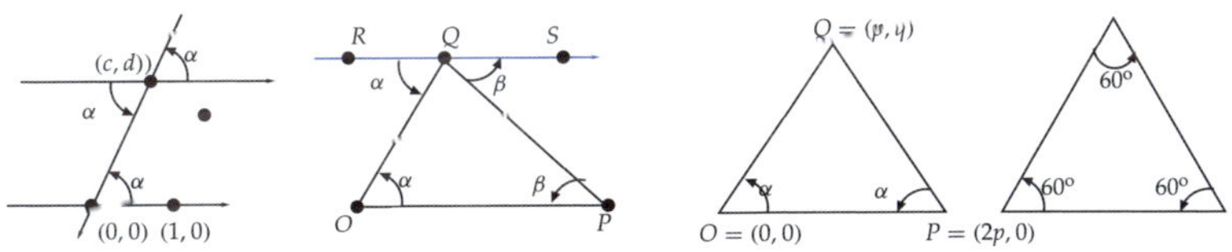

Aufgabe 2.10 Es sei OPQ ein rechtwinkliges Dreieck wie in der Abbildung rechts.

1. Es gilt $\sin(\alpha) = b/c$, $\cos(\alpha) = a/c$, $\tan(\alpha) = b/a$.
2. Es gilt $\cos(45°) = \sin(45°) = \frac{1}{2}\sqrt{2}$.
3. Es gilt $\sin(60°) = \frac{1}{2}\sqrt{3}$, $\cos(60°) = 1/2$.
4. Kontrollieren Sie die nachfolgende Tabelle. Lernen Sie diese auswendig.

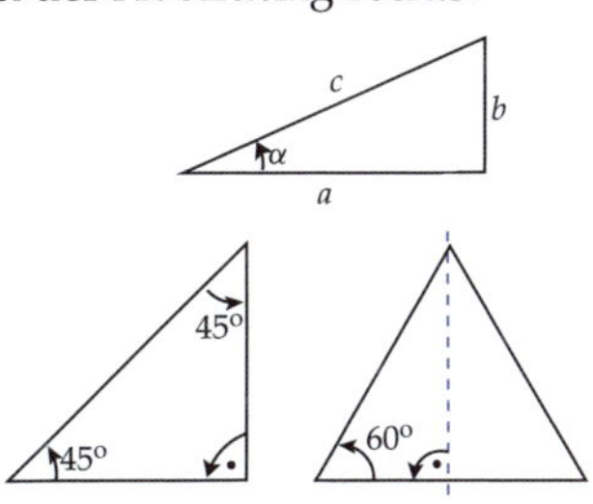

α	360°	30°	45°	60°	90°	120°	145°	150°	180°
$\sin(\alpha)$	0	$\frac{1}{2}$	$\frac{1}{2}\sqrt{2}$	$\frac{1}{2}\sqrt{3}$	1	$\frac{1}{2}\sqrt{3}$	$\frac{1}{2}\sqrt{2}$	$\frac{1}{2}$	0
$\cos(\alpha)$	1	$\frac{1}{2}\sqrt{3}$	$\frac{1}{2}\sqrt{2}$	$\frac{1}{2}$	0	$-\frac{1}{2}$	$-\frac{1}{2}\sqrt{2}$	$-\frac{1}{2}\sqrt{3}$	-1
$\tan(\alpha)$	0	$1/\sqrt{3}$	1	$\sqrt{3}$	–	$-\sqrt{3}$	-1	$-1/\sqrt{3}$	0

Aufgabe 2.11 (Winkelhalbierende) Sei $\alpha = \angle EOP$ und Q die Mitte von EP. Dann ist $\beta := \angle EOQ = \angle QOP$.
Wir nennen $\angle EOQ$ die *Winkelhalbierende* von $\angle EOP$.
Tipp: Ohne Einschränkung ist $E = (1, 0)$ und $P = (a, b)$. Finden Sie die Koordinaten eines Schnittpunktes von der Geraden durch E und Q mit dem Einheitskreis, um die geeignete Drehung zu ermitteln.

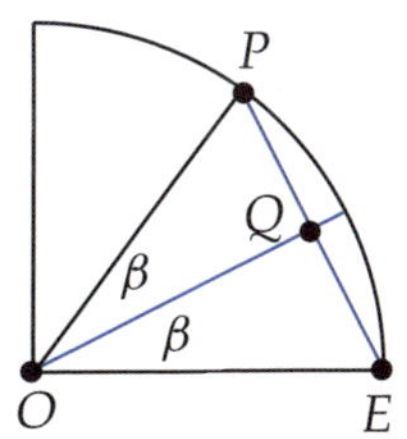

2.3 Die Additionstheoreme

Satz 2.3 (Additionstheoreme) Für alle Winkel α und β gilt:

$$\sin(\alpha+\beta) = \sin(\alpha)\cdot\cos(\beta) + \cos(\alpha)\cdot\sin(\beta)$$
$$\cos(\alpha+\beta) = \cos(\alpha)\cdot\cos(\beta) - \sin(\alpha)\cdot\sin(\beta)$$

Den Beweis haben wir eigentlich schon gegeben: Ist $\alpha = R_{a,b}$ und $\beta = R_{c,d}$, dann ist $a = \cos(\alpha)$, $b = \sin(\alpha)$, $c = \cos(\beta)$ und $d = \sin(\beta)$. Dann ist $\alpha + \beta = R_{ac-bd,ad+bc}$ nach Lemma 2.2. Nach Definition ist dann $\cos(\alpha+\beta) = ac - bd$ und $\sin(\alpha+\beta) = ad + bc$. Der Satz folgt durch Einsetzen der Werte für a, b, c, d. ■

Beispiel: Es gilt $\sin(10°) \approx 0,174$ und $\sin(15°) \approx 0,259$. Dann ist $\cos(10°) \approx \sqrt{1-0,174^2} \approx 0,985$ und $\cos(15°) \approx \sqrt{1-0,359^2} \approx 0,966$. Es folgt:

$$\sin(25°) \approx 0,174\cdot 0,966 + 0,259\cdot 0,985 \approx 0,168 + 0,255 = 0,423\,.$$

Satz 2.4 Sei $O = (0,0)$, $P = (A,B)$ und $Q = (C,D)$. Dann gilt

1. $AC + BD = d(O,P)\cdot d(O,Q)\cdot\cos(\angle POQ)$
2. $AD - BC = d(O,P)\cdot d(O,Q)\cdot\sin(\angle POQ)$

Ist $P = (a,b)$, $Q = (a,b)$ mit $a^2+b^2 = c^2+d^2 = 1$, so ist $\angle POQ = R_{c,d}\circ R_{a,-b} = R_{ac+bd,ad-bc}$ und somit $\sin(\angle POQ) = ad - bc$ und $\cos(\alpha) = ac + bd$. Der Satz folgt in diesem Fall. Mit $a = A/d(O,P)$, $b = B/d(O,P)$, $c = C/(O,Q)$ und $d = D/d(O,Q)$ folgt:

$$AC + BD = d(O,P)\cdot d(O,Q)\cdot(ac+bd) = d(O,P)\cdot d(O,Q)\cdot\cos(\angle POQ)$$
$$AD - BC = d(O,P)\cdot d(O,Q)\cdot(ad-bc) = d(O,P)\cdot d(O,Q)\cdot\sin(\angle POQ)$$ ■

Beispiel: Sei $P = (3,1)$ und $Q = (2,4)$. Dann ist $AD - BC = 3\cdot 4 - 2\cdot 1 = 10$ und $\sin(\angle POQ) = \frac{10}{\sqrt{10}\cdot\sqrt{20}} = \frac{1}{2}\sqrt{2} = \cos(\angle POQ)$. Also ist $\angle POQ = 45°$.

Bemerkung. Die Zahl $AC + BD$ nennt man das **Skalarprodukt** von P und Q und $AD - BC$ die Determinante. Die Zahl $|AD - BC|$ hat zusätzlich die Eigenschaft, dass sie die Fläche des Parallellogramms aufgespannt durch O, P und Q berechnet, siehe Aufgabe 7.41.

Aufgaben

Lösung

Aufgabe 2.12 Bestimmen Sie jeweils näherungsweise $\angle POQ$ in Grad mit Hilfe eines Taschenrechners. Fertigen Sie eine Skizze an und messen Sie mit einem Geodreieck nach.

1. $P = (-1, 4),\ Q = (2, 5)$ 2. $P = (3, -1),\ Q = (-1, 6)$
3. $P = (-1, -1),\ Q = (2, 3)$ 4. $P = (3, 2),\ Q = (2, 3)$

Aufgabe 2.13 Zeigen Sie die nachfolgenden Formeln:

1. $\sin(2\alpha) = 2\sin(\alpha) \cdot \cos(\alpha)$ (Verdopplungsformel)
2. $\cos(2\alpha) = \cos^2(\alpha) - \sin^2(\alpha) = 2\cos^2(\alpha) - 1 = 1 - 2\sin^2(\alpha)$ (Verdopplungsformel)
3. $\sin(\alpha/2) = \pm\sqrt{\frac{1}{2}(1 - \cos(\alpha))}$ (Halbierungsformel)
4. $\cos(\alpha/2) = \pm\sqrt{\frac{1}{2}(1 + \cos(\alpha))}$ (Halbierungsformel)
5. $\tan(\alpha + \beta) = \dfrac{\tan(\alpha) + \tan(\beta)}{1 - \tan(\alpha) \cdot \tan(\beta)}$
6. $\sin(\alpha) = \frac{1}{\sqrt{2}}\sqrt{\sin(2\alpha)\tan(\alpha)}\ 0 < \alpha < 90°$
7. $\tan(\alpha) = \dfrac{\sin(2\alpha) \cdot \tan(2\alpha)}{\sin(2\alpha) + \tan(2\alpha)}$ Tipp: Teilen Sie Zähler und Nenner durch $\tan(2\alpha)$.
8. $\cos(90° - \alpha) = \sin(\alpha)$ (hier nur für $\alpha < 90°$)
9. $\sin(90° - \alpha) = \cos(\alpha)$ (hier nur für $\alpha < 90°$)

Aufgabe 2.14 Zeigen Sie, dass $\sin(3\alpha) = -4\sin^3(\alpha) + 3\sin(\alpha)$. Zeigen Sie hiermit erneut, dass $\sin(60°) = \frac{1}{2}\sqrt{3}$.

Aufgabe 2.15 Geben Sie, nur ausgehend von $\sin(0°) = 0$, $\sin(90°) = 1$ und $\cos(60°) = 1/2$ eine exakte algebraische Formel für die nachfolgenden Zahlen an. Berechnen Sie diese danach mit dem Taschenrechner und vergleichen Sie Ihr Ergebnis mit der sin- und cos-Taste.

1. $\sin(30°)$ 2. $\sin(15°)$ 3. $\cos(75°)$
4. $\sin(22{,}5°)$ 5. $\sin(67{,}5°)$ 6. $\sin(7{,}5°)$

2.4 Das Bogenmaß

Wir nehmen an, dass $d(O,P) = d(O,Q) = 1$. Wir nennen Q links von P oder P rechts von Q, wenn $Q = R_{a,b}(P)$ mit $b \geq 0$. Wir nehmen zunächst an, dass Q links von P, aber rechts von $R_{0,1}(P)$. Dann ist $0° \leq \angle POQ \leq 90°$.

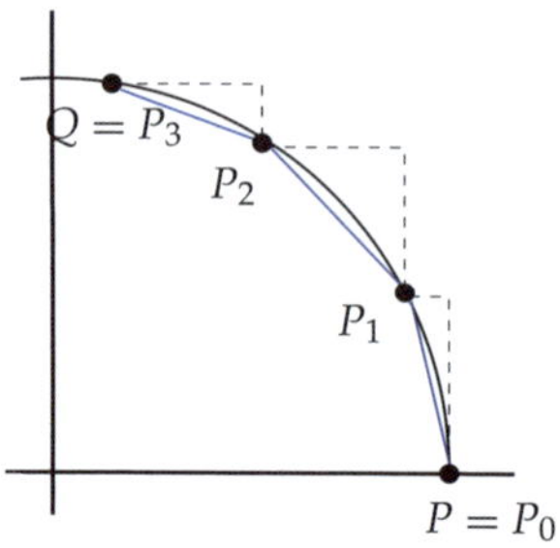

Eine **Zerlegung** $Z = (P = P_0, \ldots, P_s = Q)$ von (P,Q) ist eine Sequenz von Punkten $P_i \in \angle POQ$ mit

1. $P_0 = P$ und $P_s = Q$;
2. P_i links von P_{i-1} für jedes $i = 1, \ldots s$.

Wir setzen $\ell(Z) := \sum_{i=1}^{s} d(P_i, P_{i-1})$. In der Zeichnung nebenan ist dies die Länge der blauen Kurve.

Lemma 2.5 Es gilt: $\ell(Z) \leq 1 - \cos(\angle POQ) + \sin(\angle POQ) \leq 2$.

Sei $P = (c,d)$ und $Q = R_{a,b}(P)$. Ist $(1,0) = P' = R_{c,-d}(P)$ und $Q' = R_{c,-d}(Q)$, so gilt $\angle POQ = \angle P'OQ'$. Weil $R_{c,-d}$ eine Isometrie ist, dürfen wir hier annehmen, dass $P = (1,0)$ und $Q = (a,b)$ mit $a, b \geq 0$ und $a^2 + b^2 = 1$. Dann $a = \cos(\angle POQ)$, $b = \sin(\angle POQ)$. Ist $P_i = (a_i, b_i)$, so gilt $a_0 \geq a_1 \geq \cdots \geq a_s$ und $b_0 \leq b_1 \leq \cdots \leq b_s$.

$$d(P_i, P_{i-1}) = \sqrt{(a_{i-1} - a_i)^2 + (b_i - b_{i-1})^2} \leq a_{i-1} - a_i + b_i - b_{i-1}$$

$$\ell(Z) = \sum_{i=1}^{s} d(P_i, P_{i-1}) \leq \sum_{i=1}^{s} (a_{i-1} - a_i + b_i - b_{i-1}) = 1 - a + b$$

■

1. Für $0° \leq \angle POQ \leq 90°$ definieren wir das Bogenmaß:

$$b(\angle POQ) = \sup\{\ell(Z) \colon Z \text{ Zerlegung von } (P,Q)\}$$

2. Wir definieren die Kreiszahl $\pi := 2 \cdot b(90°)$.
3. Ist $90° < \angle POQ \leq 180°$ und $\angle POR = 90°$, dann $b(\angle POQ) := b(\angle ROQ) + \frac{\pi}{2}$.
4. Ist $\angle POQ > 180°$ und $\angle POR = 180°$, dann $b(\angle POQ) := b(\angle ROQ) + \pi$.

Satz 2.6

1. Es seien α, β Winkel. Dann gilt:

$$b(\alpha + \beta) = \begin{cases} b(\alpha) + b(\beta) & \text{falls } b(\alpha) + b(\beta) < 2 \cdot \pi \\ b(\alpha) + b(\beta) - 2\pi & \text{falls } b(\alpha) + b(\beta) \geq 2 \cdot \pi \end{cases}$$

2. Für jede reelle Zahl x mit $0 \leq x < 2\pi$ gibt es genau einen Winkel α mit $b(\alpha) = x$.

Aufgaben

Lösung

Aufgabe 2.16 Es sei $P = (a, b)$ auf dem Einheitskreis C, gegeben durch die Gleichung $x^2 + y^2 = 1$. Zeigen Sie, dass die Gerade mit der Gleichung $ax + by = 1$ genau einen Schnittpunkt mit dem Einheitskreis hat. Wir nennen demnach diese Gerade die Tangente an C in dem Punkt P.

Aufgabe 2.17 Es sei $P = (a, b)$ mit $a, b > 0$ auf dem Einheitskreis, $E = (1, 0)$, $Q = (a, -b)$. Nehmen wir an, dass $b < \frac{1}{2}\sqrt{2}$. Sei R der Schnittpunkt der Tangenten an C in P und der Tangenten an C in Q. Sei $\alpha = \angle QOP$. Zeigen Sie:

1. $d(P, R) = d(Q, R) = \tan(\alpha/2)$
2. $d(P, Q) = 2\sin(\alpha/2)$
3. $d(P, Q) \leq \tan(\alpha)$
4. Es seien S, T zwei Punkte auf dem Einheitskreis mit $0 \leq \angle SOT < 90°$. Zeigen Sie, dass $d(S, T) \leq \tan(\angle SOT)$.

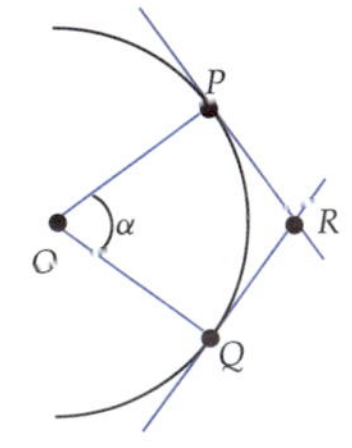

Aufgabe 2.18 In dieser Aufgabe zeigen Sie für $0 < \alpha < \pi/2$, dass $\alpha \leq \tan(\alpha)$. Sei $P = (a, b)$ auf dem Einheitskreis im ersten Quadranten und $E = (1, 0)$, $\alpha = \angle EOP$ und $Z = (P_0, \ldots, P_s)$ eine Zerlegung von (E, P) und $\alpha_i = \angle P_{i-1}OP_i$. Zeigen Sie:

1. $\ell(Z) \leq \sum_{i=1}^{s} \tan(\alpha_i) \leq \tan(\alpha)$
2. $\alpha \leq \tan(\alpha)$

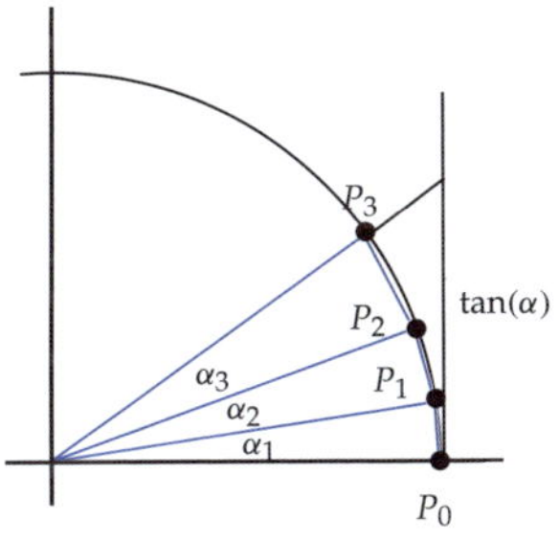

Aufgabe 2.19 (Berechnung von π nach Archimedes) Sei p_n der halbe Umfang des eingeschriebenen n-Ecks des Einheitskreises, q_n der halbe Umfang des umschriebenen n-Ecks des Einheitskreises. In der nebenstehenden Figur sind diese für $n = 6$ eingezeichnet. Zeigen Sie:

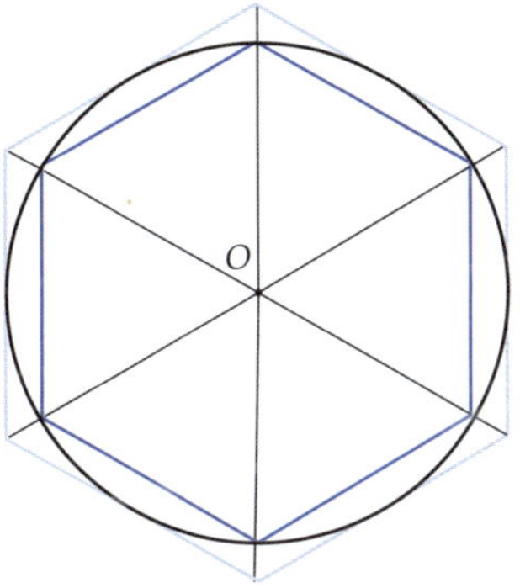

1. $p_n \leq \pi \leq q_n$ für jedes n
2. $p_6 = 3$ und $q_6 = 2\sqrt{3}$
3. $q_{2n} = 2\frac{p_n q_n}{p_n + q_n}$ und $p_{2n} = \sqrt{p_n q_{2n}}$

   Tipp: Betrachten Sie Aufgabe 2.13.
4. Schreiben Sie in einem Computeralgebrasystem ein Programm, welches p_{62^k} und q_{62^k} berechnet. Führen Sie dies für $k = 1000$ durch und bestimmen Sie, wie viele Nachkommastellen von π Sie hiermit richtig berechnet haben.

Bemerkung. Bis ins 17. Jahrhundert hinein war die oben genannte Methode die wichtigste, um Näherungswerte von π zu bestimmen.

Beweis des Satzes 2.6

Beweis von Satz 2.6

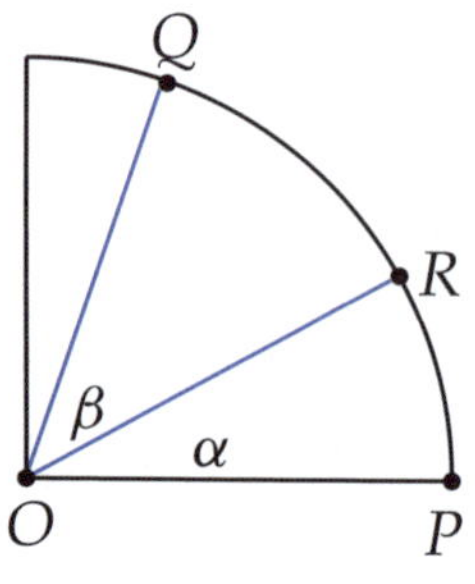

Es sei $\alpha = \angle POR$ und $\beta = \angle ROQ$. Wir dürfen annehmen, dass $P = (1, 0)$ und $d(O, Q) = d(O, R) = 1$. Zunächst nehmen wir an, dass $\angle POR \leq 90°$, $\angle ROQ \leq 90°$ und $\angle POQ \leq 90°$. Zum Nachweis der Ungleichung

$$b(\angle POQ) \leq b(\angle POR) + b(\angle ROQ) \tag{2.1}$$

reicht es zu zeigen, dass für eine beliebige Zerlegung $Z = (P_0, \ldots, P_s)$ von (P, Q) gilt:

$$\ell(Z) \leq b(\angle POR) + b(\angle ROQ)\ . \tag{2.2}$$

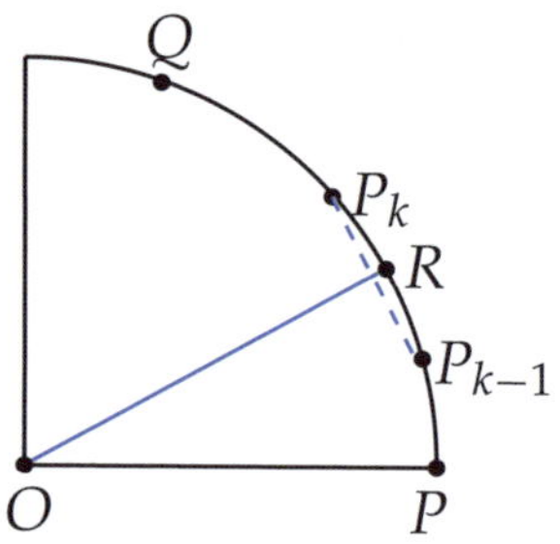

Ist eine Zerlegung Z von (P, Q) gegeben, so suchen wir ein $k \geq 1$, so dass $R = P_k$ oder R links liegt von P_{k-1}, aber rechts von P_k. Wir betrachten die neue Zerlegung $W = (P_0, \ldots, P_{k-1}, R, P_k, \ldots, P_s)$ von (P, Q). Durch die Dreiecksungleichung gilt:

$$d(P_k - P_{k-1}) \leq d(P_k, R) + d(R, P_{k-1})\ .$$

Hieraus folgt $\ell(Z) \leq \ell(W)$.

Die Zerlegung W teilen wir auf in zwei Zerlegungen $Z_1 = (P_0, \ldots, P_{k-1}, R)$ von (P, R) und $Z_2 = (R, P_k \ldots, Q)$ von (Q, R) mit

$$\begin{aligned} \ell(Z) \leq \ell(W) &= \ell(Z_1) + \ell(Z_2) \\ &\leq b(\angle POR) + b(\angle QOR) \end{aligned}$$

Damit ist die Ungleichung (2.2) und somit auch die Ungleichung (2.1) gezeigt.

Wir zeigen jetzt, dass die andere Ungleichung

$$b(\angle POQ) \geq b(\angle POR) + b(\angle ROQ) \tag{2.3}$$

auch gültig ist. Betrachte dazu ein $\varepsilon > 0$ und Zerlegungen $Z_1 = (P = P_0, \ldots, P_{k-1}, R)$ von (P, R) und $Z_2 = (R, P_k \ldots, P_s = Q)$ von (R, Q) mit $\ell(Z_1) > b(\angle POR) - \varepsilon/2$ und $\ell(Z_2) > b(\angle ROQ) - \varepsilon/2$. Die Zerlegungen Z_1 und Z_2 können wir zu einer Zerlegung $W = (P_0, \ldots, P_{k-1}, R\, P_k \ldots, Q)$ von (P, Q) verschmelzen und $\ell(W)$ ist die Summe von $\ell(Z_1)$ und $\ell(Z_2)$. Somit gilt:

$$b(\angle POR) + b(\angle ROQ) < \ell(Z_1) + \varepsilon/2 + \ell(Z_2) + \varepsilon/2 = \ell(W) + \varepsilon \leq b(\angle POQ) + \varepsilon\ .$$

Die Ungleichung $b(\angle POR) + b(\angle ROQ) < b(\angle POQ) + \varepsilon$ für jedes $\varepsilon > 0$ ist gültig, daher folgt die Ungleichung (2.3). Zusammen mit der Ungleichung (2.1) ist die Addition der Winkel gezeigt.

Betrachten wir nun den Fall $\angle POR \leq 90°$ und $\angle ROQ \leq 90°$, aber $\angle POQ \geq 90°$. Sei $F = (0, 1)$. Nach Definition und dem jetzt Bewiesenen gilt:

$$\begin{aligned} \angle POQ &= \pi/2 + b(\angle FOQ) \\ \pi/2 &= b(\angle POF) = b(\angle POR) + b(\angle ROF) \\ b(\angle ROQ) &= b(\angle ROF) + b(\angle FOQ) \end{aligned}$$

Einsetzen liefert die gewünschte Identität. Beweisen Sie nun selbst die restlichen Fälle.

Jetzt kümmern wir uns um die Existenz eines Winkels α mit $b(\alpha) = x$. Es reicht erneut, $0 < x \leq \pi/2$ zu betrachten.

Wir benutzen hier die Halbierungsmethode und die Existenz einer Winkelhalbierenden, siehe Aufgabe 2.11. Sei $y := \frac{\pi/2}{x}$. Dann ist $0 < y \leq 1$, und als solche hat sie eine Binärentwicklung. Wir fangen an mit $\angle POQ$ mit $P = P_0 = (1, 0)$ und $Q = Q_0 = (0, 1)$. Ist (P_{i-1}, Q_{i-1}) gegeben, so sei $\angle P_{i-1}OM_{i-1}$ die Winkelhalbierende von $\angle P_{i-1}OQ_{i-1}$. Definiere

$$(P_i, Q_i) := \begin{cases} (P_{i-1}, M_{i-1}) & \text{falls } y_{-i} = 0 \\ (M_{i-1}, Q_{i-1}) & \text{falls } y_{-i} = 1\,. \end{cases}$$

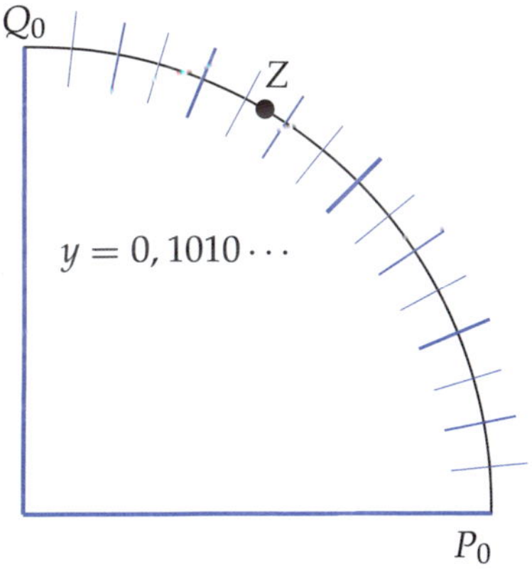

Es gilt, dass die Bogenlänge von $\angle P_{i-1}OP_i$ gleich $y_{-i} \cdot \pi/2$. Es folgt mit dem ersten Teil des Satzes, dass $b(\angle POO_i = \lfloor y \rfloor_i \cdot \pi/2$. Sei $P_i = (a_i, b_i)$. Dann gilt $b_1 \leq b_2 < \cdots \leq 1$. Sei $b = \lim_{i \to \infty} b_i$ und $a = \sqrt{1 - b^2}$, $Z = (a, b)$.

Es gilt $\angle POZ = x$. (Prüfen Sie diese Aussage!) ■

2.5 Graphen der Sinus-, Cosinus- und Tangensfunktion

Die Sinus-, Cosinus- und Tangensfunktion haben wir bislang für Winkel α betrachtet. In der Mathematik und speziell in der Analysis, werden bevorzugt $\sin(x)$, $\cos(x)$ und $\tan(x)$ für reelle Zahlen x betrachtet. Hier die Definition:

Sei x eine reelle Zahl und α ein Winkel mit $0 \leq b(\alpha) = x + 2 \cdot k \cdot \pi \leq 2\pi$. Wir definieren:

$$\sin(x) = \sin(\alpha)\,, \quad \cos(x) = \cos(\alpha)\,, \quad \tan(x) = \tan(\alpha)\,.$$

Wir reden oft (irrtümlicherweise) über den Winkel x, aber dies wird in der Praxis selten für Verwirrung sorgen. Der Grund, um z. B. die Sinusfunktion auf diese Weise zu betrachten, ist, dass sich hiermit schöne Formeln für $\sin(x)$ herleiten lassen, wie wir dies in Kapitel 5 tun werden. Es gilt:

$$\sin(0) = \sin(\pi) = 0 = \cos(\pi/2) = 0\,, \quad \sin(\pi/2) = 1\,, \quad \sin(\pi/6) = 1/2$$

Bemerken Sie, dass $\tan(\pi/2)$ nicht definiert ist. Die Funktionen $\sin(x)$ und $\cos(x)$ sind periodisch mit Periode 2π. Dies bedeutet, dass $\sin(x + 2\pi) = \sin(x)$ und $\cos(x + 2\pi) = \cos(x)$ für jedes x. Die Funktion $\tan(x)$ hat die Periode π. Nachfolgend sind die Graphen der Funktionen $\sin(x)$, $\cos(x)$ und $\tan(x)$ gezeichnet.

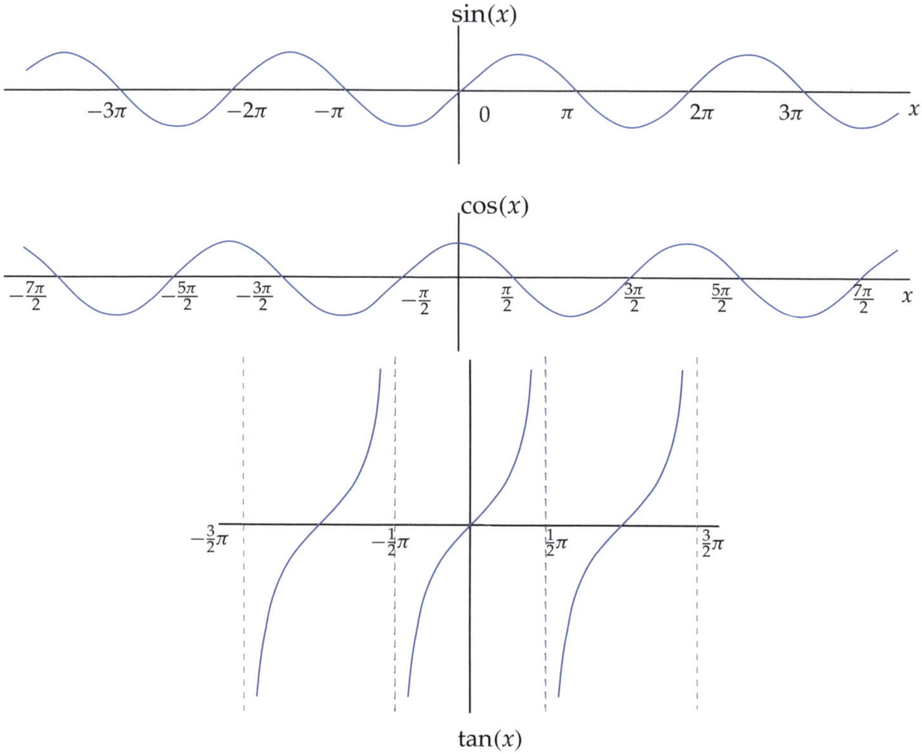

Aufgaben

Lösung

Aufgabe 2.20 Zeigen Sie die Formeln:

1. $\sin(x+y) = \sin(x)\cos(y) + \cos(x)\sin(y)$
2. $\cos(x+y) = \cos(x)\cos(y) - \sin(x)\sin(y)$

Tipp: Nehmen Sie zunächst $y = 2k\pi$, $k \in \mathbb{Z}$.

Aufgabe 2.21 Zeigen Sie die nachfolgenden Formeln.

1.	$\sin(-x) = -\sin(x)$	2.	$\cos(-x) = \cos(x)$	3.	$\cos(x+\pi) = -\cos(x)$
4.	$\sin(x+\pi) = -\sin(x)$	5.	$\tan(x+\pi) = \tan(x)$	6.	$\sin(\pi/2 - x) = \cos(x)$

Aufgabe 2.22 Lösen Sie die nachfolgenden Gleichungen.

1.	$\sin(x) = 0$	2.	$\cos(x) = 0$	3.	$\sin(x) = 1$
4.	$\sin(x) = -1$	5.	$\cos(x) = 1$	6.	$\cos(x) = -1$
7.	$\sin(x) = 1/2$	8.	$\cos(x) = 1/2$	9.	$\tan(x) = 1$
10.	$\tan(x) = -1$	11.	$\sin(x) = \cos(x)$	12.	$\sin(x) = -\cos(x)$
13.	$\tan(x) = \sqrt{3}$	14.	$\sin(x) = \frac{1}{\sqrt{2}}$	15.	$\cos(x) = \sqrt{3}$

Aufgabe 2.23 Fertigen Sie eine Zeichnung des Graphen der **Cotangensfunktion** $\operatorname{cotan}(x) = \frac{\cos(x)}{\sin(x)}$ an.

2.6 Arcsinus, Arccosinus und Arctangens

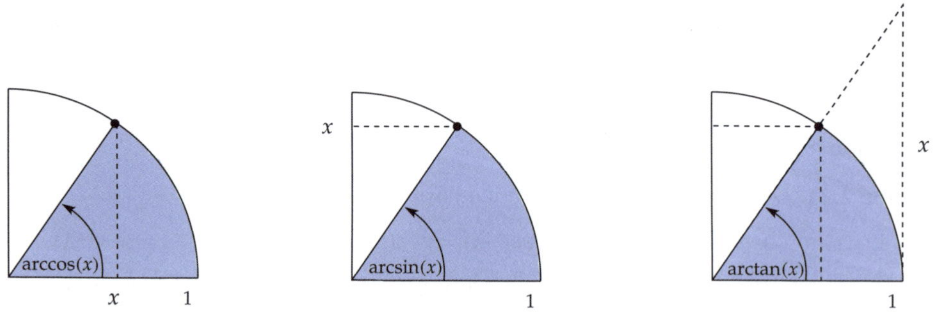

Es sei $-1 \leq x \leq 1$. Mit $y = \sqrt{1 - x^2}$ und b die Bogenlänge von $R_{x,y}$ gilt offensichtlich die Gleichung $\cos(x) = b$. Wir schreiben $b = \arccos(x)$. Auf ähnliche Weise definieren wir $\arcsin(x)$ für $-1 \leq x \leq 1$ und $\arctan(x)$ für $x \in \mathbb{R}$. Wir zeichnen die Graphen dieser Funktionen. Wir werden später sehen, wie $\arcsin(x)$ annäherungsweise berechnet werden kann.

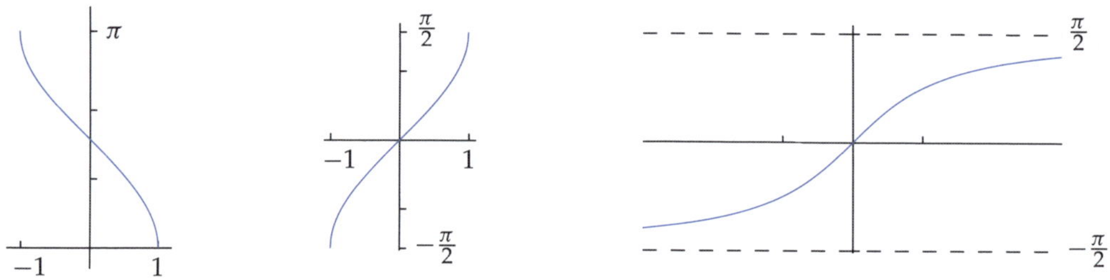

Die Funktionen $\cos(x)\colon [0, \pi] \to [-1, 1]$ und $\arccos(x)\colon [-1, 1] \to [0, \pi]$ sind deshalb zueinander inverse Funktionen. Es gilt daher:

$$y = \cos(x) \iff \arccos(y) = x$$

für $x \in [0, \pi]$ und $y \in [-1, 1]$. Ähnliches gilt für $\arcsin(x)$ und $\arctan(x)$.

Aufgaben

Lösung

Aufgabe 2.24 Berechnen Sie:

1.	$\arcsin(1/2)$	2.	$\arccos(1/2)$
3.	$\arctan(1)$	4.	$\arcsin(\sqrt{2}/2)$
5.	$\arccos(\sqrt{2}/2)$	6.	$\arctan(\sqrt{3})$
7.	$\arctan(0)$	8.	$\arccos(-\sqrt{2}/2)$
9.	$\arcsin(-\sqrt{2}/2)$	10.	$\arccos(0)$
11.	$\arctan(-1)$	12.	$\arctan(-\sqrt{3}/3)$

Aufgabe 2.25 Zeigen Sie die nachfolgenden Formeln.

1. $\cos(\arcsin(x)) = \sqrt{1-x^2}$
2. $\sin(\arccos(x)) = \sqrt{1-x^2}$
3. $\cos^2(\arctan(x)) = \dfrac{1}{1+x^2}$
4. $\arccos(x) + \arccos(-x) = \pi$
5. $\arcsin(x) + \arccos(x) = \pi/2$
6. $\arcsin(-x) = -\arcsin(x)$

Folgen und stetige Funktionen

3

ÜBERBLICK

LERNZIELE

- Folgen und Konvergenz
- Stetige Funktionen und Rechenregeln
- Stetige Funktionen auf Intervallen: Zwischenwertsatz, Maximum und Minimum
- Grenzwerte von Funktionen
- Stetigkeit der Umkehrfunktion
- Definition der Exponentialfunktion und ihre Umkehrfunktion, der Logarithmus
- Häufungspunkte von Folgen und Cauchykriterium

Es sei $a_1, a_2, a_3 \ldots$ eine Folge reeller Zahlen. Wir interessieren uns für das Verhalten der Zahlenfolge (a_n), wenn n groß wird. Insbesondere möchten wir den Begriff Grenzwert genau erfassen: Was soll es bedeuten, dass die Folge (a_n) gegen einen Wert a, den Grenzwert, strebt? Die Antwort ist gegeben durch:

Wenn V eine beliebige *Umgebung von a ist,*
so liegt a_n in V für alle bis auf endlich viele $n \in \mathbb{N}$.

Je länger man über diese Definition nachdenkt, umso selbstverständlicher wird sie. Im ersten Kapitel haben wir den Fall, dass (a_n) eine wachsende beschränkte Folge ist, betrachtet. Der dort angegebene Grenzwert $a = \sup\{a_n : n \in \mathbb{N}\}$ stimmt mit dem hier angegebenen überein. (Warum?)

Die Phrase „für alle bis auf endlich viele n" ist mathematisch folgendermaßen gefasst:

Es gibt ein $N \in \mathbb{N}$, so dass für alle $n \geq N$.

Jede beliebige Umgebung V von a enthält eine Umgebung der Form $(a - \varepsilon, a + \varepsilon)$ für ein $\varepsilon > 0$. Und: $a_n \in (a - \varepsilon, a + \varepsilon)$ genau dann, wenn $|a_n - a| < \varepsilon$. Wir können den Begriff Grenzwert deshalb folgendermaßen beschreiben:

Für jedes $\varepsilon > 0$ gibt es ein $N \in \mathbb{N}$, so dass für alle $n \geq N$ gilt: $|a_n - a| < \varepsilon$.

Den Grenzwert einer Folge (a_n) bezeichnen wir mit $\lim_{n\to\infty} a_n$. Diese technische Beschreibung des Grenzwertes erweist sich als hilfreich beim Beweisen.

Konvergente Folgen erfüllen gewisse Rechenregeln: Sind (a_n) und (b_n) konvergente Folgen, so auch $(a_n + b_n)$, $(a_n \cdot b_n)$ und es gilt:

$$\lim_{n\to\infty}(a_n + b_n) = \lim_{n\to\infty} a_n + \lim_{n\to\infty} b_n , \quad \lim_{n\to\infty}(a_n \cdot b_n) = \lim_{n\to\infty} a_n \cdot \lim_{n\to\infty} b_n .$$

Der Spezialfall, dass (a_n) und (b_n) wachsende Folgen positiver reellen Zahlen sind, war bereits in Satz 1.4 bewiesen worden. Der Beweis dieser Rechenregeln im allgemeinen Fall gibt *keinen neuen Beweis* für Satz 1.4. Der in diesem Kapitel angegebene Beweis benutzt nämlich die Grundrechenregeln für die reellen Zahlen, wie die Assoziativität und die Distributivität. Jedoch war eben dieser Satz 1.4 ein wesentlicher Schritt in dem Beweis der grundlegenden Rechenregeln.

Kommen wir zu dem Begriff „Stetigkeit einer Funktion". In der Schule wird dieser Begriff oft umschrieben mit der Phrase:

Die Funktion f ist stetig, wenn der Graph der Funktion gezeichnet werden kann, ohne den Bleistift vom Papier zu nehmen.

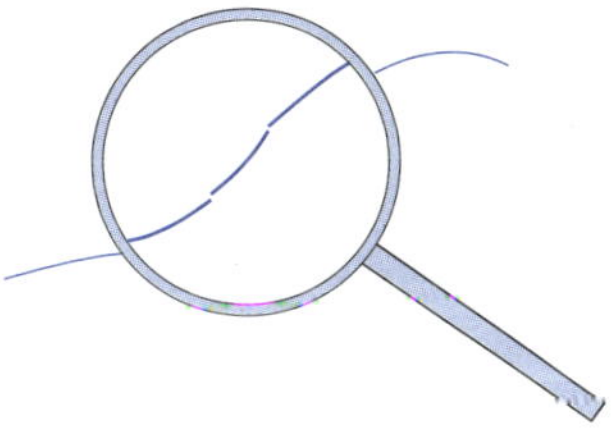

Wir erwarten von vielen bekannten Funktionen, dass sie stetig sind, wie z. B. die Funktion $f(x) = x^3 - x - 1$. Es sieht tatsächlich aus, als ob der Graph ohne Sprünge verläuft. Können wir uns aber so sicher sein? Wenn wir einen Graph mit einer Lupe oder einem Mikroskop betrachten, wie können wir sicher sein, dass der Graph im Kleinen keine Sprünge macht, so wie im nebenstehenden Bild dargestellt?

In der nebenstehenden Figur ist der Graph einer Funktion gezeichnet, welche in $x = a$ nicht stetig ist. Der Graph macht bei $x = a$ einen Sprung. Die Funktionswerte $f(x)$ für x nahe bei a sollten nicht viel von dem Wert $f(a)$ abweichen. Die Annäherung sollte besser sein, wenn x näher bei a ist. Diese Tatsache beschreiben wir mathematisch folgendermaßen:

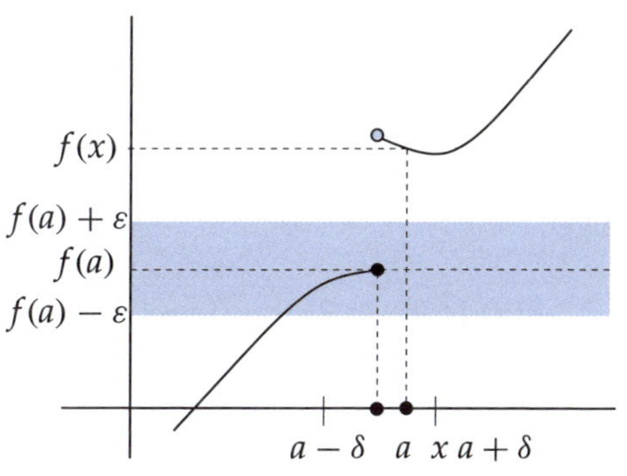

Die Funktion f ist stetig in a, wenn es für jede Umgebung V von $f(a)$ eine Umgebung U von a gibt, mit $f(x) \in V$ für jedes $x \in U$.

Da jede Umgebung von $f(a)$ eine Umgebung der Form $(f(a) - \varepsilon, f(a) + \varepsilon)$ enthält, und weil es ausreicht, eine Umgebung der Form $U = (a-\delta, a+\delta)$ zu finden, lässt sich die Stetigkeit in a durch folgenden Satz beschreiben.

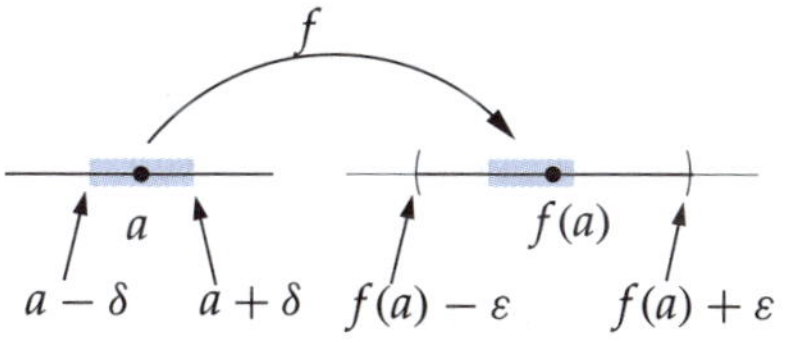

Für jedes $\varepsilon > 0$ gibt es ein $\delta > 0$, so dass für alle x mit $|x-a| < \delta$ gilt $|f(x) - f(a)| < \varepsilon$.

In den obigen Abbildungen ist versucht worden, die Definition von Stetigkeit bildlich darzustellen. Ein 100% korrektes Bild kann nicht gezeichnet werden, da die Stetigkeit ein dynamischer Prozess ist: Zuerst wird ein beliebiges ε gewählt und danach müssen wir ein δ finden.

Diese Reihenfolge ist schwer in einem Bild zu vermitteln.

Die Stetigkeit ist äquivalent zur Folgenstetigkeit. Die Folgenstetigkeit in a wird beschrieben durch die einprägsame Formel

$$f\left(\lim_{n\to\infty} a_n\right) = \lim_{n\to\infty} f(a_n)$$

für jede konvergente Folge (a_n) mit Grenzwert a. Es ist bequem, die verschiedenen Formulierungen von Stetigkeit nebeneinander zu benutzen. Die Folgenstetigkeit erlaubt es uns nämlich, die Rechenregeln für stetige Funktionen sofort herzuleiten, weil sie aus den Rechenregeln für Grenzwerte von Folgen folgen.

Der Zwischenwertsatz zeigt uns, dass die Graphen von stetigen Funktionen tatsächlich keine Sprünge haben.

> *Ist f stetig und $f(a) < c < f(b)$, so gibt es ein $\xi \in (a,b)$ mit $f(\xi) = c$.*

Glücklicherweise ist der Beweis konstruktiv: Sobald man in der Lage ist, Funktionswerte $f(x)$ auszurechnen (oder besser noch: wenn man entscheiden kann, ob $f(x) < c$ oder $f(x) > c$), lässt sich die Binärentwicklung oder die Dezimalentwicklung einer solchen Zahl ξ bestimmen. Insbesondere kann man hierdurch oft die Nullstellen von f finden, also diejenigen ξ, für die gilt: $f(\xi) = 0$. Ehrlichkeitshalber muss man dazu sagen, dass die vorgestellte Methode langsam ist, dafür aber leicht zu verstehen. Wenn die Differenzialrechnung zur Verfügung steht, werden wir bessere Methoden kennenlernen (Newtonsche Methode).

Ein weiterer Satz, welcher offensichtlich erscheint, ist folgender:

> *Ist $f\colon [a,b] \to \mathbb{R}$ stetig, so hat f auf $[a,b]$ ein Maximum M (und ein Minimum m).*

Das nebenstehende Bild illustriert diesen Satz. Dem Autor ist kein konstruktiver Beweis dieses Satzes bekannt. Wir können hier kein Verfahren angeben, welches dieses Maximum bestimmt. Für differenzierbare Funktionen, welche im nächsten Kapitel behandelt werden, sieht es besser aus. Mit ihrer Hilfe kann man mögliche Maximalwerte bestimmen.

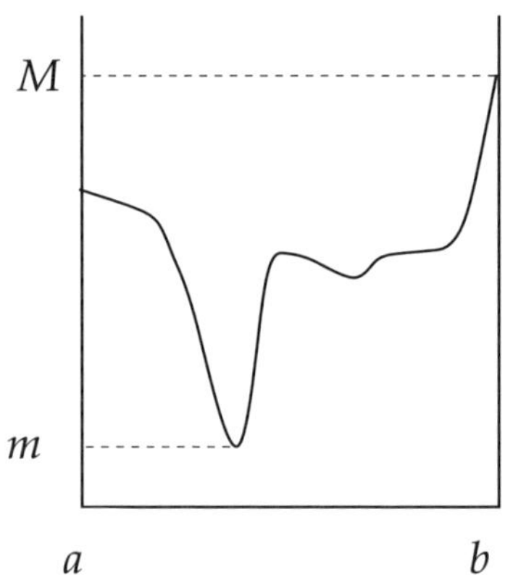

Das nächste Thema ist der Grenzwert. Dieser Begriff ist leicht zu verstehen für stetige Funktionen $f\colon A \to \mathbb{R}$.

Die Definition lautet in etwa wie folgt: Ist a ein Häufungspunkt von A, so gilt $\lim_{x\to a} f(x) = f(a)$. Wenn f nicht stetig ist, so suchen wir eine stetige Funktion mit $g(x) = f(x)$ für $x \neq a$. Es gilt dann $\lim_{x\to a} f(x) = g(a)$.

Mit dieser Definition lassen sich die Rechenregeln für Grenzwerte sofort aus denen für stetige Funktionen ableiten. Der Grenzwertbegriff kann auch wie nachfolgend beschrieben werden:

> $\lim_{x\to a} f(x) = b$ *genau dann, wenn es für jedes* $\varepsilon > 0$ *ein* $\delta > 0$ *gibt, so dass für jedes* $x \in A$ *mit* $0 < |x - a| < \delta$ *gilt:* $|f(x) - b| < \varepsilon$.

Wenn man $\lim_{x\to a} f(x) = b$ nachweisen möchte, so wird letztere Beschreibung oft benutzt.

Die Begriffe einseitiger Grenzwert $\lim_{x\nearrow a} f(x) = b$ und $\lim_{x\searrow a} f(x) = b$ können wir auf ähnliche Weise behandeln, so wie die Fälle $\lim_{x\to\infty} f(x) = b$, $\lim_{x\to-\infty} f(x) = b$, $\lim_{x\nearrow a} f(x) = \infty$, $\lim_{x\searrow a} f(x) = \infty$, $\lim_{x\nearrow a} f(x) = -\infty$ und $\lim_{x\searrow a} f(x) = -\infty$.

In Abschnitt 3.8 behandeln wir die Exponentialfunktion a^x für $a > 0$ und in Abschnitt 3.9 die Logarithmusfunktion $\log_a(x)$ zur Basis $a > 0$. Diese sind zueinander inverse Funktionen, also

$$y = a^x \text{ genau dann, wenn } x = \log_a(y)\ .$$

Es reicht deshalb, entweder die Exponentialfunktion oder die Logarithmusfunktion zu definieren. Wir ziehen es vor, zuerst die Exponentialfunktion zu definieren. Die Definition hätten wir übrigens schon im ersten Kapitel geben können, allerdings wäre es schwerer gewesen, die Eigenschaften der Exponentialfunktion nachzuweisen.

Wegen $a^{-x} = 1/a^x$ und $(1/a)^x = a^{-x}$, reicht es aus, den Fall $x > 0$ und $a > 1$ zu betrachten. Ist n eine natürliche Zahl, so ist a^n natürlich nichts anderes als $\underbrace{a \cdot \ldots \cdot a}_{n}$.

Wegen der bekannten Rechenregel $\sqrt{a^{2x}} = a^x$ gibt es nur eine Möglichkeit, a^x für endliche Binärentwicklung festzulegen. Sei $k \in N_0$ die kleinste Zahl mit $2^k x \in \mathbb{N}$. Ist $k = 0$, so ist $x \in \mathbb{N}$ und a^x schon definiert. Sonst ist $2^{k-1}2x \in \mathbb{N}$, mit Induktion a^{2x} deshalb definiert und wir definieren dann a^x durch $a^x := \sqrt{a^{2x}}$.

Die Zahl a^x sollte natürlich gut angenähert werden durch $a^{\lfloor x\rfloor_n}$. Die Funktion a^x sollte stetig sein. Deshalb haben wir keine andere Wahl als zu definieren:

$$a^x := \lim_{n\to\infty} a^{\lfloor x\rfloor_n}\ .$$

An dieser Stelle müssen alle Rechenregeln für die Funktion a^x nachgerechnet werden. Die Stetigkeit von $\log_a(x)$ folgt dann aus der Tatsache, dass Umkehrfunktionen stetiger Funktionen stetig sind, siehe Abschnitt 3.7.

Am Ende des Kapitels betrachten wir noch Häufungspunkte und Cauchyfolgen.

3.1 Konvergente Folgen

Eine Folge $(a_n) = a_1, a_2, a_3, \ldots$ reeller Zahlen heißt **konvergent** mit Grenzwert a, wenn für jede Umgebung V von a gilt, dass $a_n \in V$ für fast alle (d. h. bis auf endliche viele) natürliche Zahlen n. Notation: $\lim_{n\to\infty} a_n = a$.

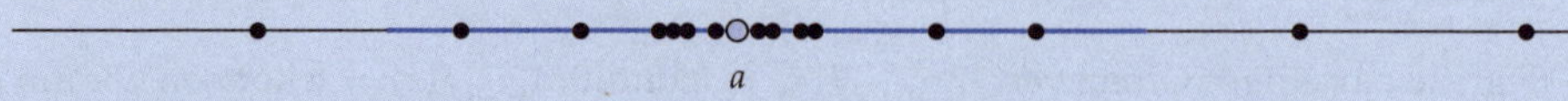

Eine konvergente Folge mit Grenzwert 0 nennt man eine **Nullfolge**. Eine nicht konvergente Folge nennt man **divergent.**

Der Grenzwert ist eindeutig bestimmt. Sind nämlich $a < b$ zwei Grenzwerte der Folge (a_n), so ist $V = (-\infty, \frac{a+b}{2})$ eine Umgebung von a und $W = (\frac{a+b}{2}, \infty)$ eine Umgebung von b. Nun kann a_n nicht gleichzeitig ein Element von V und von W sein. Da jede Umgebung von a eine Umgebung der Form $\{x\colon |x-a| < \varepsilon\}$ enthält, gilt:

Lemma 3.1 Eine Folge (a_n) ist konvergent mit Grenzwert a genau dann, wenn zu jedem $\varepsilon > 0$ ein N existiert, so dass für alle $n \geq N$ gilt $|a_n - a| < \varepsilon$.

Satz 3.2

1 Eine wachsende (fallende) beschränkte Folge (a_n) ist konvergent.

2 Es seien (a_n) und (b_n) konvergente Folgen mit den Grenzwerten a und b.

- **a.** $(a_n) + (b_n)$ ist konvergent und $\lim_{n\to\infty}(a_n + b_n) = \lim_{n\to\infty} a_n + \lim_{n\to\infty} b_n$.
- **b.** $(a_n \cdot b_n)$ ist konvergent und $\lim_{n\to\infty}(a_n \cdot b_n) = \lim_{n\to\infty} a_n \cdot \lim_{n\to\infty} b_n$.
- **c.** Ist $b_n \neq 0$ für alle n und $\lim_{n\to\infty} b_n \neq 0$, so ist (a_n/b_n) konvergent und $\lim_{n\to\infty}(a_n/b_n) = \lim_{n\to\infty} a_n / \lim_{n\to\infty} b_n$.

1 Sei $a = \sup\{a_n\colon n \in \mathbb{N}\}$, es folgt $a_n \leq a$. Für $\varepsilon > 0$ ist $a - \varepsilon$ keine obere Schranke, deshalb gibt es ein N mit $a_N > a - \varepsilon$ und für $n \geq N$: $a - \varepsilon < a_N \leq a_n < a + \varepsilon$.

2
- **a.** Wähle N_1 mit $|a_n - a| < \varepsilon/2$ für alle $n \geq N_1$ und $N \geq N_1$ mit $|b_n - b| < \varepsilon/2$ für alle $n \geq N$. Dann ist für $n \geq N$: $|(a_n + b_n) - (a + b)| \leq |a_n - a| + |b_n - b| < \varepsilon$.
- **b.** Sei $\varepsilon > 0$ und N_1, so dass $-2|b| < b_n < 2|b|$ für alle $n \geq N_1$, $N_2 \geq N_1$, so dass $|a_n - a| \leq \varepsilon/(4|b|)$ für alle $n \geq N_1$, und $N \geq N_2$, so dass $|b_n - b| \leq \frac{\varepsilon}{2(|a|)}$ für alle $n \geq N$. Dann ist für $n \geq N$:

$$|a_n b_n - ab| = |(a_n - a)b_n + (b_n - b)a| \leq |(a_n - a)b_n| + |(b_n - b)a| < \frac{\varepsilon}{4|b|} 2|b| + \frac{\varepsilon}{2|a|}|a| < \varepsilon\,.$$

- **c.** Wir brauchen wegen b nur den Fall $a_n = 1$ zu zeigen. Es gibt ein N_1 mit $|b_n| > |b|/2$ für $n \geq N_1$, und wähle $N \geq N_1$ mit $|b_n - b| < \varepsilon \cdot b^2/2$. Dann gilt für $n \geq N$: $\left|\frac{1}{b_n} - \frac{1}{b}\right| = \frac{|b-b_n|}{bb_n} < \frac{\varepsilon b^2/2}{b^2/2} = \varepsilon$. ■

Aufgaben

CWS Companion Website – Lösung

Aufgabe 3.1 Zeigen Sie, dass die nachfolgenden Folgen konvergieren, und bestimmen Sie den Grenzwert.

1. $\left(\frac{1}{n}\right)$ 2. $\left(\frac{1}{n^2}\right)$ 3. $\left(\frac{1}{n^3}\right)$ 4. $\left(\frac{1}{n^3-1}\right)$

5. $\left(\frac{3n+8}{5n-2}\right)$ 6. $\left(\frac{2n^2+2n+5}{6n^2+7n-1}\right)$ 7. $\left(\frac{n^2+7}{n^3}\right)$

Aufgabe 3.2

1. Es sei (a_n) eine konvergente Folge. Zeigen Sie, dass sie beschränkt ist, d. h., es gibt ein K mit $|a_n| \leq K$ für jedes $n \in \mathbb{N}$.
2. Sei (a_n) eine konvergente Folge mit Grenzwert $a \neq 0$ und $a_n \neq 0$ für alle n. Warum gilt $\lim\limits_{n\to\infty} \frac{a_n}{a_{n+1}} = 1$?
3. Finden Sie eine Nullfolge (a_n), so dass (a_n/a_{n+1}) nicht konvergiert.

Aufgabe 3.3

1. Bei einer konvergenten Folge spielt das Verhalten der ersten N Glieder überhaupt keine Rolle. Zeigen Sie deshalb: Ist (a_n) eine beschränkte Folge mit $a_N \leq a_{N+1} \leq a_{N+2} \leq \cdots$, so ist (a_n) konvergent. Ebenfalls für beschränkte Folgen mit $a_N \geq a_{N+1} \geq \cdots$.
2. Sei $0 < q < 1$ eine feste reelle Zahl. Begründen Sie, dass (q^n) eine konvergente Folge ist. Benutzen Sie den zweiten Teil der vorherigen Aufgabe, um zu zeigen, dass $\lim\limits_{n\to\infty} q^n = 0$. Zeigen Sie ebenfalls $\lim\limits_{n\to\infty} n^k q^n = 0$ für $k \in \mathbb{N}$.
3. Sei $q > 0$ eine feste reelle Zahl. Zeigen Sie, dass $(q^n/n!)$ eine konvergente Folge ist mit Grenzwert 0.

Aufgabe 3.4 Sei $-1 < x < 1$ und $a_n = 1 + x + x^2 + \cdots + x^n$. Zeigen Sie, dass $\lim\limits_{n\to\infty} a_n = \frac{1}{1-x}$. Warum ist diese Aussage vollkommen klar für $x = 1/2$?

Aufgabe 3.5 In dieser Aufgabe geben wir das Heron-Verfahren an, womit Sie sehr schnell gute Annäherungen von $\sqrt{a}$ finden können. (Diese Methode ist ein Spezialfall des Newton-Raphson-Verfahrens, siehe Satz 4.12 auf Seite 116.) Wir nehmen hier $a > 1$ und definieren eine Folge (x_n): Sei $x_1 = a$ und $x_{n+1} = \frac{1}{2} \cdot (x_n + a/x_n)$.

1. Rechnen Sie nach: $(x_n - x_{n-1})^2 = x_n^2 - a$. Folgern Sie, dass $x_n^2 > a$.
2. Prüfen Sie, dass $x_1 > x_2 > x_3 \ldots > 1$. Folgern Sie, dass (x_n) konvergiert, und benutzen Sie Satz 3.2, 2b, um zu zeigen, dass der Grenzwert $\sqrt{a}$ ist.
3. Sei nun $a = 2$. Nehmen Sie ein geeignetes Computeralgebrasystem und berechnen Sie das kleinste n, so dass die ersten 100 Dezimalstellen von x_n mit denen von $\sqrt{2}$ übereinstimmen.
4. Benutzen Sie den ersten Teil der Aufgabe, um $x_n - \sqrt{a} \leq \frac{1}{2}(x_{n-1} - x_n)^2$ zu zeigen. Erklären Sie, dass man hiermit schnell gute Annäherungen der Quadratwurzel von a berechnen kann.

3.2 Einschließungssatz, Divergenz gegen $\pm\infty$

Satz 3.3

1 Sind (a_n) und (b_n) konvergent mit $a_n \leq b_n$ für fast alle n (d. h. bis auf endlich viele n), so ist $a := \lim_{n\to\infty} a_n \leq \lim_{n\to\infty} b_n =: b$.

2 **(Einschließungssatz)** Es seien (a_n) und (b_n) konvergente Folgen mit $a = \lim_{n\to\infty} a_n = \lim_{n\to\infty} b_n$. Ist $a_n \leq c_n \leq b_n$ für fast alle n, so ist auch (c_n) konvergent und $\lim_{n\to\infty} c_n = a$.

1 Wäre $a > b$, so betrachte $V := ((a+b)/2, \infty)$. $W = (-\infty, (a+b)/2)$. Dann $a_n \in V$ und $b_n \in W$ für fast alle n, also $b_n < a_n$ für fast alle n, Widerspruch! Also $a \leq b$.

2 Sei $\varepsilon > 0$. Dann ist $a_n, b_n \in (a - \varepsilon, b - \varepsilon)$ und $a_n \leq c_n \leq b_n$ für fast alle n. Dann ist ebenfalls $c_n \in (a - \varepsilon, a + \varepsilon)$ für fast alle n. Die Aussage $\lim_{n\to\infty} c_n = a$ folgt. ■

Beispiel: Es gilt $n! \geq 2^{n-1}$, siehe Aufgabe 1.6. Weil $a_n = 1 + 1 + x + x^2 + \cdots + x^{n+1}$ für $x = 1/2$ gegen 3 konvergiert, folgt, dass (b_n) mit

$$1 + \frac{1}{1!} + \frac{1}{2!} + \cdots + \frac{1}{n!}$$

eine wachsende Folge ist, welche gegen eine Zahl kleiner oder gleich 3 konvergiert.

Beispiel: Es sei (a_n) eine Folge positiver Zahlen mit Grenzwert $a > 0$. Wir zeigen, dass $\lim_{n\to\infty} \sqrt{a_n} = \sqrt{a}$. Es gibt ein $K > 0$ mit $a_n > K$ für jedes n. Es gibt nämlich ein N, so dass $a_n \geq a/2$ für $n \geq N$. Man nimmt für K das Minimum der Zahlen $a_1, \ldots, a_{N-1}$ und $a/2$. Es gilt

$$|\sqrt{a_n} - \sqrt{a}| = \left| \frac{a_n - a}{\sqrt{a_n} + \sqrt{a}} \right| < \frac{1}{K} |a_n - a| \ .$$

Es folgt, dass $\lim_{n\to\infty} \sqrt{a_n} = \sqrt{a}$. Diese Aussage gilt ebenfalls, wenn $a = 0$ und $a_n \geq 0$ ist. Wir überlassen dem Leser den Nachweis.

Die Folge (a_n) divergiert gegen ∞ (bzw. $-\infty$), wenn für jede Zahl K gilt, dass $a_n > K$ (bzw. $a_n < K$) für fast alle n. Notation $\lim_{n\to\infty} a_n = \infty$ (bzw. $\lim_{n\to\infty} a_n = -\infty$).

Aufgaben

Lösung

Aufgabe 3.6 Berechnen Sie, wenn möglich, nachfolgende Grenzwerte.

1. $\lim\limits_{n\to\infty}\left(\sqrt{n+1}-\sqrt{n}\right)$
2. $\lim\limits_{n\to\infty}\dfrac{n^2+\sqrt{n+2}}{\sqrt{n^4+7}}$
3. $\lim\limits_{n\to\infty}\left(\sqrt{n+3}-\sqrt{n-1}\right)\cdot\sqrt{n}$
4. $\lim\limits_{n\to\infty}\left(\sqrt{4n^2-1}-2n\right)$
5. $\lim\limits_{n\to\infty}\left(\sqrt{n^2+n+1}-n\right)$
6. $\lim\limits_{n\to\infty}\left(\sqrt{n^2+n+1}+\sqrt{4n^2-1}-3n\right)$
7. $\lim\limits_{n\to\infty}\dfrac{x^n-1}{x^n+1}$ für $x\in\mathbb{R}$
8. $\lim\limits_{n\to\infty}\dfrac{\sin(n)}{n+1}$
9. $\lim\limits_{n\to\infty}\prod\limits_{k=2}^{n}\left(1-\dfrac{1}{k^2}\right)$
10. $\lim\limits_{n\to\infty}\sin(n\alpha\pi)$ (α rational)

Aufgabe 3.7

1. Sei $a>0$, $a_1=a$ und $a_{n+1}=\sqrt{a_n}$. Warum gilt $\lim\limits_{n\to\infty}a_n=1$? (Spielen Sie mit Ihrem Taschenrechner: Drücken Sie wiederholt die $\sqrt{\ }$-Taste.)
2. Die Folge (a_n) sei gegeben durch $a_1=1$ und $a_{n+1}=\sqrt{6+a_n}$. Zeigen Sie, dass (a_n) monoton wachsend und beschränkt ist. Berechnen Sie $\lim\limits_{n\to\infty}a_n$.

Aufgabe 3.8 Sei $a_n=\left(1+\frac{1}{n}\right)^n$. Zeigen Sie, dass (a_n) eine konvergente Folge ist.

Aufgabe 3.9 Sei $a_1=h\geq 0$ und $a_{n+1}=a_n^2+\frac{3}{16}$. Bestimmen Sie, ob (a_n) konvergent ist, und bestimmen Sie gegebenenfalls den Grenzwert.

Aufgabe 3.10

1. Es sei $\lim\limits_{n\to\infty}a_n=\infty$. Zeigen Sie, dass $\lim\limits_{n\to\infty}\dfrac{1}{a_n}=0$.
2. Es sei $a_n>0$ und (a_n) eine Nullfolge. Zeigen Sie, dass $\lim\limits_{n\to\infty}\dfrac{1}{a_n}=\infty$.
3. Sei $q>1$. Zeigen Sie, dass (q^n) gegen ∞ divergiert.
4. Es sei (a_n) eine konvergente Folge und (b_n) divergiere gegen ∞. Warum divergiert (a_n+b_n) ebenfalls gegen ∞?

Aufgabe 3.11 Sei

$$a_n=\frac{1}{\sqrt{1}}+\frac{1}{\sqrt{2}}+\frac{1}{\sqrt{2}}+\cdots+\frac{1}{\sqrt{n}}\,.$$

Zeigen Sie, dass $\lim\limits_{n\to\infty}a_n=\infty$.

3.3 Stetige Funktionen

Sei A eine Teilmenge von $\mathbb{R}$, $f\colon A \to \mathbb{R}$ und a ein Element von A.

1. Wir nennen f in a folgenstetig, wenn für jede konvergente Folge (a_n), $a_n \in A$, mit Grenzwert a gilt $f\left(\lim\limits_{n\to\infty} a_n\right) = \lim\limits_{n\to\infty} f(a_n)$.
2. Wir nennen f stetig in a, wenn für jedes $\varepsilon > 0$ ein $\delta > 0$ existiert, so dass für alle $x \in A$ mit $|x-a| < \delta$ gilt $|f(x) - f(a)| < \varepsilon$.

Satz 3.4 Eine Funktion ist stetig in a genau dann, wenn sie folgenstetig in a ist.

f sei stetig in a und (a_n) eine Folge in A mit $\lim a_n = a$. Sei $\varepsilon > 0$. Dann existiert $\delta = \delta(\varepsilon) > 0$, so dass für alle $x \in A$ mit $|x-a| < \delta$ gilt $|f(x) - f(a)| < \varepsilon$. Weiterhin existiert $N_{\delta(\varepsilon)}$, so dass für alle $n \geq N_\delta$ gilt $|a_n - a| < \delta$. Dann ist für alle $n \geq n_{\delta(\varepsilon)}$

$$|f(a_n) - f(a)| < \varepsilon\,.$$

Also ist f folgenstetig in a. Sei umgekehrt f folgenstetig in a. Wäre f nicht stetig in a, so gäbe es ein $\varepsilon > 0$, so dass für alle $\delta > 0$ ein $x \in D$ existiert mit $|x-a| < \delta$, aber $|f(x) - f(a)| \geq \varepsilon$. Setze $\delta_n = 1/n$. Dann gibt es für jedes $n \in \mathbb{N}$ ein $x_n \neq a$ mit $x_n \in A$, $|x_n - a| < 1/n$ und $|f(x_n) - f(a)| \geq \varepsilon$. Dies bedeutet, dass die Folge (x_n) gegen a konvergiert, jedoch die Folge $(f(x_n))$ nicht gegen $f(a)$, Widerspruch! ■

Satz 3.5

1. Sei $f\colon A \to R$, $f(A) \subset B$ stetig in a und $g\colon B \to \mathbb{R}$ stetig in B. Dann ist $g \circ f$ stetig in a.
2. Sind $f, g\colon A \to \mathbb{R}$ stetig in a, so auch $f + g$, $f \cdot g$ und f/g.

(Letzteres gilt nur, wenn $g(a) \neq 0$.)

1. Die Folge (a_n) konvergiere gegen a. Dann konvergiert $f(a_n)$ gegen $f(a) = b$ und $(g(f(a_n))$ gegen $g(b) = g(f(a))$.
2. Ist (a_n) eine konvergente Folge mit Grenzwert a, so gilt nach Satz 3.2:

$$\lim_{n\to\infty} (f+g)(a_n) = \lim_{n\to\infty} (f(a_n) + g(a_n)) = \lim_{n\to\infty} f(a_n) + \lim_{n\to\infty} g(a_n)\,.$$

Die anderen Aussagen zeigt man analog. ■

Beispiel: Es folgt, dass alle Polynomfunktionen, wie z. B. $f(x) = x^4 - 3x^3 - x^2 + \pi x - 1$, stetige Funktionen sind. Auch *rationale* Funktionen, d. h. $f(x) = \frac{p(x)}{q(x)}$, wobei $p(x)$ und $q(x)$ Polynomfunktionen sind, sind stetig in allen a mit $q(a) \neq 0$.

Aufgaben

Lösung

Aufgabe 3.12 Die Funktion $f(x)$ ist gegeben durch:

$$f(x) = \begin{cases} x & \text{für } x \leq -1 \\ \frac{1}{2}x^2 & \text{für } -1 < x < 2 \\ \frac{5}{2} & \text{für } x = 2 \\ 2 & \text{für } x > 2 \end{cases}$$

Zeichnen Sie den Graphen von $f(x)$. Für welche Werte von x ist f nicht stetig?

Aufgabe 3.13 Für welche Werte von a und b ist $f(x)$ überall stetig:

$$f(x) = \begin{cases} \frac{a}{x-2} & \text{für } x \leq 0 \\ 2x - b & \text{für } 0 < x < 2 \\ 6 & \text{für } x \geq 2 \end{cases}$$

Aufgabe 3.14 Die Funktion $f(x)$ sei überall stetig und für $x \neq \pm 2$ gleich $\dfrac{x^2 - 4}{|x| - 2}$. Berechnen Sie $f(-2)$ und $f(2)$.

Aufgabe 3.15 Die Funktion $f\colon \mathbb{R} \to \mathbb{R}$ ist für $x \neq 1, 2$ gleich $f(x) = \dfrac{x^2 + x - 2}{x^2 - 3x + 3}$.

Ist es möglich, $f(1)$ und $f(2)$ so zu wählen, dass f stetig ist für $x = 1$ und $x = 2$?

Aufgabe 3.16

1. Warum gelten die Ungleichungen $|\sin(x)| < |x|$ und $2 - 2\cos(x) < x^2$? Folgern Sie, dass $\sin(x)$ und $\cos(x)$ in 0 stetig sind.
2. Benutzen Sie die Additionstheoreme, um zu zeigen, dass die Sinus- und die Cosinusfunktion für alle a in $\mathbb{R}$ stetig sind.

Aufgabe 3.17 Es sei I ein Intervall, $f\colon I \to \mathbb{R}$ stetig in einem Punkt $a \in I$ und $f(a) > c$ für ein a in I. Warum existiert eine Umgebung V von a, so dass $f(x) > c$ für alle $x \in V$?

Aufgabe 3.18 Die Funktion $f(x) = \lim\limits_{n \to \infty} \dfrac{x^{n+1} + ax^2}{x^n + 2}$ sei stetig in 1. Berechne a.

Aufgabe 3.19

1. Sei $f(x) = \sin\left(\frac{1}{x}\right)$ für $x \neq 0$ und $f(0) = 0$. Zeigen Sie, dass $f(x)$ in 0 nicht (folgen)stetig ist.
2. Sei $g(x) = x \sin\left(\frac{1}{x}\right)$ für $x \neq 0$ und $g(0) = 0$. Zeigen Sie, dass $g(x)$ stetig ist in 0.

3.4 Der Zwischenwertsatz

Satz 3.6 (Zwischenwertsatz)

Es sei $f\colon [a,b] \to \mathbb{R}$ stetig und $f(a) < c < f(b)$. Dann gibt es ein $\xi \in (a,b)$ mit $f(\xi) = c$.

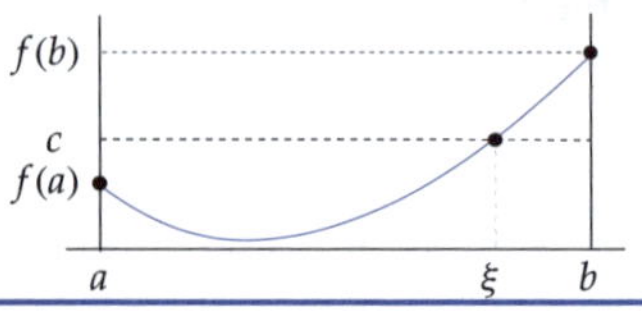

Ein solches ξ können wir einfach angeben: Sei ξ das Supremum der Menge

$$A = \{x \in [a,b]\colon f(x) < c\} .$$

Dann ist $f(\xi)$ tatsächlich gleich c: Wäre nämlich $f(\xi) < c$, so gäbe es ein $\eta > \xi$ mit $f(x) < c$ für alle $x \in (\xi, \eta)$. Also wäre ξ keine obere Schranke von A.

Wäre $f(x) > c$, so gäbe es $\eta < \xi$, so dass $f(x) > c$ für alle $x \in (\eta, \xi)$. Dann wäre auch η eine obere Schranke von A und ξ wäre nicht die *kleinste* obere Schranke. Es bleibt somit nur der Fall $f(\xi) = c$ übrig. ■

Existiert ein (positives) ξ mit $f(\xi) = c$, so gibt der Beweis der Existenz des Supremums (Satz 1.3) uns im Prinzip die Möglichkeit, eine Binärentwicklung oder eine Dezimalbruchentwicklung eines Elements ξ zu finden, sobald wir in der Lage sind, Funktionswerte auszurechnen. Nehmen wir einfachheitshalber an, dass $a, b \in \mathbb{N}$.

Bestimme zunächst die maximale natürliche Zahl $\lfloor x \rfloor_0$ mit $f(\lfloor x \rfloor_0) \le c$. Danach suche x_{-1} zwischen 0 und 9 maximal mit $f(\lfloor x \rfloor_1) \le c$ usw. Im Allgemeinen suche x_{-n} zwischen 0 und 9 maximal mit $f(\lfloor x \rfloor_n) \le c$ usw. Diese Methode, die Dezimalentwicklung von ξ zu bestimmen, haben wir schon bei $\sqrt{2}$ gesehen. Bei $\sqrt{2}$ suchen wir ein ξ mit $\xi^2 = 2$, dies ist das Beispiel $f(x) = x^2$.

Beispiel:

Wir suchen eine Nullstelle ξ der Gleichung $f(x) = x^3 - 3x - 1 = 0$. Wir sehen in dem Graphen drei Nullstellen. Wir werden die größte Nullstelle annähern.

$f(1) = -3$	$f(2) = 1$
$f(1{,}8) < 0$	$f(1{,}9) > 0$
$f(1{,}87) < 0$	$f(1{,}88) > 0$
$f(1{,}879) < 0$	$f(1{,}880) > 0$
$f(1{,}8793) < 0$	$f(1{,}8794) > 0$
$f(1{,}87938) < 0$	$f(1{,}87939) > 0$

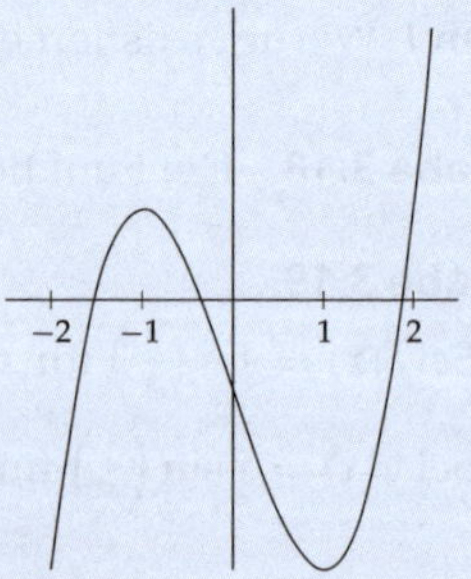

Wir finden die Annäherung $\xi \approx 1{,}87938\cdots$ der größten Nullstelle.

Aufgaben

Lösung

Aufgabe 3.20 Bestimmen Sie fünf Nachkommastellen der beiden anderen Nullstellen von $f(x)$ in dem Beispiel auf der vorherigen Seite.

Aufgabe 3.21 Finden Sie zwei Nachkommastellen einer reellen Lösung der nachfolgenden Gleichungen. Sie können hierbei einen Taschenrechner benutzen.

1. $x^3 - 3x + 4 = 0$
2. $2x^3 - 2x^2 - 2x + 4 = 0$
3. $\sqrt{x} + \sqrt{x+1} - 4 = 0$
4. $\cos(x) - x = 0$
5. $x^3 - 15x + 10 = 0$
6. $x^4 + 25x^3 - 15 = 0$
7. $-x^5 - 4x^2 + 2\sqrt{x} + 5 = 0$
8. $\tan(x) + 2x - 5 = 0$

Aufgabe 3.22 Es sei $f\colon [0,2] \to \mathbb{R}$ stetig mit $f(0) = f(2)$. Zeigen Sie, dass ein $\xi \in [0,1]$ existieren mit $f(\xi) = f(\xi + 1)$.

Aufgabe 3.23 Zeichnen Sie den Graphen von $f(x) = \sqrt{2x+5}$ und $g(x) = 4 - x^2$. Zeigen Sie, dass zwei ξ existieren mit $f(\xi) = g(\xi)$ und finden Sie jeweils drei Nachkommastellen von ξ.

Aufgabe 3.24 Sei $f\colon [-1,1] \to [-1,1]$ stetig. Dann gibt es ein $\xi \in [-1,1]$ mit $f(\xi) = \xi$. Dieses ξ nennen wir einen Fixpunkt.

Bemerkung: Ist $D = \{(x,y)\colon x^2 + y^2 \leq 1\}$ die Kreisscheibe und $f\colon D \to D$ stetig (bis jetzt nicht im Buch definiert, siehe aber Abschnitt 4.12), so hat f einen Fixpunkt. Eine ähnliche Aussage gilt ebenso für höhere Dimensionen. Dieser Satz heißt der *Brouwersche Fixpunktsatz*. Der ist jedoch für höhere Dimensionen viel schwieriger zu beweisen.

3.5 Grenzwerte

Sei $f\colon A \to \mathbb{R}$ eine Funktion, a ein Häufungspunkt von A. Wir sagen, $\lim\limits_{x\to a} f(x)$ existiert genau dann, wenn es eine **in a stetige** Funktion $g\colon A \cup \{a\} \to \mathbb{R}$ gibt mit

$$g(x) = f(x) \text{ wenn } x \in A \text{ und } x \neq a\,.$$

Den Wert $g(a) = b$ nennen wir den Grenzwert von $f(x)$ für x gegen a, Notation $\lim\limits_{x\to a} f(x) = b$.

Hierbei ist $A \cup \{a\}$ die Menge, die aus A entsteht durch Hinzunahme von a (soweit a noch nicht zu A gehörte). Man nennt g eine in a stetige Fortsetzung von f.

Der Grenzwert b ist eindeutig bestimmt, denn er ist gleich $\lim\limits_{n\to\infty} f(a_n)$ für eine beliebige konvergente Folge (a_n) in A mit Grenzwert a.

Eine andere Beschreibung des Grenzwertes ist durch den folgenden Satz gegeben, welcher direkt aus der Definition der Stetigkeit folgt.

Satz 3.7 $\lim\limits_{x\to a} f(x) = b$ genau dann, wenn für alle $\varepsilon > 0$ ein $\delta > 0$ existiert, so dass für alle $x \in A$ mit $0 < |x - a| < \delta$ gilt $|f(x) - b| < \varepsilon$.

Auf ähnliche Weise können wir einseitige Grenzwerte definieren.

Es sei $f\colon A \to \mathbb{R}$ gegeben. Sei $A^+ := \{x \in A\colon x > a\}$ und a ein Häufungspunkt von A^+. Wir definieren den rechtsseitigen Grenzwert: $\lim\limits_{x\searrow a} f(x) = b$ genau dann, wenn für jedes $\varepsilon > 0$ ein $\delta > 0$ existiert, so dass für alle $x \in A$ mit $0 < x - a < \delta$ gilt $|f(x) - b| < \varepsilon$.

Auf analoge Weise definieren wir den linksseitigen Grenzwert $\lim\limits_{x\nearrow a} f(x) = b$.

Sind A, a wie in obiger Definition und $f^+\colon A^+ \to \mathbb{R}$, gegeben durch $f^+(x) := f(x)$ für $x \in A^+$, so gilt $\lim\limits_{x\to a} f^+(x) = \lim\limits_{x\searrow a} f(x)$, vorausgesetzt, diese Grenzwerte existieren.

Aufgaben

Lösung

Aufgabe 3.25 Beweisen Sie die nachfolgenden **Rechenregeln** für Grenzwerte.

1. Es sei A eine Menge, a ein Häufungspunkt von $A, f, g\colon A \setminus \{a\} \to \mathbb{R}$. Es sei $\lim\limits_{x\to a} f(x) = b$ und $\lim\limits_{x\to a} g(x) = c$. Dann gilt:

   a. $\lim\limits_{x\to a} f(x) + g(x) = b + c$

   b. $\lim\limits_{x\to a} f(x) \cdot g(x) = b \cdot c$

   c. Ist $c \neq 0$, so ist $\lim\limits_{x\to a} \dfrac{f(x)}{g(x)} = \frac{b}{c}$.

2. Sei a ein Häufungspunkt von A, b ein Häufungspunkt von $B, f\colon A \to B.\ g\colon B \to \mathbb{R}$,
$\lim\limits_{x\to a} f(x) = b$
und $\lim\limits_{y\to b} g(y) = c$.

   a. Ist g stetig in b, so gilt $\lim\limits_{x\to a} g(f(x)) = g(b)$.

   b. Ist $f(x) \neq b$ für alle $x \in A$ (z.B. $b \notin B$), dann ist $\lim\limits_{x\to a} g(f(x)) = \lim\limits_{y\to b} g(y)$.

3. **(Einschließungssatz)** Es sei a ein Häufungspunkt von $A, f, g, h\colon A \setminus \{a\} \to \mathbb{R}$ mit $f(x) \leq g(x) \leq h(x)$ für alle x und $\lim\limits_{x\to a} f(x) = \lim\limits_{x\to a} h(x) = b$. Dann existiert auch $\lim\limits_{x\to a} g(x)$ und ist gleich b.

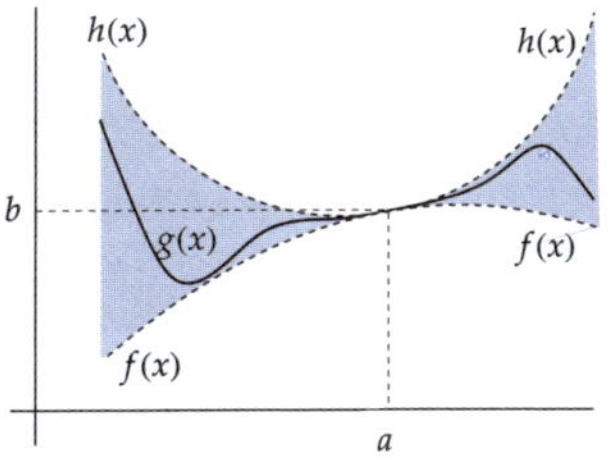

Tipp: Diese Aufgabe ist nicht schwer. Benutzen Sie z.B. Satz 3.5.

Aufgabe 3.26 Sei $f(x) = -1$ für $x < 0$ und $f(x) = x$ für $x > 0$. Zeigen Sie, dass $\lim\limits_{x\to 0} f(x)$ nicht existiert.

Aufgabe 3.27 Berechnen Sie die nachfolgenden Grenzwerte, falls sie existieren.

1. $\lim\limits_{x\to 0} \dfrac{x^2 - 2x + 1}{x^2 - 1}$

2. $\lim\limits_{x\to 1} \dfrac{x^3 - 2x + 1}{x^2 - 1}$

3. $\lim\limits_{x\to 2} \dfrac{3x^4 - 8x^3 + 16}{x^3 - 3x^2 + 4}$

4. $\lim\limits_{x\to 0} \dfrac{x^3 + 4x - 6}{x^2 - 1}$

5. $\lim\limits_{x\to a} \dfrac{x^m - a^m}{x^n - a^n} (m, n \in \mathbb{N})$

6. $\lim\limits_{x\to 0} \dfrac{\sqrt{2+x} - \sqrt{2-x}}{x}$

7. $\lim\limits_{x\nearrow 1} \dfrac{1 + \sqrt{2-2x} - \sqrt{2x - x^2}}{1 - x + \sqrt{1 - x^2}}$

8. $\lim\limits_{x\to 1} \dfrac{\sqrt{2x+1} - \sqrt{3x}}{\sqrt{x+3} - 2\sqrt{x}}$

3.6 Asymptote

Es sei $f\colon \lfloor a, \infty \rfloor$ eine Funktion. Wir sagen, dass $\lim_{x\to\infty} f(x) = b$, wenn es für jedes $\varepsilon > 0$ ein K gibt, so dass für alle $x > K$ gilt, $|f(x) - b| < \varepsilon$.

Auf ähnliche Weise definiert man $\lim_{x\to-\infty} f(x) = b$.

Die geometrische Interpretation von $\lim_{x\to\infty} f(x) = b$ ist, dass sich der Graph von f für große x immer mehr an die Gerade $y = b$ anlehnt. Wir nennen diese Gerade in diesem Fall eine **waagerechte Asymptote** von f. Wir bemerken, dass $\lim_{x\to\infty} f(x) = b$ genau dann gilt, wenn für jede Folge (a_n), welche gegen ∞ divergiert, $\lim_{n\to\infty} f(a_n) = b$ ist.

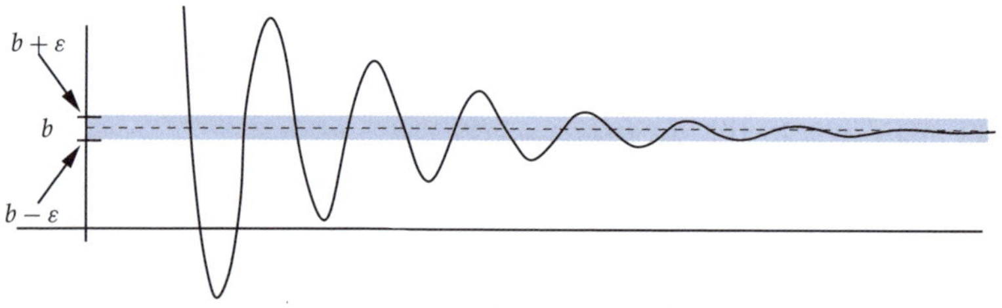

Sei $f\colon (a, b) \to \mathbb{R}$ eine Funktion. Wir definieren $\lim_{x\searrow a} f(x) = \infty$, wenn für alle $K \in \mathbb{R}$ ein $\delta > 0$ existiert, so dass $f(x) > K$ für jedes $x \in \lfloor a, a+\delta \rfloor$.

Analog definiert man $\lim_{x\searrow a} f(x) = -\infty$, $\lim_{x\nearrow b} f(x) = \infty$ und $\lim_{x\nearrow b} f(x) = -\infty$.

Auch diese Definition kann man wieder mit Hilfe von Folgen interpretieren. Wenn $\lim_{x\searrow a} f(x) = \pm\infty$, so sagen wir, dass die Gerade $x = a$ eine **senkrechte Asymptote** des Graphen von f ist. In nebenstehendem Beispiel ist $\lim_{x\searrow 2} f(x) = \infty$ und $\lim_{x\nearrow 2} f(x) = -\infty$. Die Gerade $x = 2$ ist eine senkrechte Asymptote. Auf naheliegende Weise definiert man dann auch $\lim_{x\to a} f(x) = \pm\infty$.

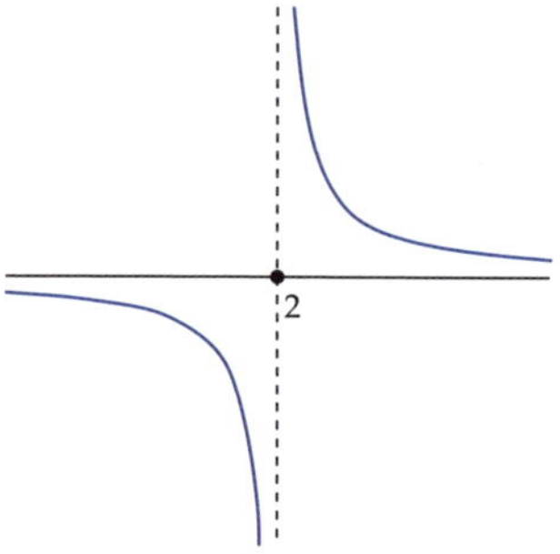

Aufgaben

Lösung

Aufgabe 3.28 Bestimmen Sie die nachfolgenden Grenzwerte, falls sie existieren:

1. $\lim\limits_{x\to\infty} \frac{x^2+3x-4}{2x^3+7x-1}$
2. $\lim\limits_{x\to-\infty} \frac{3x^3+2}{2x^2-6}$
3. $\lim\limits_{x\to\infty} \frac{x}{\sqrt{x^2+1}}$
4. $\lim\limits_{x\to\infty} \frac{3x^4-1}{4x^2-3}$
5. $\lim\limits_{x\to\infty} \left(\sqrt[3]{x^3+x^2}-x\right)$
6. $\lim\limits_{x\to\infty} (\sqrt{4+x}-\sqrt{x})\sqrt{x}$
7. $\lim\limits_{x\to\infty} \frac{\sin(x)}{x}$
8. $\lim\limits_{x\to\infty} \sin\left(\frac{1}{x}\right)$

Aufgabe 3.29

1. Geben Sie eine Definition für die Begriffe $\lim\limits_{x\to\pm\infty} f(x) = \pm\infty$.
2. Zeigen Sie: Ist $\lim\limits_{x\to a} f(x) = \infty$ und $\lim\limits_{x\to a} g(x) = b$ für $b \in \mathbb{R}$, so ist $\lim\limits_{x\to a}(f(x)+g(x)) = \infty$.

Aufgabe 3.30 Finden Sie die waagerechte und senkrechte Asymptote der nachfolgenden Funktionen.

1. $f(x) = \frac{x-2}{x^3-1}$
2. $f(x) = \frac{x^2+x}{x^2-1}$
3. $f(x) = \frac{1}{x}$
4. $f(x) = \frac{1}{x-2}$
5. $f(x) = \frac{x+2}{x-3}$
6. $f(x) = \frac{x^3-4}{|x|^3+1}$
7. $f(x) = \frac{x^3-4}{x^3+1}$
8. $f(x) = \frac{1}{\cos(x)}$
9. $f(x) = \frac{(x-2)^2}{x^2-4}$
10. $f(x) = \frac{x+1}{x+2}$
11. $f(x) = \frac{\cos(x)}{x}$
12. $f(x) = \frac{2x-3}{x^2-x-6}$

Aufgabe 3.31 Eine Gerade $y = ax+b$ mit $a \neq 0$ heißt **schiefe Asymptote** von f, wenn $\lim\limits_{x\to\infty} f(x)-(ax+b) = 0$ oder $\lim\limits_{x\to-\infty} f(x)-(ax+b) = 0$. Bestimmen Sie die schiefen Asymptoten der nachfolgenden Funktionen.

1. $f(x) = \frac{2x^2-1}{x+3}$
2. $\frac{3x^3+2x^2}{-x^2-3x+2}$
3. $f(x) = \frac{x^4-3x^2-5}{x^2+3x-2}$
4. $x + \arctan(x)$

3.7 Umkehrfunktionen

Nehmen wir an, es existiert eine inverse Funktion zu f. Ein Punkt (x, y) liegt auf dem Graph von f genau dann, wenn (y, x) auf dem Graph von f^{-1} liegt. Wir bekommen den Graph von f^{-1} durch Spiegelung des Graphen von f in der Geraden mit der Gleichung $x = y$. Als Beispiel nehmen wir die Funktion $f\colon [0, \infty) \to \mathbb{R}$, gegeben durch $f(x) = x^2$; siehe die nebenstehende Abbildung. Die inverse Funktion ist $f^{-1}(x) = \sqrt{x}$.

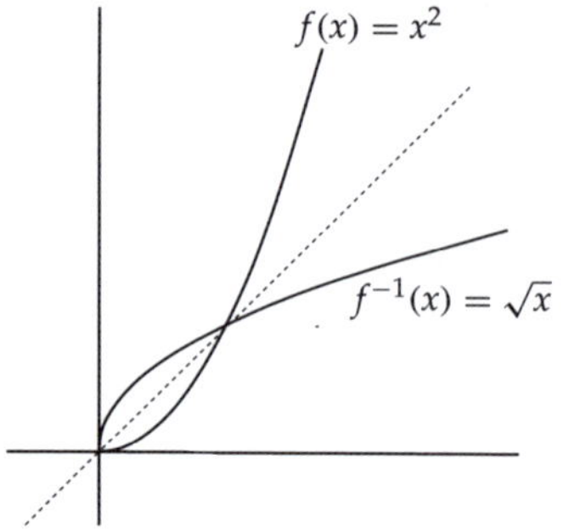

Wir haben somit

$$f(x) = y \text{ genau dann, wenn } x = f^{-1}(y)\,.$$

Hieraus folgen die Gleichungen

$$f^{-1}(f(x)) = x \text{ und } f(f^{-1}(y)) = y\,.$$

Wenn man also die zu f inverse Funktion f^{-1} finden will, so muss man die Gleichung $f(x) = y$ nach x lösen: $x = f^{-1}(y)$. Voraussetzung ist dabei natürlich, dass diese Gleichung wirklich genau eine Lösung hat. Ist $f\colon A \to B$ mit A und B Teilmengen von $\mathbb{R}$, ist dies geometrisch folgendermaßen zu interpretieren: Für jedes b aus B **schneidet** die Gerade mit der Gleichung $y = b$ den Graph von f **genau einmal.**

Satz 3.8 Es sei I ein (offenes, halboffenes, abgeschlossenes) Intervall und $f\colon I \to \mathbb{R}$ sei streng monoton und stetig. Dann ist $J := f(I)$ auch ein (offenes, halboffenes, abgeschlossenes) Intervall und die Umkehrfunktion $f^{-1}\colon J \to I$ ist auch stetig.

Aus dem Zwischenwertsatz folgt sofort, unter Benutzung der Aufgabe 1.33, dass $f(I) = \{f(x)\colon x \in (a, b)\}$ ein Intervall ist. Wir betrachten nur den Fall $f\colon (a, b) \to \mathbb{R}$ monoton wachsend. Die restlichen Fälle werden dem Leser überlassen.
Sei $c \in (a, b)$ und $d = f(c)$. Sei $\varepsilon > 0$ mit $\varepsilon < c - a$ und $\varepsilon < b - c$. Wähle δ mit $f(c - \varepsilon) < d - \delta < d < d + \delta < f(c + \varepsilon)$. Dann ist für alle $x \in (d - \delta, d + \delta)$

$$f(c - \varepsilon) < x < f(c + \varepsilon)$$

also

$$c - \varepsilon < f^{-1}(x) < c + \varepsilon\,. \quad \blacksquare$$

Aufgaben

Lösung

Aufgabe 3.32 Hier sind Graphen einiger Funktionen f gezeichnet. Bestimmen Sie, ob f eine Umkehrfunktion hat, und zeichnen Sie gegebenenfalls den Graph der Umkehrfunktion.

1.

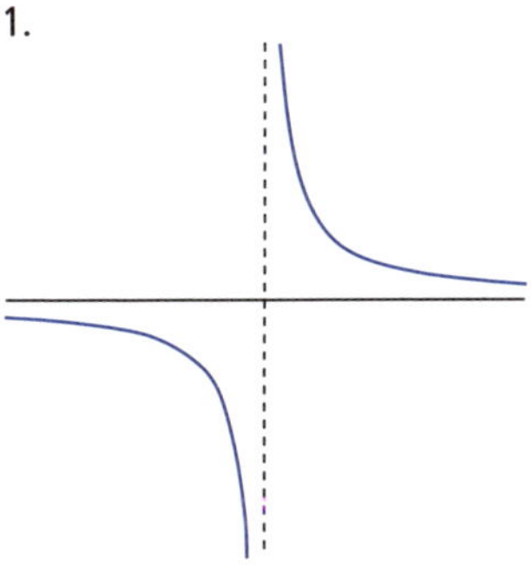

2.

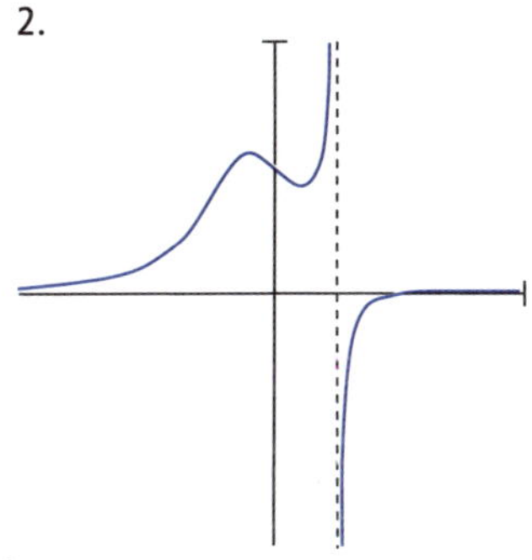

3.

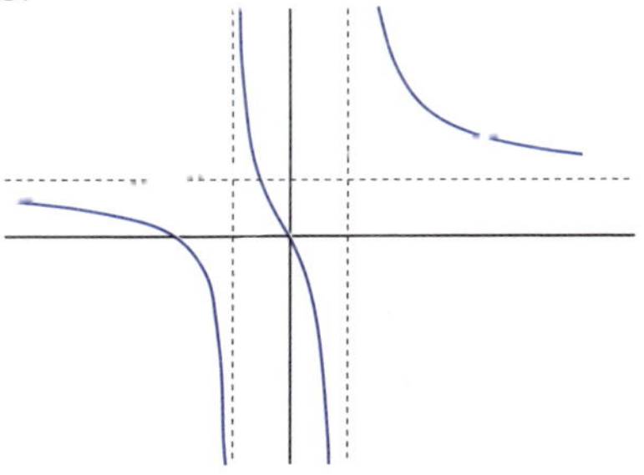

4.

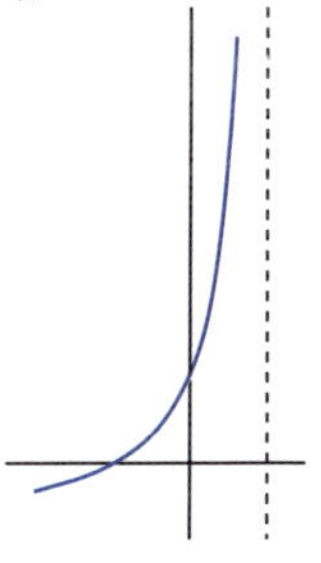

Aufgabe 3.33 Bestimmen Sie, welche der nachfolgenden Funktionen $f\colon \mathbb{R} \to \mathbb{R}$ eine Umkehrfunktion haben, und bestimmen Sie diese gegebenenfalls.

1. $f(x) = 2x$ 2. $f(x) = -3x + 7$ 3. $f(x) = x^4$ 4. $f(x) = 1/(x+3)$, $f(-3) = 0$

Aufgabe 3.34 Bestimmen Sie die inverse Funktion zu den nachfolgenden Funktionen. Bestimmen Sie den Wertebereich.

1. $f(x) = \dfrac{x-1}{x+1}$ 2. $f(x) = \dfrac{4x-3}{5}$ 3. $f(x) = \dfrac{1}{2x+3}$

Rechnen Sie jeweils nach, dass $f^{-1}(f(x)) = x$.

3.8 Die Exponentialfunktion

Für eine natürliche Zahl n und $a > 0$ ist a^n definiert durch $a^n = \prod_{j=1}^{n} a$. Wir definieren für alle $x \in \mathbb{R}$ und $a > 0$ die Exponentialfunktion a^x.

Für eine endliche Binärzahl $x = x_\ell \dots x_0, x_{-1} \dots x_{-k} = \sum_{j=-k}^{\ell} x_j 2^j$ und $a > 0$ definieren wir die Zahl a^x induktiv nach k.
Ist $k = 0$, so ist $x \in \mathbb{N}_0$ und a^x schon definiert. Sonst definieren wir $a^x := \sqrt{a^{2x}}$.

Da $2x = \sum_{j=-k+1}^{\ell+1} x_{j-1} 2^j$, ist somit a^{2x} induktiv definiert.

Ist nun x eine reelle Zahl und $a > 1$, so ist die Folge $(a^{\lfloor x \rfloor_n})$ monoton wachsend. Wir werden zeigen, dass die Folge beschränkt ist, und deshalb ist die nachfolgende Definition sinnvoll.

Ist $a > 1$ und $x > 0$, so definieren wir $a^x := \lim_{n\to\infty} a^{\lfloor x \rfloor_n}$, für $x < 0$ setzen wir $a^x := 1/a^{-x}$.
Ist $0 < a < 1$, so definieren wir $a^x := (1/a)^{-x}$.

Satz 3.9

1. Der Wert a^x ist wohldefiniert.
2. Ist $x < y$ und $a > 1$, dann ist $a^x < a^y$.
3. Die Funktion $f(x) = a^x$ ist stetig $(a > 0)$.
4. $a^x \cdot a^y = a^{x+y}$ $(a > 0)$
5. $(a \cdot b)^x = a^x \cdot b^x$ $(a, b > 0)$
6. Die Funktion $f(x) = x^a$ ist stetig $(x > 0)$.
7. $(a^x)^y = a^{xy}$ $(a > 0)$

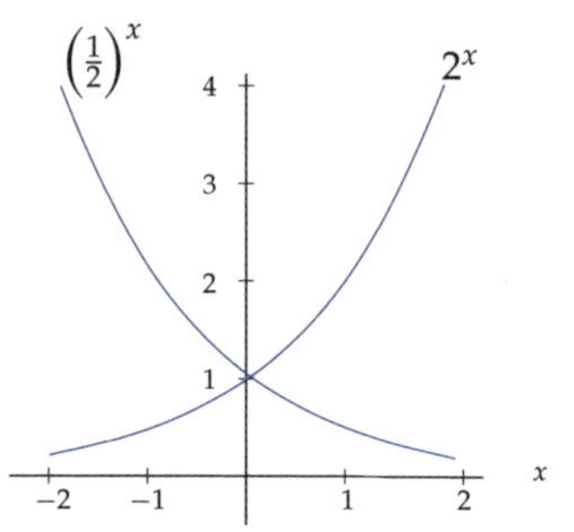

Beispiel: Wir berechnen die ersten dezimalen Nachkommastellen von $3^{\sqrt{2}}$, wobei wir die ersten sieben Binärstellen von $\sqrt{2}$ benutzen, also $\sqrt{2} = 1,0110101\dots$ Dann gilt $2^7\sqrt{2} \approx 10110101 = 181$ und $3^{181} \approx 2,28520 \cdot 10^{86}$. Nach siebenmaligem Drücken der $\sqrt{\ }$-Taste erhalten wir $3^{\sqrt{2}} \approx 4.72801$. Eine andere, aber ähnliche Methode besteht darin, $a_i = 3^{2^{-i}}$ zu berechnen. Es gelten die Annäherungen:

i	1	2	3	4	5	6	7
a_i	1.73205	1.31607	1.14720	1.07107	1.03492	1.01731	1.00861

Also $3^{\sqrt{2}} \approx 3a_2a_3a_5a_7 \approx 4.72801$. Der „richtige" Wert ist $4,72880\dots$. Später werden wir schnellere Methoden zur Berechnung von a^x, insbesondere $3^{\sqrt{2}}$, kennenlernen.

Aufgaben

COMPANION WEBSITE
Lösung

Aufgabe 3.35 In dieser Aufgabe sollten Sie einen Taschenrechner benutzen. In den nachfolgenden Beispielen berechnen Sie jeweils sieben binäre Nachkommastellen von x und berechnen Sie hiermit eine Annäherung von a^x, genau wie im Beispiel auf der vorherigen Seite. Vergleichen Sie das Ergebnis mit einer „direkten" Berechnung von a^x auf dem Taschenrechner.

1. $a = 2,\ x = \sqrt{2}$
2. $a = 2,\ x = \sqrt{3}$
3. $a = \pi,\ x = \pi$
4. $a = 5,\ x = \sqrt{5}$

Tipp: Berechnen Sie $2^7\sqrt{2}$ mit dem Taschenrechner.

Aufgabe 3.36 Sei $a > 0$ mit $a \neq 1$. Zeigen Sie, dass $a^x + a^{-x} \geq 2$ und $a^x + a^{-x} = 2$ genau dann, wenn $x = 0$.

Aufgabe 3.37 Lösen Sie die nachfolgenden Gleichungen.

1. $2^{x^2-1} = 4$
2. $2^{|x|} = 8$
3. $4^x - 2^x - 2 = 0$
4. $10^{3x+5} = 1$
5. $9^x - 3^x - 3^{x+1} + 3 = 0$
6. $2^x + 3^x = 13$

Aufgabe 3.38 Sei $a > 1$. Begründen Sie die Aussagen $\lim\limits_{x\to\infty} a^x = \infty$ und $\lim\limits_{x\to-\infty} a^x = 0$. Was gilt für $0 < a < 1$?

Aufgabe 3.39 Bestimmen Sie die nachfolgenden Grenzwerte.

1. $\lim\limits_{x\to\infty} \frac{2^x - 1}{2^x + 1}$
2. $\lim\limits_{x\to-\infty} \frac{2^x - 1}{2^x + 1}$
3. $\lim\limits_{x\to\infty} \frac{2^x - 1}{2^{-x} + 1}$
4. $\lim\limits_{x\nearrow 0} \frac{2^x - 1}{2^x + 1}$
5. $\lim\limits_{x\nearrow 0} \frac{2^x + 1}{2^x - 1}$
6. $\lim\limits_{x\searrow 0} \frac{2^x + 1}{2^x - 1}$

Aufgabe 3.40 In dieser Aufgabe dürfen Sie ein Rechengerät verwenden, aber Sie dürfen hierbei die a^x-Funktion nur für $x \in \mathbb{N}$ benutzen.
Begründen Sie die nachfolgenden Ungleichungen.

1. $1{,}071 < 2^{0{,}1} < 1{,}072$
2. $1{,}116 < 3^{0{,}1} < 1{,}117$
3. $1{,}258 < 10^{0{,}1} < 1{,}259$

Ausgehend von diesen Werten, berechnen Sie zwei Nachkommastellen von

4. $2^{0{,}2}$
5. $3^{0{,}2}$
6. $10^{0{,}3}$.

Beweis des Satzes 3.9

Wir nehmen, soweit nicht anders erwähnt, an, dass $a > 1$. Den Fall $0 < a < 1$ leitet man leicht hieraus ab. Für natürliche Zahlen n, m leitet man die Rechenregeln $a^n \cdot a^m = a^{n+m}$ und $(a^n)^m = a^{n \cdot m}$ sofort aus der Definition ab. Ebenfalls ist für natürliche Zahlen n, m mit $n < m$ die Ungleichung $a^n < a^m$ klar. Wir werden im Folgenden die bekannte Identität $\sqrt{a \cdot b} = \sqrt{a} \cdot \sqrt{b}$ $(a, b > 0)$ benutzen sowie $\sqrt{a} < \sqrt{b}$ für $0 < a < b$.

Lemma 3.10 Ist $a, b > 0$ und sind x, y endliche Binärzahlen, so gilt:

1. Ist $a > 1$ und $x < y$, so ist $a^x < a^y$.
2. $a^{x+y} = a^x \cdot a^y$
3. $(ab)^x = a^x b^x$
4. $(a^x)^y = a^{xy}$

In den ersten drei Teilaussagen sei $k \in \mathbb{N}_0$ die kleinste Zahl mit $2^k x$ und $2^k y \in \mathbb{N}$ und der Beweis wird durch Induktion nach k erbracht.

1. Es gilt $2x < 2y$ und deshalb $a^x = \sqrt{a^{2x}} < \sqrt{a^{2y}} = a^y$.
2. $a^x \cdot a^y = \sqrt{a^{2x}} \cdot \sqrt{a^{2y}} = \sqrt{a^{2x} \cdot a^{2y}} = \sqrt{a^{2(x+y)}} = a^{x+y}$
3. $(a \cdot b)^x = \sqrt{(a \cdot b)^{2x}} = \sqrt{a^{2x} \cdot b^{2x}} = \sqrt{a^{2x}} \cdot \sqrt{b^{2x}} = a^x \cdot b^x$
4. Die Gleichung $(a^x)^y = a^{xy}$ zeigen wir erst für $y \in \mathbb{N}$. Bemerke:

$$(\sqrt{a})^y = \underbrace{\sqrt{a} \cdot \ldots \cdot \sqrt{a}}_{y} = \sqrt{a^y} \, .$$

Ist nun $k \geq 0$ minimal mit $2^k x \in \mathbb{N}$ und $y \in \mathbb{N}$, so gilt mit Induktion nach k

$$(a^x)^y = \left(\sqrt{a^{2x}}\right)^y = \sqrt{(a^{2x})^y} = \sqrt{a^{2xy}} = a^{xy}$$

Ist nun x eine beliebige endliche Binärzahl und $k \geq 0$ minimal mit $2^k y \in \mathbb{N}$, so folgt mit Induktion nach k:

$$(a^x)^y = \sqrt{(a^x)^{2y}} = \sqrt{a^{2xy}} = a^{xy} \, .$$

■

Beweis von Satz 3.9 Ist x eine Binärentwicklung, so gibt es eine natürliche Zahl k mit $\lfloor x \rfloor_n < k$ für jedes n. Also ist $(a^{\lfloor x \rfloor_n})$ beschränkt durch a^k. Weil $\lfloor x \rfloor_n \leq \lfloor x \rfloor_{n+1}$, ist die Folge $(a^{\lfloor x \rfloor_n})$ monoton wachsend. Deshalb existiert der Grenzwert $\lim\limits_{n\to\infty} a^{\lfloor x \rfloor_n}$.

1. Es gilt $\lim\limits_{n\to\infty} a^{2^{-n}} = 1$, siehe Aufgabe 3.7. Sind x und y zwei verschiedene Binärentwicklungen der gleichen Zahl, wobei x eine endliche Binärentwicklung ist, so ist für n groß $\lfloor x \rfloor_n = \lfloor y \rfloor_n + 2^{-n}$ und

$$\lim_{n\to\infty} a^{\lfloor x \rfloor_n} = \lim_{n\to\infty} a^{\lfloor y \rfloor_n + 2^{-n}} = \lim_{n\to\infty} a^{\lfloor y \rfloor_n} \cdot \lim_{n\to\infty} a^{2^{-n}} = \lim_{n\to\infty} a^{\lfloor y \rfloor_n} \, .$$

2 Sind c, d endliche Binärzahlen $0 < x < c < d < y$, dann folgt $a^x \leq a^c < a^d \leq a^y$. Ist $x < 0 < y$, so ist $a^x = 1/a^{-x} < 1 < a^y$. Ist $x < y < 0$, so ist $a^x = 1/(a^{-x}) < 1/a^{-y} = a^y$.

3 Wegen $\lim\limits_{k\to\infty} a^{1/2^k} = 1$ gibt es zu jedem $\varepsilon > 0$ ein k mit

$$1 - \varepsilon < a^{-1/2^k} < a^{1/2^k} < 1 + \varepsilon$$

Ist nun $-1/2^k < x < 1/2^k$, so folgt $1 - \varepsilon < a^{-1/2^k} < a^x < a^{1/2^k} < 1 + \varepsilon$. Daher ist a^x in $x = 0$ stetig.

Sei nun $b > 0$ beliebig, dargestellt durch eine nicht endliche Binärentwicklung. Sei $\varepsilon > 0$ und k gegeben mit $a^b - a^{\lfloor b \rfloor_k} < \varepsilon$. Ist nun $\lfloor b \rfloor_k < x < b$, dann gilt $a^b - \varepsilon < a^{\lfloor b \rfloor_k} \leq a^x \leq a^b$, die Funktion a^x ist somit linksseitig stetig in b. Für die rechtsseitige Stetigkeit nehmen wir ein k mit $a^{1/2^{k-1}} - 1 < \varepsilon/a^b$. Es ist $b < \lfloor b \rfloor_k + \frac{1}{2^{k-1}}$. Ist nun $b < x < \lfloor b \rfloor_k + \frac{1}{2^{k-1}}$, so folgt wie oben $a^{\lfloor b \rfloor_k} \leq a^b \leq a^x \leq a^{\lfloor b \rfloor_k + 1/2^{k-1}}$ und somit

$$a^x - a^b \leq a^{\lfloor b \rfloor_k + 1/2^{k-1}} - a^{\lfloor b \rfloor_k} = a^{\lfloor b \rfloor_k}(a^{1/2^{k-1}} - 1) < a^{\lfloor b \rfloor_k}\varepsilon/a^b < \varepsilon\,.$$

Also ist a^x auch rechtseitig stetig in b. Weil $a^{-x} = 1/a^x$, folgt Stetigkeit für alle $b < 0$.

4 Wir benutzen die (Folgen)Stetigkeit der Funktion a^x und Lemma 3.10, Nr. 2:

$$\begin{aligned} a^{x+y} &= a^{\lim\limits_{n\to\infty}(\lfloor x \rfloor_n + \lfloor y \rfloor_n)} = \lim_{n\to\infty} a^{\lfloor x \rfloor_n + \lfloor y \rfloor_n} = \lim_{n\to\infty}\left(a^{\lfloor x \rfloor_n} \cdot a^{\lfloor y \rfloor_n}\right) \\ &= \lim_{n\to\infty} a^{\lfloor x \rfloor_n} \cdot \lim_{n\to\infty} a^{\lfloor y \rfloor_n} = a^x \cdot a^y \end{aligned}$$

5 Wegen Lemma 3.10, Nr. 3 gilt:

$$(a \cdot b)^x = \lim_{n\to\infty} (a \cdot b)^{\lfloor x \rfloor_n} = \lim_{n\to\infty}\left(a^{\lfloor x \rfloor_n} \cdot b^{\lfloor x \rfloor_n}\right) = \lim_{n\to\infty} a^{\lfloor x \rfloor_n} \cdot \lim_{n\to\infty} b^{\lfloor x \rfloor_n} = a^x \cdot b^x$$

6 Es reicht, dies für $a > 0$ zu zeigen. Ist $a < n$, so folgt $1 \leq x^a \leq x^n$ für $x > 1$. Da x^n stetig ist, folgt:

$$1 \leq \lim_{x\searrow 1} x^a \leq \lim_{x\searrow 1} x^n = 1\,.$$

Dann gilt auch $\lim\limits_{x\nearrow 1} x^a = \lim\limits_{x\searrow 1}(1/(1/x)^a) = 1$. Also ist $f(x) = x^a$ stetig in $x = 1$. Ist $b > 0$, dann $\lim\limits_{x\to b} x^a = b^a \lim\limits_{x\to b}(x/b)^a = b^a$, somit ist $f(x) = x^a$ in $x = b$ stetig.

7 Wegen Lemma 3.10, Nr. 4 und weil a^x folgenstetig ist, gilt:

$$\left(a^{\lfloor x \rfloor_k}\right)^y = \lim_{n\to\infty}\left(a^{\lfloor x \rfloor_k}\right)^{\lfloor y \rfloor_n} = \lim_{n\to\infty} a^{\lfloor x \rfloor_k \lfloor y \rfloor_n} = a^{\lfloor x \rfloor_k y}$$

Weil x^a stetig ist, folgt hieraus, wiederum die Stetigkeit von a^x benutzend:

$$(a^x)^y = \left(\lim_{k\to\infty} a^{\lfloor x \rfloor_k}\right)^y = \lim_{k\to\infty}\left(a^{\lfloor x \rfloor_k}\right)^y = \lim_{k\to\infty} a^{\lfloor x \rfloor_k y} = a^{xy}\,.$$

■

3.9 Der Logarithmus

Die Exponentialfunktion $f(x) = a^x$ ist für $a > 1$ streng monoton wachsend. Die Wertemenge der Funktion ist $(0, \infty)$: Weil $1/a < 1$, ist $\left(\frac{1}{a^n}\right)$ eine Nullfolge. Es folgt, dass die Folge (a^n) von oben nicht beschränkt ist und somit jedes Element in $[1, \infty)$ in der Wertemenge von a^x ist. Genauso sehen wir, dass jedes Element aus $(0, 1)$ in der Wertemenge liegt.

Sei $a > 1$ und $f\colon \mathbb{R} \to (0, \infty), f(x) = a^x$. Die zu f inverse Funktion wird mit $\log_a(x)$ bezeichnet und Logarithmus zur Basis a genannt. Diese Funktion $\log_a\colon (0, \infty) \to \mathbb{R}$ ist stetig und $a^x = y \iff x = \log_a(y)$.

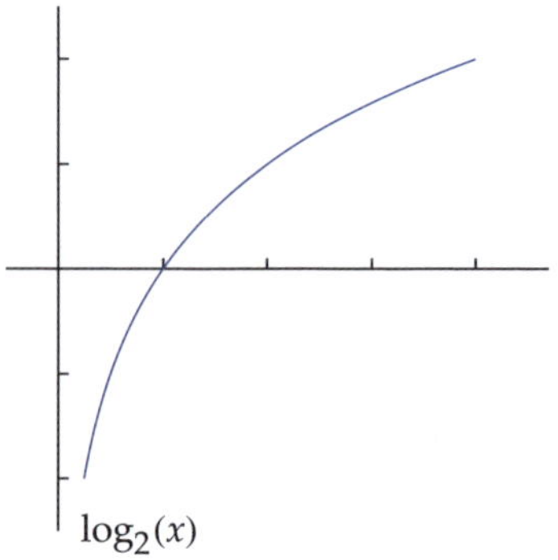

$\log_2(x)$

Hieraus erhalten wir nach den allgemeinen Formeln für Umkehrfunktionen:

$$x = a^{\log_a(x)}, \quad \log_a\left(a^x\right) = x\,.$$

Eine andere geläufige Notation für $\log_a(x)$ ist ${}^a\log(x)$.

Satz 3.11 (Rechenregeln für den Logarithmus)
Ist $a > 0, a \neq 1, x, y > 0$, dann:

$$\log_a(xy) = \log_a(x) + \log_a(y)$$
$$\log_a\left(b^x\right) = x \log_a(b)$$

$$\log_a(xy) = \log_a\left(a^{\log_a(x)} \cdot a^{\log_a(y)}\right) = \log_a\left(a^{\log_a(x)+\log_a(y)}\right) = \log_a(x) + \log_a(y)$$
$$\log_a(b^x) = \log_a\left(\left(a^{\log_a(b)}\right)^x\right) = \log_a\left(a^{x\log_a(b)}\right) = x\log_a(b)$$

Wir wenden die Funktion $\log_c$ auf beide Seiten der Gleichung $a^{\log_a(b)} = b$ an. Es folgt $\log_a(b) \cdot \log_c(a) = \log_c(b)$ oder anders geschrieben:

$$\log_a(b) = \frac{\log_c(b)}{\log_c(a)}\,.$$

Diese Gleichung besagt, dass es reicht, über ein (schnelles) Verfahren zur Berechnung der Logarithmen zu nur **einer** Basis c zu verfügen. Als Basis wird normalerweise die sogenannte eulersche Zahl $e = 2,7182818\ldots$ gewählt, aus Gründen, die uns erst in einem späteren Kapitel klar werden können.

Aufgaben

Lösung

Aufgabe 3.41 Zeigen Sie: Für $a, b > 0, a, b \neq 1$ gilt $\log_a(b) = \frac{1}{\log_b(a)}$.

Aufgabe 3.42 Berechnen Sie:

1. $\log_2(4)$
2. $\log_4(2)$
3. $\log_{10}(100)$
4. $\log_2(\sqrt{2})$
5. $\log_4(2^{10})$
6. $\log_{49}(7)$
7. $\log_8(2)$
8. $\log_9(\sqrt[3]{3})$.

Aufgabe 3.43 Beweisen Sie, dass $10^3 < 2^{10} < 10^4$ gilt, und folgern Sie, dass $0,3 < \log_{10}(2) < 0,4$. Folgern Sie aus $10^{30} < 2^{100} < 10^{31}$, dass $0,30 < \log_{10}(2) < 0,31$.

Aufgabe 3.44 Es gilt $\log_{10}(2) \approx 0,30103$. Berechnen Sie Annäherungen von

1. $\log_{10}(4)$
2. $\log_{10}(5)$
3. $\log_{10}(20)$
4. $\log_{10}\left(\sqrt{2}\right)$.

Aufgabe 3.45 Es gilt $\log_{10}(2) \approx 0,30103$ und $\log_2(7) \approx 2,80735$. Berechnen Sie Annäherungen von

1. $\log_{10}(7)$
2. $\log_5(4)$
3. $\log_{10}(14)$
4. $\log_7(14)$.

Aufgabe 3.46

1. Es gelten die Ungleichungen $2^1 < 3 < 2^2$, $2^3 < 3^2 < 2^4$, $2^6 < 3^4 < 2^7$, $2^{12} < 3^8 < 2^{13}$, $2^{25} < 3^{16} < 2^{26}$. Leiten Sie hieraus ab, dass, in binärem System geschrieben, gilt $\log_2(3) = 1,1001\ldots$, also $1,5625 < \log_2(3) < 1,625$.
2. Zeigen Sie mit der gleichen Methode, dass $2,25 < \log_2(5) < 2,375$.

Aufgabe 3.47 Schreiben Sie mit der Methode der vorherigen Aufgabe ein Computerprogramm zur Berechnung von $\log_2(a)$ für $a > 1$ und testen Sie dieses. Schreiben Sie ebenfalls ein Programm, welches $\log_{10}(a)$ für $a > 1$ berechnet.

3.10 Maxima und Minima

Satz 3.12 Ist $f\colon [a,b] \to \mathbb{R}$ stetig, so hat f ein Maximum und ein Minimum.

Wir zeigen zunächst, dass eine stetige Funktion f beschränkt ist, d. h., es gibt eine reelle Zahl M, so dass $f(x) \leq M$ für jedes $x \in [a,b]$.

Sei dazu s das Supremum der Menge $\{t \in [a,b]\colon g \text{ beschränkt auf } [a,t]\}$. Dann ist f auch auf $[a,s]$ beschränkt: Wegen der Stetigkeit von f gibt es ein $t < s$, so dass f auf $[t,s]$ beschränkt ist, und weil f auch auf $[a,t]$ beschränkt ist, folgt die Behauptung. Ist $s < b$, dann gibt es wegen der Stetigkeit ein $t > s$, so dass f auf $[a,t]$ beschränkt ist. Also ist $s = b$.

Wir zeigen, dass f ein Maximum hat. Es sei W die Wertemenge und M das Supremum von W, das somit eine (endliche) reelle Zahl ist. Ist M nicht in W, so betrachten wir die stetige Funktion $g(x) = \frac{1}{M-f(x)}$. Da $f(x)$ Werte in der Nähe von M hat, ist die Funktion $g(x)$ auf $[a,b]$ nicht beschränkt, Widerspruch, weil die Funktion $g(x)$ stetig auf $[a,b]$ ist und deshalb beschränkt sein sollte. ■

Satz 3.13 (Bolzano-Weierstraß) Sei (x_n) eine beschränkte Folge reeller Zahlen. Dann hat (x_n) eine konvergente Teilfolge, d. h., es gibt eine Folge natürlicher Zahlen $n_1 < n_2 < \cdots$, so dass (x_{n_k}) eine konvergente Folge ist.

Betrachte $A = \{x_n\colon n \in \mathbb{N}\}$. Hat A endlich viele Elemente, so gibt es $n_1 < n_2 < \cdots$ mit $x_{n_1} = x_{n_2} = \cdots$, also gibt es eine (konstante) konvergente Teilfolge. Sonst hat A einen Häufungspunkt p, siehe Satz 1.8. Dann wähle $n_1 = 1$ und induktiv $n_k > n_{k-1}$, so dass $|x_{n_k} - p| < 1/k$. ■

Wir können nun einen zweiten Beweis des Satzes 3.12 angeben. Sei

$$M = \sup\{f(x)\colon x \in [a,b]\}$$

Hierbei ist $M = \infty$ erlaubt, wenn f nicht beschränkt wäre. Wähle eine Folge (b_n) mit $\lim_{n\to\infty} b_n = M$ und $x_n \in [a,b]$ mit $f(x_n) = b_n$. Dann hat (x_n) eine konvergente Teilfolge (x_{n_k}) mit Grenzwert in $[a,b]$, es gilt deshalb mit $x = \lim_{k\to\infty} x_{n_k}$, dass $f(x) = f(\lim_{k\to\infty} x_{n_k}) = \lim_{k\to\infty} b_{n_k} = M$, insbesondere ist $M < \infty$ eine reelle Zahl. ■

Aufgaben

Lösung

Aufgabe 3.48 Geben Sie ein Beispiel einer stetigen Funktion $f\colon (0,1] \to \mathbb{R}$, die kein Maximum hat.

Aufgabe 3.49 Geben Sie ein Beispiel einer Funktion $f\colon [0,1] \to \mathbb{R}$, die kein Maximum hat.

Aufgabe 3.50 Geben Sie ein Beispiel einer nicht stetigen Funktion $f\colon [0,1] \to \mathbb{R}$, welche trotzdem ein Maximum und ein Minimum hat.

Aufgabe 3.51 Es sei $f\colon (a,b) \to \mathbb{R}$ eine stetige Funktion.

1. Es sei $\lim\limits_{x\searrow a} f(x) = \infty$ und $\lim\limits_{x\nearrow b} f(x) = \infty$. Zeigen Sie, dass f auf (a,b) ein Minimum hat.
2. Was gilt, wenn $\lim\limits_{x\searrow a} f(x) = \lim\limits_{x\nearrow b} f(x) = -\infty$?
3. Was gilt, wenn $\lim\limits_{x\searrow a} f(x) = \infty$ und $\lim\limits_{x\nearrow b} f(x) = -\infty$?

Aufgabe 3.52 Sei $f(x) = a_n x^n + a_{n-1}x^{n-1} + \cdots + a_0$ mit a_i reelle Zahlen und n eine gerade Zahl. Zeigen Sie, dass die Funktion f auf $\mathbb{R}$ ein Minimum annimmt, wenn $a_n > 0$, und ein Maximum, wenn $a_n < 0$.

Aufgabe 3.53 Sei $f\colon (a,b] \to \mathbb{R}$ stetig mit $\lim\limits_{x\searrow a} f(x) = -\infty$. Zeigen Sie, dass f ein Maximum hat.

Aufgabe 3.54 Geben Sie ein Beispiel einer Funktion $f\colon [0,1] \to \mathbb{R}$, welche kein Maximum und kein Minimum hat.

Aufgabe 3.55 Sei $A = \left\{0, 1, \frac{1}{2}, \frac{1}{3}, \frac{1}{4}, \cdots\right\}$. Geben Sie eine stetige Funktion $f\colon [0,1] \to \mathbb{R}$ an mit $f(x) = 0$ für $x \in A$ und $f(x) < 0$ für $x \notin A$.

Das Maximum kann somit in abzählbar vielen Punkten angenommen werden.

Aufgabe 3.56 Geben Sie ein Beispiel einer stetigen Funktion $f\colon (0,1] \to \mathbb{R}$, welche kein Maximum und auch kein Minimum hat.

3.11 Cauchyfolgen

Bei der Definition einer konvergenten Folge wurde der Grenzwert schon mit angegeben. Nun passiert es öfter, dass man die Konvergenz einer Folge nachweisen will, den Grenzwert aber nicht kennt. (Dies passiert im Prinzip schon bei monoton wachsenden beschränkten Folgen.) Um dennoch die Konvergenz der Folge nachweisen zu können, benutzt man des Öfteren den Begriff der Cauchyfolge. Wir werden diesen Begriff in diesem Buch nicht weiter benutzen.

Ein Folge (a_n) heißt eine Cauchyfolge, wenn für jedes $\varepsilon > 0$ ein N existiert, so dass für alle $n, m \geq N$ gilt $|a_n - a_m| < \varepsilon$.

Die geometrische Interpretation ist, dass die a_n beliebig nahe beieinander liegen für alle hinreichend großen n.

Satz 3.14 Eine Folge reeller Zahlen ist konvergent genau dann, wenn sie eine Cauchyfolge ist.

Ist (a_n) konvergent mit Grenzwert a, so gibt es zu jedem $\varepsilon > 0$ ein N mit $|a_n - a| < \varepsilon/2$ für alle $n \geq N$. Dann folgt mit Hilfe der Dreiecksungleichung für $n, m \geq N$:

$$|a_n - a_m| = |(a_n - a) + (a - a_m)| \leq |a_n - a| + |a - a_m| < \varepsilon/2 + \varepsilon/2 = \varepsilon\ .$$

Sei umgekehrt (a_n) eine Cauchyfolge. Dann ist (a_n) beschränkt, denn es gibt ein N, so dass für $n \geq N$ gilt $|a_n - a_N| < 1$, also $|a_n| < |a_N| + 1$. Es gilt dann, dass $|a_n| < \max\{|a_1|, \dots, |a_{N-1}|, |a_N| + 1\}$ ist.

Nach dem Satz von Bolzano-Weierstraß 3.13 hat (a_n) eine konvergente Teilfolge. Sei a der Grenzwert dieser Teilfolge. Wir behaupten, dass $\lim_{n\to\infty} a_n = a$ ist.

Sei $\varepsilon > 0$. Weil a ein Häufungspunkt und (a_n) eine Cauchyfolge ist, gibt es ein N mit den folgenden Eigenschaften:

$|a_N - a| < \varepsilon/2$ und $|a_n - a_N| < \varepsilon/2$ für $n \geq N$.
Es folgt für $n \geq N$:

$$|a_n - a| = |(a_n - a_N) + (a_N - a)| \leq |a_n - a_N| + |a_N - a| < \varepsilon\ .$$ ■

Differenzieren

4

ÜBERBLICK

LERNZIELE

- Definition der Ableitung
- Rechenregeln: Produktregel, Kettenregel
- Die Ableitung der elementaren Funktionen x^β, $\sin(x)$, a^x
- Die eulersche Zahl e
- Berechnung von Extremwerten: Kurvendiskussion
- Die l'Hôpitalsche Regel
- Die Taylorformel
- Konvexität; Wendepunkte
- Newton-Raphson-Verfahren zur Berechnung von Nullstellen
- Implizites Differenzieren

Gegeben sei eine Funktion $y = f(x)$, definiert auf einem offenen Intervall. Sei a ein Punkt in diesem Intervall. Wir möchten die Tangente an dem Graphen im Punkt $(a, f(a))$ bestimmen. Dazu brauchen wir die **Steigung** der Tangente.[1]

Zunächst können wir nur die Steigung der Sekanten durch den Punkt $(a, f(a))$ und $(x, f(x))$ für $x \neq a$ bestimmen. Sie ist gegeben durch den sogenannten Differenzenquotient:

$$\Delta_a f(x) := \frac{f(x) - f(a)}{x - a}\,.$$

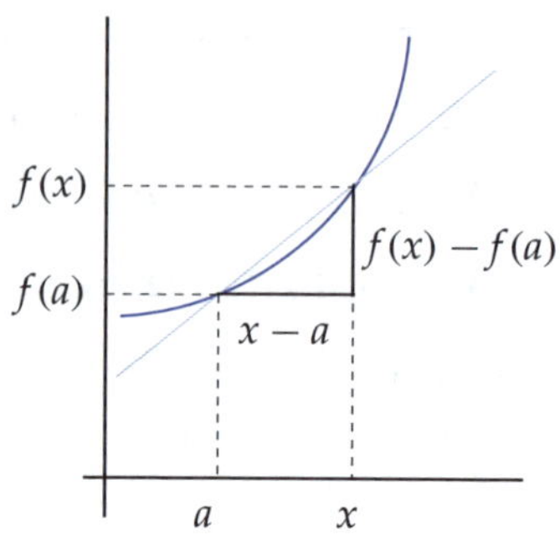

Wenn sich x der Zahl a annähert, so nähert sich die Sekante durch $(a, f(a))$ und $(x, f(x))$ der Tangente an den Graphen von f in dem Punkt $(a, f(a))$. Es ist deshalb naheliegend, die Steigung der Tangente an den Graphen im Punkt $(a, f(a))$ zu definieren als

$$\lim_{x \to a} \Delta_a f(x) = \lim_{x \to a} \frac{f(x) - f(a)}{x - a}$$

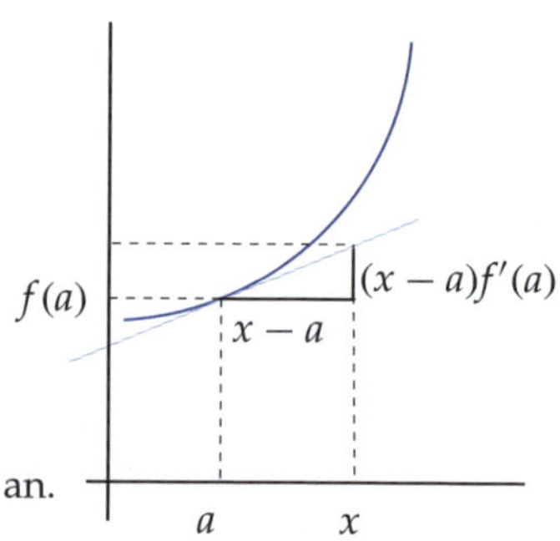

falls dieser Grenzwert existiert. Der Differenzenquotient ist in diesem Fall stetig in $x = a$ fortsetzbar. Der Wert $\Delta_a f(a)$ wird die Ableitung von f in a genannt, Notation $f'(a)$ oder $\frac{\mathrm{d}f}{\mathrm{d}x}(a)$. Diese Zahl gibt die Steigung der Tangente an.

Beschreibt die Funktion $y = f(x)$ physikalisch den zurückgelegten Weg eines Teilchens, so ist $\Delta_a f(x)$ die Durchschnittsgeschwindigkeit zwischen Zeitpunkt a und Zeitpunkt x. Man kann $f'(a)$ interpretieren als die momentane Geschwindigkeit zum Zeitpunkt a.

1 Wenn die Gleichung einer Gerade in der Form $y = mx + b$ geschrieben ist, so nennen wir die Zahl m die Steigung der Gerade.

Es ist langwierig, jedes Mal die Definition anzuwenden, um die Ableitung von Funktionen zu berechnen. Wir machen diese Berechnungen im Prinzip lediglich für:

1. $f(x) = x^\beta$ mit $\beta \in \mathbb{R}$ fest. In diesem Fall gilt $f'(x) = \beta x^{\beta-1}$.
2. $f(x) = \sin(x)$ mit Ableitung $f'(x) = \cos(x)$ und $g(x) = \cos(x)$ mit Ableitung $g'(x) = -\sin(x)$.
3. Ist $a > 0, a \neq 1$ und $f(x) = a^x$, so ist $f'(x) = c_a a^x$ für eine Konstante $c_a \neq 0$.

Diese Ableitungen muss man auswendig wissen. Um weitere Ableitungen zu berechnen, ist es wichtig, Rechenregeln für differenzierbare Funktionen herzuleiten. Die einfachste ist die Differenzierbarkeit von Summen differenzierbarer Funktionen. Etwas schwieriger sind die Produktregel, Kettenregel und Quotientenregel und das Differenzieren inverser Funktionen. Diese Rechenregeln müssen Studierende anwenden können.

Weiter oben haben wir erwähnt, dass die Ableitung von $f(x) = a^x$ gleich $f'(x) = c_a a^x$ für eine Konstante c_a ist. Es gibt genau eine Zahl $\mathrm{e} > 0$, so dass $c_\mathrm{e} = 1$. Diese ist die berühmte eulersche Zahl: $\mathrm{e} = 2{,}71828\ldots$. Die Funktion $f(x) = \mathrm{e}^x$ ist die einzige Funktion mit der Eigenschaft $f'(x) = f(x)$ und $f(0) = 1$. Man hat verschiedene Formeln für e wie zum Beispiel

$$\mathrm{e} = \lim_{n\to\infty}\left(1+\frac{1}{n}\right)^n, \qquad \mathrm{e} = 1 + \frac{1}{1!} + \frac{1}{2!} + \frac{1}{3!} + \cdots$$

Die Umkehrung der Funktion e^x ist der natürliche Logarithmus $\log(x)$.[2] Die Ableitung der Funktion $\log(x)$ ist gleich $1/x$.

In vielen praktischen Anwendungen der Mathematik muss eine bestimmte Größe maximiert oder minimiert werden. Es ist deshalb wichtig, bei Funktionen die Maximum- und Minimumwerte zu bestimmen. Die Differenzialrechnung spielt hierbei eine herausragende Rolle. Hat f ein lokales Maximum oder Minimum in c, so muss die Tangente wohl waagerecht sein, also $f'(c) = 0$. (Außer natürlich, c wäre ein Randpunkt des Definitionsbereiches von f.) Wir bemerken aber, dass die Bedingung $f'(c) = 0$ zwar notwendig, aber nicht hinreichend ist.

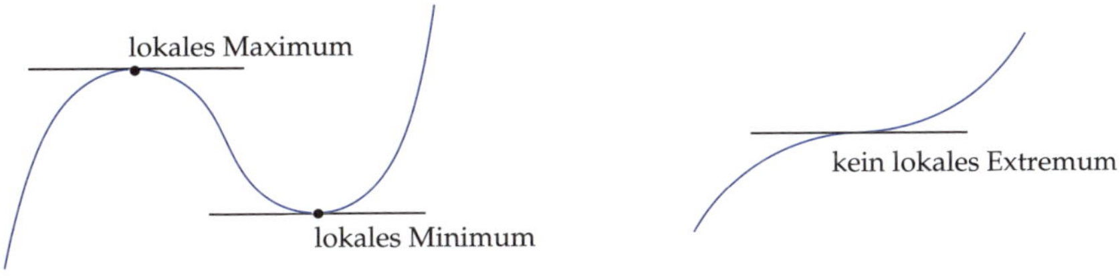

Eine weitere Anwendung ist die Regel von de l'Hôpital. Im einfachsten Fall besagt diese Regel in etwa Folgendes: Ist $f(a) = g(a) = 0$ und existiert $\lim_{x\to a}\frac{f'(x)}{g'(x)}$, so existiert auch $\lim_{x\to a}\frac{f(x)}{g(x)}$ und

2 In den technischen Wissenschaften und auf dem Taschenrechner wird diese Funktion mit $\ln(x)$ bezeichnet und die Funktion $\log_{10}(x)$ mit $\log(x)$. Wir halten hier an den mathematischen Gepflogenheiten fest.

die Grenzwerte sind gleich.[3] Es gibt auch Versionen mit $\lim\limits_{x \nearrow a} \frac{f(x)}{g(x)}$, $\lim\limits_{x \to \infty} \frac{f(x)}{g(x)}$ und so weiter.

Ist f stetig in a und x in der Nähe von a, so ist $f(x) \approx f(a)$. Ist darüber hinaus f differenzierbar in a, so ist $f(x) \approx f(a) + (x-a)f'(a)$. Im ersten Fall wird die Funktion f durch eine konstante Funktion $f(a)$ angenähert; im zweiten Fall durch die lineare Funktion $x \mapsto f(a) + (x-a)f'(a)$. Wenn $f(x)$ den zurückgelegten Weg eines Teilchens zum Zeitpunkt x beschreibt und $f'(a)$ die Geschwindigkeit zum Zeitpunkt a, so wird der zum Zeitpunkt x zurückgelegte Weg eben in etwa $f(a) + (x-a)f'(a)$ sein. Wenn man überdies noch die Beschleunigung $f''(a)$ zum Zeitpunkt a kennt, also die Ableitung von $f'(x)$ in a, so könnte man eine noch bessere Annäherung bestimmen: $f(x) \approx f(a) + (x-a)f'(a) + \frac{1}{2}(x-a)^2 f''(a)$.

Die Taylorformel gibt Annäherungen n-ter Stufe. Sie besagt

$$f(x) \approx f(a) + (x-a)f'(a) + \frac{1}{2!}(x-a)^2 f''(a) + \cdots + \frac{1}{n!}(x-a)^n f^{(n)}(a)$$

für eine feste natürliche Zahl n. Die rechte Seite wird das n-te Taylorpolynom von f in a genannt, Notation $T_a^n f(x)$.

Es ist wichtig, eine Abschätzung des Fehlers zu haben. Das sogenannte Lagrange-Restglied gibt einen Ausdruck hierfür. Es besagt, dass es ein ξ zwischen a und x gibt, so dass der Fehler gleich

$$\frac{1}{(n+1)!}(x-a)^{n+1} f^{(n+1)}(\xi)$$

ist. Hierbei wird normalerweise nicht versucht, dieses ξ zu bestimmen, sondern nur $f^{(n+1)}(\xi)$ abzuschätzen, zum Beispiel durch das Maximum von $f^{(n+1)}$ auf dem Intervall (a, x) zu bestimmen oder wenigstens abzuschätzen. In vielen Fällen kann man auf diese Art und Weise zeigen, dass der Fehler für wachsendes n gegen Null strebt. Allerdings sieht man auch, dass für feste n der Fehler bei wachsendem $x - a$ nicht klein geredet werden kann und oft auch nicht klein ist.

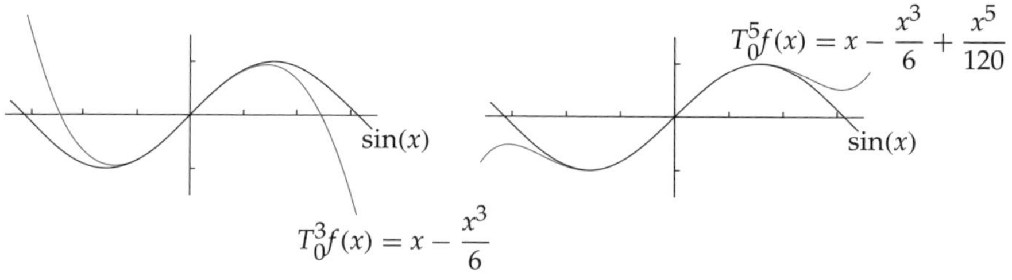

Diese Eigenschaften sind gut sichtbar in obiger Figur. Beide Male ist die Funktion $f(x) = \sin(x)$ gezeichnet, links zusammen mit dem Taylorpolynom $T_0^3 f(x) = T_0^4 f(x)$ und rechts zusammen mit $T_0^5 f(x) = T_0^6 f(x)$.

3 Oft wird als Beispiel $\lim\limits_{x \to 0} \frac{\sin(x)}{x}$ genommen, um mit der Regel von de l'Hôpital $\lim\limits_{x \to 0} \frac{\sin(x)}{x} = \lim_{x \to 0} \frac{\cos(x)}{1} = 1$ zu zeigen. Dies ist jedoch ein Zirkelschluss, denn im Beweis, dass die Ableitung von $\sin(x)$ gleich $\cos(x)$ ist, benutzen wir an einer wesentlichen Stelle den Grenzwert $\lim\limits_{x \to 0} \frac{\sin(x)}{x} = 1$. Zunächst muss deshalb dieser Grenzwert berechnet werden.

Den Spezialfall $n = 0$ nennt man den Mittelwertsatz: Es gibt ein $\xi \in (a, x)$ mit $f(x) = f(a) + (x - a)f'(\xi)$, anders geschrieben

$$f'(\xi) = \frac{f(x) - f(a)}{x - a} .$$

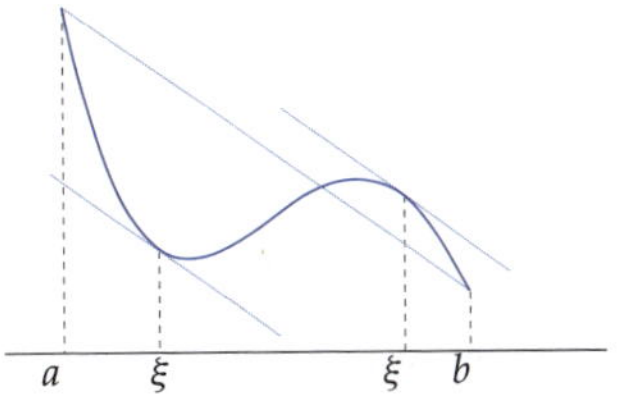

Es gibt somit eine Tangente an den Graphen, deren Steigung gleich der Sekante durch die Punkte $(a, f(a))$ und $(x, f(x))$ ist. In nebenstehender Figur ist auch ersichtlich, dass im Allgemeinen ein solches ξ nicht eindeutig bestimmt ist.

Die Taylorformel kann auch benutzt werden, um das Newtonsche Verfahren zur Bestimmung von Nullstellen von Funktionen zu erklären. Dieses Verfahren haben wir im Spezialfall $f(x) = x^2 - a$, für die Berechnung von $\sqrt{a}$, bereits in Aufgabe 3.5 kennengelernt. Wenn nämlich $f(x) \approx f(a) + (x - a)f'(a)$ eine gute Annäherung ist, so erwartet man eine Nullstelle in der Nähe von dem x, für das $f(a) + (x - a)f'(a) = 0$ ist. Dieses x wird natürlich im Allgemeinen keine Nullstelle von f sein.

Man kann das Verfahren jedoch wiederholen. Ist x_0 nicht allzu weit weg von einer Nullstelle c, so kann man zeigen, dass die Folge definiert durch

$$x_n := x_{n-1} - \frac{f(x_{n-1})}{f'(x_{n-1})}$$

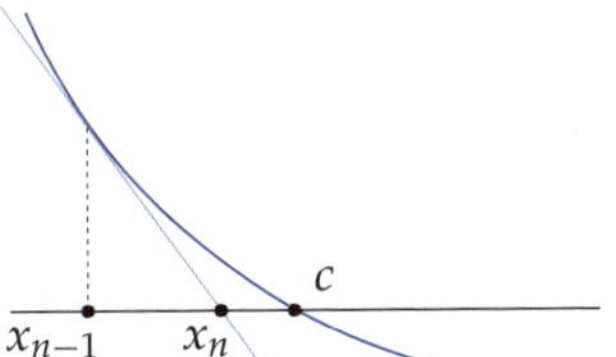

gegen c konvergiert **(Newton-Raphson-Verfahren)**.

Das Besondere ist jedoch, dass die Konvergenz sehr rasch ist. Wir werden zeigen, dass wenn die Zahl n um 1 vergrößert wird, sich die Anzahl richtiger Nachkommastellen in etwa verdoppelt. Sie sollten dies vergleichen mit dem naheliegenden Algorithmus, welcher beim Zwischenwertsatz angewandt wird. Da wird in jedem Schritt höchstens eine Dezimalstelle besser. Allerdings sollte man bei der Anwendung des Newton-Raphson-Verfahrens beachten, dass der Startwert günstig gewählt ist.

Im letzten Abschnitt dieses Kapitels behandeln wir das **implizite** Differenzieren. Bislang haben wir Funktionen immer explizit betrachtet, also gegeben durch eine Funktionsvorschrift $y = f(x)$. Manchmal werden Funktionen auch implizit beschrieben, d.h., für die Funktion $y = f(x)$ gilt eine Gleichung $F(x, y) = 0$. Diese Gleichung muss dann nach y aufgelöst werden. Ein einfaches Beispiel ist $F(x, y) = x^2 + y^2 - 1$, welche für $y \geq 0$ die Lösung $y = \sqrt{1 - x^2} = f(x)$ hat. Angenommen, wir wissen, dass $y = f(x)$ differenzierbar ist, so können wir die Ableitung $f'(a)$ in einem gegebenen Punkt a berechnen, ohne dafür die Gleichung $F(x, y) = 0$ explizit nach y lösen zu müssen.

4.1 Definition der Differenzierbarkeit

Es sei $f: A \to \mathbb{R}$ eine Funktion, $a \in A$ ein Häufungspunkt von A. Wir nennen f differenzierbar in a, wenn der Differenzenquotient

$$\Delta_a f(x) := \frac{f(x) - f(a)}{x - a}$$

in $x = a$ stetig fortsetzbar ist. Den Wert $\Delta_a f(a) = f'(a)$ nennen wir die **Ableitung** von f in a.
Ist f differenzierbar in a, so ist die Gerade, die durch die Gleichung $y = f(a) + f'(a)(x - a)$ gegeben ist, die Tangente an den Graphen von f in dem Punkt $(a, f(a))$.

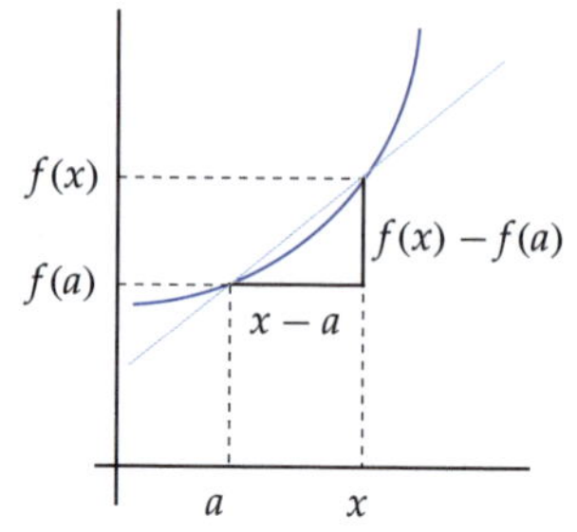

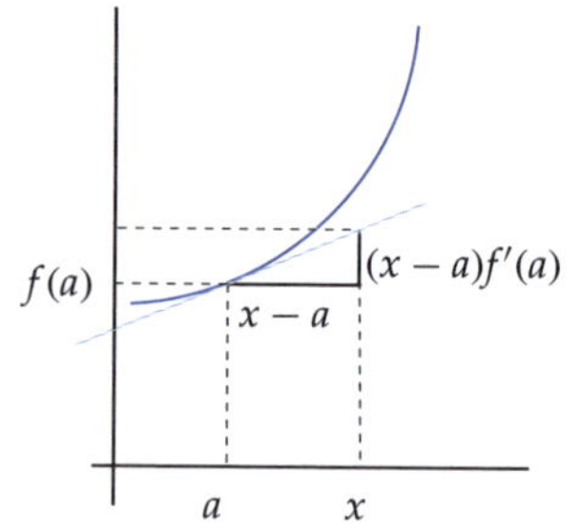

Satz 4.1 f und g seien differenzierbar in a. Dann

1. f ist stetig in a.
2. $f + g$ ist differenzierbar in a; $(f + g)'(a) = f'(a) + g'(a)$.
3. Ist c ein Konstante, so gilt $(cf)'(a) = cf'(a)$.

1. Weil $\Delta_a f(x)$ stetig ist in a, folgt $\lim_{x \to a} f(x) = f(a) + \lim_{x \to a}(x - a)\Delta_f(x) = f(a)$.
2. Folgt aus $\Delta_a(f + g)(x) = \Delta_a f(x) + \Delta_a g(x)$ und Aufgabe 3.25.
3. Folgt aus $\Delta_a(cf)(x) = c\Delta_a f(x)$.

■

Beispiel: Sei $\beta \in \mathbb{R}$. Wir zeigen, dass die Funktion $f(x) = x^\beta$ für $x > 0$ differenzierbar ist und $f'(x) = \beta \cdot x^{\beta - 1}$. Es reicht $f'(1) = \beta$ zu zeigen, denn daraus folgt:

$$f'(a) = \lim_{x \to a} \frac{x^\beta - a^\beta}{x - a} = \lim_{x \to a} a^{\beta - 1} \frac{(x/a)^\beta - 1}{x/a - 1} = \beta \cdot a^{\beta - 1}$$

- $\beta \in \mathbb{N}$: $f'(1) = \lim_{x \to 1}(x^\beta - 1)/(x - 1) = \lim_{x \to 1}\left(1 + x + \cdots + x^{\beta - 1}\right) = \beta$
- $\beta = \frac{p}{q}$ rational: mit $x = y^q$: $\lim_{x \to 1} \frac{x^{p/q} - 1}{x - 1} = \lim_{y \to 1} \frac{y^p - 1}{y^q - 1} = \lim_{y \to 1} \frac{\frac{y^p - 1}{y - 1}}{\frac{y^q - 1}{y - 1}} = \frac{p}{q} = \beta$
- $\beta > 0$: Sei $\varepsilon > 0$. Wähle $r, s \in \mathbb{Q}$ mit $\beta - \varepsilon/2 < r < \beta < s < \beta + \varepsilon/2$ und ein δ, so dass $r - \varepsilon/2 < (x^r - 1)/(x - 1) < (x^s - 1)/(x - 1) < s + \varepsilon/2$ für alle x mit $|x - 1| < \delta$. Dann ist für alle x mit $|x - 1| < \delta$:

$$\beta - \varepsilon < r - \varepsilon/2 < (x^\beta - 1)/(x - 1) < s + \varepsilon/2 < \beta + \varepsilon\,, \quad \text{also} \quad f'(1) = \beta\,.$$

- $\beta < 0$: $\lim_{x \to 1} \frac{x^\beta - 1}{x - 1} = \lim_{x \to 1} x^\beta \cdot \lim_{x \to 1} \frac{1 - x^{-\beta}}{x - 1} = \beta$.

Aufgaben

Lösung

Aufgabe 4.1 Differenzieren Sie die angegebene Funktion $f(x)$.

1. $f(x) = 3x^5 - 2x^3 + 3x - 5$
2. $f(x) = \dfrac{3}{x^2} - \dfrac{7}{x^3}$
3. $f(x) = 5x^2 + \dfrac{2}{x^3}$
4. $f(x) = \dfrac{2x^6 - 3x^5}{x^3}$
5. $f(x) = (3x + 1)^3$
6. $f(x) = \sqrt{x}$
7. $f(x) = \sqrt{x^3}$
8. $f(x) = \sqrt[3]{x^2}$
9. $f(x) = \dfrac{1}{x}$
10. $f(x) = x^{1,5}$
11. $f(x) = x^{0,77}$
12. $f(x) = \dfrac{3}{x^5}$
13. $f(x) = x^{-1/3}$
14. $f(x) = x^{-7/5}$

Aufgabe 4.2 Finden Sie eine Gleichung der Tangente an den Graphen von $f(x)$ für den angegebenen x-Wert und zeichnen Sie diesen.

1. $f(x) = x^3, \quad x = 1$
2. $f(x) = x^4 - 2x^2 + 1, \quad x = -1$
3. $f(x) = x\sqrt{x}, \quad x = 1$
4. $f(x) = 1/x, \quad x = 2$
5. $f(x) = x^4 - 3x^2, \quad x = 1$
6. $f(x) = \dfrac{1}{x\sqrt{x}}, \quad x = 1$

Aufgabe 4.3 Zeichnen Sie den Graph der Funktion $f(x) = |x|$. Begründen Sie, weshalb diese Funktion für $x = 0$ nicht differenzierbar ist.

Aufgabe 4.4 Zeichnen Sie den Graphen der Funktion $f(x) = \sqrt[3]{x}$. Begründen Sie, weshalb diese Funktion in $x = 0$ nicht differenzierbar ist, obwohl die Gerade $x = 0$ als Tangente genommen werden könnte.

4.2 Rechenregeln für differenzierbare Funktionen

Satz 4.2

1 **Produktregel:** Sind f, g differenzierbar in a, so auch $f \cdot g$ und $(f \cdot g)'(a) = f'(a) \cdot g(a) + f(a) \cdot g'(a)$.

2 **Kettenregel:** Ist f differenzierbar in a, g differenzierbar in $f(a)$, so ist $g \circ f$ differenzierbar in a und $(g \circ f)'(a) = g'(f(a)) \cdot f'(a)$.

3 Ist f streng monoton auf einem Intervall I, differenzierbar in $a \in I$ mit $f'(a) \neq 0$, so ist f^{-1} differenzierbar in $b = f(a)$ und $(f^{-1})'(b) = 1/f'(a) = 1/f'(f^{-1}(b))$.

1 und **2** Nach Definition des Differenzenquotienten gelten die Formeln

$$f(x) = f(a) + (x-a)\Delta_a f(x) \text{ und } g(y) = g(b) + (y-b)\Delta_b g(y)\,.$$

Man berechnet:

$$\Delta_a(f \cdot g)(x) = \Delta_a f(x) \cdot g(a) + f(a) \cdot \Delta_a g(x) + (x-a) \cdot \Delta_a f(x) \cdot \Delta_a g(x)$$

$$\begin{aligned}\Delta_a g(f(x)) &= \frac{g(f(x)) - g(f(a))}{x-a} = \frac{(f(x) - f(a)) \cdot \Delta_{f(a)} g(f(x))}{x-a} \\ &= \Delta_a f(x) \cdot \Delta_{f(a)} g(f(x))\end{aligned}$$

In beiden Fällen ist die rechte Seite nach Annahme der Differenzierbarkeit von f und g und den Rechenregeln für stetige Funktionen in $x = a$ stetig fortsetzbar. Die linke Seite ist damit auch stetig fortsetzbar in $x = a$ und die Differenzierbarkeit ist gezeigt. Setze nun überall $x = a$ ein und die ersten zwei Formeln folgen.

3 Sei $y = f(x)$. Die Funktion $\Delta_a f(x)$ ist ungleich 0 in der Nähe von a. Die Funktion f^{-1} ist stetig in b nach Satz 3.8. Also ist $\Delta_a f(f^{-1}(y))$ ungleich 0 und stetig in der Nähe von b. Man berechnet

$$\frac{x-a}{y-b} = \Delta_b f^{-1}(y) = \frac{1}{\Delta_a f(x)} = \frac{1}{\Delta_a f(f^{-1}(y))}\,.$$

Die rechte und somit die linke Seite ist stetig in $y = b$ fortsetzbar. Setze jetzt $y = b$ ein. ■

Wir erhalten den Graph der inversen Funktion f^{-1}, indem wir den Graphen von f in der Geraden $y = x$ spiegeln, siehe nebenstehende Abbildung. Die Steigung der Tangente ist der Kehrwert, was die Ableitung der inversen Funktionen erklärt.

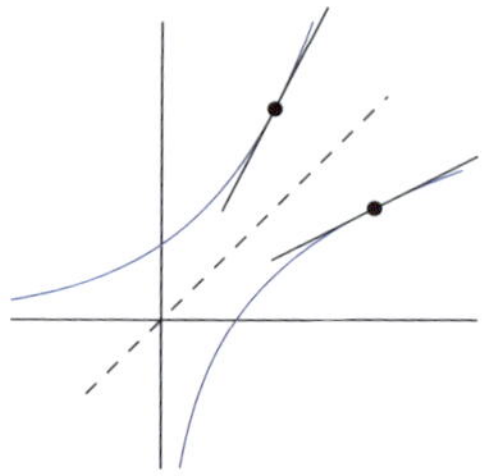

Aufgaben

Lösung

Aufgabe 4.5 Leiten Sie den Ausdruck für $\Delta_a(f \cdot g)(x)$, welcher im Beweis des Satzes 4.2 benutzt wurde, her.

Aufgabe 4.6 Beweisen Sie die Quotientenregel:
Sind f, g differenzierbar in a und $g(a) \neq 0$, so ist $\frac{f(x)}{g(x)}$ differenzierbar in a mit

$$\left(\frac{f}{g}\right)'(a) = \frac{g(a)f'(a) - f(a)g'(a)}{g^2(a)}$$

Tipp: Es reicht, den Fall $f(x) = 1$ zu betrachten. Wenden Sie die Kettenregel an.

Aufgabe 4.7 Berechnen Sie die Ableitung der nachfolgenden Funktionen.

1. $f(x) = \frac{(x+2)^3}{(2x-1)^2}$
2. $f(x) = (3x^4 - 2x^2 + 1)^4$
3. $f(x) = \sqrt{5x}$
4. $f(x) = x\sqrt{x^2+5}$
5. $f(x) = \sqrt{\frac{1+x^2}{1-x^2}}$
6. $f(x) = \left(\frac{x^2-4}{x^2+4}\right)^2$
7. $f(x) = \frac{x(2-x)}{2x^2}$
8. $f(x) = (x-1)^{100}$
9. $f(x) = \sqrt{(x+2)^8 - 4}$
10. $f(x) = \sqrt{x + \sqrt{x}}$

Aufgabe 4.8 In den nachfolgenden Aufgaben bestimmen Sie eine Gleichung der Tangente an den Graphen von f in dem Punkt $(a, f(a))$.

1. $f(x) = \sqrt{x^2 + 3x - 1}\,; \quad a = 2$
2. $f(x) = \frac{2}{3x+1}\,; \quad a = -1$

Aufgabe 4.9 Sei $\alpha \neq 0$. Wenden Sie den Satz über Differenzieren inverser Funktionen auf die Funktion $f(x) = x^\alpha$ an.

Aufgabe 4.10 Was ist falsch an folgendem Argument? Ist f invertierbar und differenzierbar, so differenziere die Funktion $f(f^{-1}(x)) = x$. Es folgt mit der Kettenregel
$f'(f^{-1}(x)) \cdot (f^{-1})'(x) = 1$.
Allerdings ist es sehr bequem und erlaubt, diese Rechenmethode anzuwenden.

Aufgabe 4.11 Sei $a > 0$ und $f\colon (-a, a) \to \mathbb{R}$ eine gerade differenzierbare Funktion, also $f(x) = f(-x)$ für jedes x. Zeigen Sie, dass $f'(x)$ eine ungerade Funktion ist, also $f'(-x) = -f'(x)$. Was gilt für die Ableitung ungerader Funktionen?

4.3 Ableitung der Winkelfunktionen

Satz 4.3 Die Funktionen $\sin(x)$ und $\cos(x)$ sind differenzierbar. Es gilt $\sin'(x) = \cos(x)$ und $\cos'(x) = -\sin(x)$.

Wir zeigen zunächst $\lim\limits_{x\to 0} \sin(x)/x = 1$ und $\lim\limits_{x\to 0}(\cos(x) - 1)/x = 0$. Zur Illustration sind hier die Graphen von $\dfrac{\sin(x)}{x}$ und $\dfrac{1-\cos(x)}{x}$ gezeichnet.

Wegen $\cos(-x) = \cos(x)$ und $\frac{\sin(-x)}{-x} = \frac{\sin(x)}{x}$ reicht es, $\lim\limits_{x\searrow 0}$ zu betrachten. Betrachte die nebenstehende Abbildung. Sei $E = (1,0)$, $P = (\cos(x), \sin(x))$ und die Zerlegung $Z = (E,P)$ von (E,P). Aus $\ell(Z) \leq x$ folgt durch Quadrieren und Teilen durch $2x$:

$$0 \leq \frac{1-\cos(x)}{x} \leq x/2\,.$$

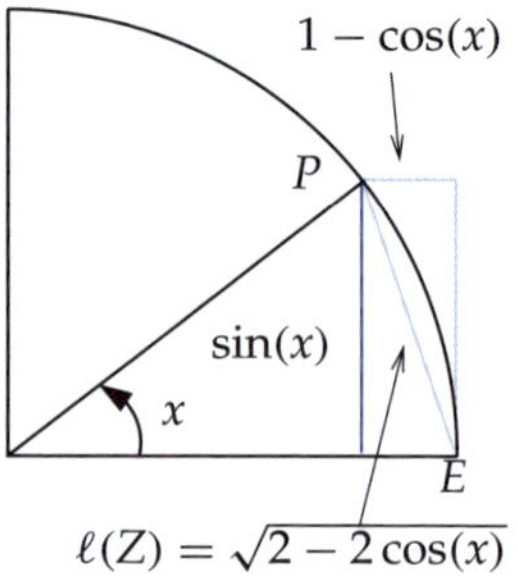

Deshalb $\lim\limits_{x\searrow 0} \dfrac{1-\cos(x)}{x} = 0$ und $\cos'(0) = 0$ folgt. Aus Lemma 2.5 folgt, dass $x \leq (1-\cos(x)) + \sin(x)$ und $\sin(x) \leq x \leq 1 - \cos(x) + \sin(x)$. Deshalb:

$$0 \leq 1 - \frac{\sin(x)}{x} \leq \frac{1-\cos(x)}{x}\,.$$

Hieraus folgt $\lim\limits_{x\searrow 0} \sin(x)/x = 1$. Für x allgemein gilt

$$\begin{aligned}\lim_{h\to 0} \frac{\sin(x+h) - \sin(x)}{h} &= \lim_{h\to 0} \frac{\sin(x)\cos(h) + \cos(x)\sin(h) - \sin(x)}{h} \\ &= \lim_{h\to 0} \cos(x)\frac{\sin(h)}{h} + \lim_{h\to 0} \sin(x)\frac{\cos(h)-1}{h} = \cos(x)\end{aligned}$$

Der Nachweis für $\cos(x)$ geht analog. ■

Differenzieren inverser Funktionen ergibt:

Satz 4.4 $\arcsin'(x) = \dfrac{1}{\sqrt{1-x^2}}$, $\arccos'(x) = -\dfrac{1}{\sqrt{1-x^2}}$, $\arctan'(x) = \dfrac{1}{1+x^2}$

Aufgaben

COMPANION WEBSITE Lösung

Aufgabe 4.12 Führen Sie die benötigten Berechnungen zum Beweis von Satz 4.4 durch.

Aufgabe 4.13 Berechnen Sie die Ableitung der nachfolgenden Funktionen:

1. $f(x) = \tan(x)$
2. $f(x) = \operatorname{cotan}(x)$
3. $f(x) = \dfrac{1}{\cos(x)}$
4. $f(x) = \dfrac{1}{\sin(x)}$
5. $f(x) = \dfrac{\sqrt{x}}{\cos(x)}$
6. $f(x) = \sin(x)\tan(x)$
7. $f(x) = \sin(2x)$
8. $f(x) = \cos(2x)$
9. $f(x) = \cos(x^2 + 1)$
10. $f(x) = \sin(\sqrt{x^2 - 5x + 4})$
11. $f(x) = \arctan\left(\dfrac{1}{\sqrt{1+x^2}}\right)$
12. $f(x) = x \arcsin(x) + \sqrt{1 - x^2}$
13. $f(x) = \arcsin\left(\sqrt{1-x^2}\right)$
14. $f(x) = \tan(\arcsin(x))$
15. $f(x) = \arctan\left(\dfrac{\cos(x)}{1+\sin(x)}\right)$
16. $f(x) = \sin(\sin(x))$

Aufgabe 4.14 Berechnen Sie die Ableitung von $\cos^2(x) + \sin^2(x)$ mit Hilfe der Kettenregel. Warum sollte Sie das Ergebnis nicht verwundern?

Aufgabe 4.15 Bestimmen Sie, ob die Graphen der nachfolgenden Funktionen $f(x)$ eine waagerechte Tangente im Intervall $[0, 2\pi]$ haben.

1. $f(x) = x + \sin(x)$
2. $f(x) = 2x + \sin(x)$
3. $f(x) = x - \operatorname{cotan}(x)$
4. $f(x) = \cos(x) + \frac{x}{2}$

Aufgabe 4.16 Sei a eine feste reelle Zahl. Berechnen Sie die Ableitung von

$$(\sin(x+a) - \sin(x)\cos(a) - \cos(x)\sin(a))^2 + (\cos(x+a) - \cos(x)\cos(a) + \sin(x)\sin(a))^2 .$$

Warum sollte das Ergebnis nicht verwundern?

Aufgabe 4.17 Bemerken Sie, dass $\arcsin'(x) + \arccos'(x) = 0$. Erklären Sie diese Tatsache auf eine andere Weise.

4.4 Satz von Rolle und Mittelwertsatz

Es sei $f\colon (a,b) \to \mathbb{R}$ eine Funktion und $c \in (a,b)$.
Dann hat f ein **lokales Maximum** (bzw. **lokales Minimum**) in c, wenn es eine Umgebung U von c gibt mit $f(x) \leq f(c)$ (bzw. $f(x) \geq f(c)$) für alle $x \in U$.
Wenn f an der Stelle c ein lokales Maximum oder lokales Minimum hat, so sagt man, dass f in c ein **lokales Extremum** hat.

Satz 4.5

1 Sei $f\colon (a,b) \to \mathbb{R}$ differenzierbar. Hat f ein lokales Extremum in c, so ist $f'(c) = 0$.

2 Sei $f\colon [a,b] \to \mathbb{R}$ stetig auf $[a,b]$ und differenzierbar auf (a,b).

a. **Satz von Rolle.** Ist $f(a) = f(b)$, so gibt es ein $\xi \in (a,b)$ mit $f'(\xi) = 0$.

b. **Mittelwertsatz.** Es gibt ein $\xi \in (a,b)$ mit $f'(\xi) = \dfrac{f(b) - f(a)}{b - a}$.

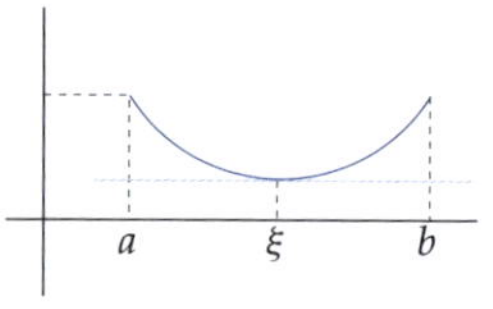

Satz von Rolle

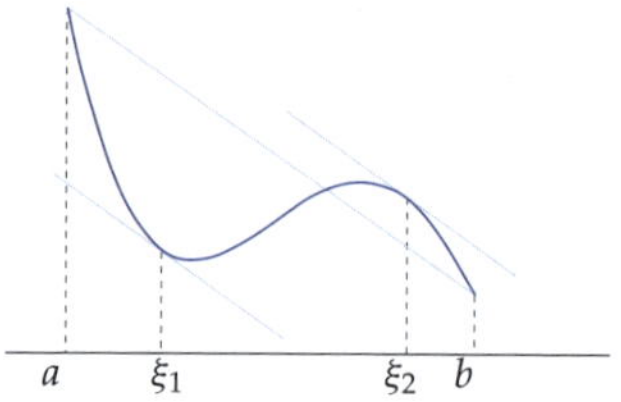

Mittelwertsatz

3 Ist $f'(x) = 0$ für alle $x \in (a,b)$, so ist f eine konstante Funktion.

4 Ist $f\colon [a,b] \to \mathbb{R}$ stetig und differenzierbar auf (a,b) und $f'(x) > 0$ (bzw. < 0) für alle $x \in (a,b)$, dann ist f streng monoton wachsend (bzw. streng monoton fallend).

1 Da $f(x) \geq f(a)$ ist, gilt für $x > a$ die Ungleichung $\frac{f(x)-f(a)}{x-a} \geq 0$ und somit auch $f'(a) = \lim\limits_{x \nearrow a} \frac{f(x)-f(a)}{x-a} \geq 0$. Genauso zeigt man $f'(a) \leq 0$ und $f'(a) = 0$ folgt.

2 a. Ist f konstant, folgt die Behauptung. Ist f nicht konstant, so muss das Maximum oder das Minimum in $\xi \in (a,b)$ angenommen werden, also $f'(\xi) = 0$.

b. Wende den Satz von Rolle auf $f(x) - \frac{f(b)-f(a)}{b-a} \cdot (x-a)$ an.

3 und **4** Es seien $c < d$ Punkte im Intervall mit c, d beliebig. Dann gibt es ein $\xi \in (c,d)$ mit $f(d) - f(c) = (d-c)f'(\xi)$. Ist $f'(x) = 0$ für alle $x \in I$, so ist $f(d) - f(c) = 0$, also $f(c) = f(d)$. Ist $f'(x) > 0$ für alle x, ist auch $f'(\xi) > 0$ und es folgt, dass $f(c) < f(d)$, somit ist f streng monoton wachsend.

Der Fall $f'(x) < 0$ geht analog. ∎

Aufgaben

Lösung

Aufgabe 4.18 Prüfen Sie, ob bei den nachfolgenden Funktionen auf dem angegebenem Intervall der Mittelwertsatz anwendbar ist. Wenn ja, finden Sie einen geeigneten Mittelwert ξ. Skizzieren Sie jeweils die Funktion zusammen mit der Tangente in $(\xi, f(\xi))$.

1. $f(x) = 3 - x^2\,; \quad [-1,2]$
2. $f(x) = \sqrt[3]{x}\,; \quad [0,8]$
3. $f(x) = \dfrac{x}{x+2}\,; \quad [-1,2]$
4. $f(x) = \sqrt{x}\,; \quad [0,2]\,.$

Aufgabe 4.19 Prüfen Sie nach, dass die nachfolgenden Funktionen im angegebenen Intervall genau eine Nullstelle haben.

1. $f(x) = x^4 + 3x\,; \quad [-2,-1]$
2. $f(x) = \sin(x) + x - 8\,; \quad (-\infty, \infty)$
3. $f(x) = 2\sqrt{x} - \sqrt{10+x}\,; \quad [0,\infty)$
4. $f(x) = x^3 - 6x^2 + 15x - 3\,; \quad (-\infty,\infty)$

Aufgabe 4.20 Es seien f, g auf $\mathbb{R}$ differenzierbare Funktionen mit $f(0) = 0$, $g(0) = 1$ $f'(x) = g(x)$ und $g'(x) = -f(x)$. Zeigen Sie, dass $f(x) = \sin(x)$ und $g(x) = \cos(x)$.
Tipp: Differenzieren Sie die Funktionen $f(x)\cos(x) - g(x)\sin(x)$ und $f(x)\sin(x) + g(x)\cos(x)$. Welche Identitäten erhalten Sie?

Aufgabe 4.21 Die Funktion $f\colon [a,b] \to \mathbb{R}$ sei stetig und differenzierbar auf (a,b) mit $0 \le f'(x) \le c$ für jedes $x \in (a,b)$. Zeigen Sie, dass

$$f(a) \le f(b) \le f(a) + c(b-a)$$

Aufgabe 4.22 Seien $f, g, h : [a,b] \to \mathbb{R}$ stetig und differenzierbar auf (a,b). Wenden Sie den Satz von Rolle auf die nachfolgende sogenannte Determinante an:

$$\begin{aligned}\Delta(x) := &\begin{vmatrix} f(a) & g(a) & h(a) \\ f(b) & g(b) & h(b) \\ f(x) & g(x) & h(x) \end{vmatrix} \\ := &f(a)\,\big(g(b)h(x) - g(x)h(b)\big) - f(b)\,\big(g(a)h(x) - g(x)h(a)\big) \\ &+ f(x)\,\big(g(a)h(b) - g(b)h(a)\big)\end{aligned}$$

Nehmen Sie den Spezialfall $h(x) = 1$. Wir erhalten den sogenannten **Mittelwertsatz von Cauchy.**

Aufgabe 4.23 Berechnen Sie die Ableitung der Funktion $f(x) = \arctan\left(\dfrac{x-1}{x+1}\right)$. Was können Sie hieraus folgern?

4.5 Ableitung der Exponentialfunktion

Satz 4.6 Sei $a > 0$ und $a \neq 1$.

1. Die Funktion $f(x) = a^x$ ist differenzierbar und $f'(x) = c_a \cdot a^x$ für eine Konstante $c_a \neq 0$.
2. Es gibt genau eine Zahl $\mathrm{e} > 0$, so dass $c_\mathrm{e} = 1$.
3. $c_a = \log_\mathrm{e}(a)$.
4. Es gilt $\log_\mathrm{e}'(x) = 1/x$.

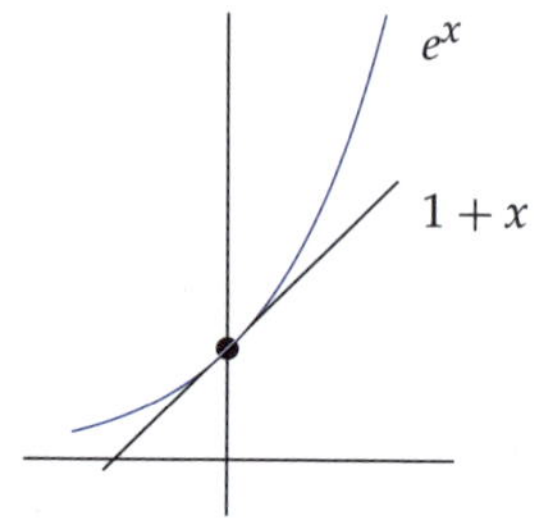

Wir nennen e die eulersche Zahl und $\ln(x) := \log(x) := \log_\mathrm{e}(x)$ den natürlichen Logarithmus.

1. Weil $(1/a)^x = a^{-x}$, reicht es, diesen Satz für $a > 1$ zu zeigen. Wir zeigen zunächst die Differenzierbarkeit in $x = 0$.

Betrachte die Folge $(x_n) = \big(n(\sqrt[n]{a} - 1)\big)$ und sei $b := a^{1/(n\cdot(n+1))}$. Dann ist $x_n = n \cdot (b^{n+1} - 1)$ und $x_{n+1} = (n+1) \cdot (b^n - 1)$. Man rechnet nach:

$$x_n - x_{n+1} = nb^n(b-1) - (b^n - 1) = (b-1) \cdot \Big((b^n - b^{n-1}) + \cdots + (b^n - 1)\Big) > 0$$

weil $b > 1$. Also ist x_n eine monoton fallende positive Folge und hat deshalb einen Grenzwert, welchen wir c_a nennen. Die Folge $(d_n) = (\sqrt[n]{a} - 1)$ ist eine Nullfolge.

Sei $\varepsilon > 0$. Dann gibt es ein N, so dass für alle $k \geq N$ gilt: $c_a - \varepsilon < x_{k+1} - d_{k+1}$, $x_k + d_k < c_a + \varepsilon$. Sei $0 \neq h \leq 1/N$ und sei $k \in \mathbb{N}$ so gewählt, dass $k \leq 1/h \leq k+1$. Es gilt:

$$c_a - \varepsilon < x_{k+1} - d_{k+1} = k\left(\sqrt[k+1]{a} - 1\right) \leq \frac{a^h - 1}{h} \leq (k+1)\left(\sqrt[k]{a} - 1\right) = x_k + d_k < c_a + \varepsilon\,.$$

Also $\lim\limits_{h \searrow 0} (a^h - 1)/h = c_a$. Es folgt für alle $x \in \mathbb{R}$:

$$\lim_{h \searrow 0} \frac{a^{x+h} - a^x}{h} = a^x \cdot \lim_{h \searrow 0} \frac{a^h - 1}{h} = c_a \cdot a^x$$

$$\lim_{h \nearrow 0} \frac{a^{x+h} - a^x}{h} = \lim_{h \searrow 0} \frac{a^{x-h} - a^x}{-h} = \lim_{h \searrow 0} a^{-h} \lim_{h \searrow 0} \frac{a^x - a^{x+h}}{-h} = 1 \cdot c_a \cdot a^x$$

Es gilt $c_a \neq 0$, sonst wäre die Funktion $f(x) = a^x$ eine konstante Funktion.

2. und 3. Sei $a > 0$ mit $a \neq 1$ beliebig. Sei $y > 0$. Dann gilt:

$$\lim_{x \to 0} \frac{(a^y)^x - 1}{x} = y \lim_{x \to 0} \frac{a^{yx} - 1}{yx} = y \cdot c_a = 1 \text{ genau dann, wenn } y = 1/c_a\,.$$

Mit $\mathrm{e} = a^{1/c_a}$ gilt also $c_\mathrm{e} = 1$. Es folgt $c_a = 1/\log_a(\mathrm{e}) = \log_\mathrm{e}(a)$. Insbesondere ist $c_a = 1$ genau dann, wenn $a = \mathrm{e}$, womit auch die Eindeutigkeit gezeigt ist.

4. Die Funktion $\log(x)$ ist als Umkehrfunktion differenzierbar und $x = \mathrm{e}^{\log(x)}$. Wende die Kettenregel an: $1 = \mathrm{e}^{\log(x)} \log'(x) = x \log'(x)$. ■

Aufgaben

Lösung

Aufgabe 4.24 Berechnen Sie die Ableitung der nachfolgenden Funktionen $f(x)$:

1. $f(x) = \mathrm{e}^{2x}$
2. $f(x) = x^x$
3. $f(x) = \left(1 + \frac{1}{x}\right)^x$
4. $f(x) = \mathrm{e}^{\sin(x)}$
5. $f(x) = x^{\sin(x)}$
6. $f(x) = \sin(x)^{\log(x)}$
7. $f(x) = x \log(x)$
8. $f(x) = \log_a(x) \quad a > 0$
9. $f(x) = 3x^2 \log(x)$
10. $f(x) = \log(5x)$
11. $f(x) = \log^2(x)$
12. $f(x) = \log(\cos(x))$
13. $f(x) = \log\left(\sqrt{3x+4}\right)$
14. $f(x) = \log(\log(x))$
15. $f(x) = \mathrm{e}^x \log(x)$
16. $f(x) = \mathrm{e}^{-x^2}$
17. $f(x) = 3^{x^2}$
18. $f(x) = 4x^2 \mathrm{e}^{x^2}$
19. $f(x) = x^{1/x}$
20. $f(x) = (\log(x))^x$
21. $f(x) = x^{x^x}$

Aufgabe 4.25

1. Sei f differenzierbar auf $\mathbb{R}$, $f(0) = 1$ und $f'(x) = f(x)$. Zeigen Sie, dass $f(x) = \mathrm{e}^x$.
2. Es sei $\alpha \in \mathbb{R}$, $f\colon (-1, 1) \to \mathbb{R}$ differenzierbar, so dass $(1 + x) \cdot f'(x) = \alpha f(x)$ und $f(0) = 1$. Zeigen Sie, dass $f(x) = (1 + x)^\alpha$.

Aufgabe 4.26 Der Cosinus Hyperbolicus $\cosh(x)$ und Sinus Hyperbolicus $\sinh(x)$ sind definiert durch $\cosh(x) := (\mathrm{e}^x + \mathrm{e}^{-x})/2$ und $\sinh(x) := (\mathrm{e}^x - \mathrm{e}^{-x})/2$.

1. Zeichnen Sie die Graphen von $\cosh(x)$ und $\sinh(x)$.
2. Berechnen Sie die Ableitung von $\cosh(x)$ und $\sinh(x)$.
3. Zeigen Sie, dass $\cosh^2(x) - \sinh^2(x) = 1$.
4. Zeigen Sie, dass $\sinh(x)$ eine Umkehrfunktion hat. Diese Umkehrfunktion wird $\operatorname{arsinh}(x)$ genannt. Definieren Sie analog $\operatorname{arcosh}\colon [1, \infty) \to \mathbb{R}$.
5. Zeigen Sie, dass $\operatorname{arsinh}'(x) = 1/\sqrt{x^2 + 1}$.
6. Es sei $g\colon \mathbb{R} \to \mathbb{R}$ differenzierbar mit $g(0) = 0$ und $g'(x) = \sqrt{1 + g(x)^2}$. Zeigen Sie, dass $g(x) = \sinh(x)$. Tipp: Differenzieren Sie die Funktion $\operatorname{arsinh}(g(x))$.
7. Zeigen Sie: $\operatorname{arsinh}(x) = \log(x + \sqrt{x^2 + 1})$ und $\operatorname{arcosh}(x) = \log(x + \sqrt{x^2 - 1})$.

Aufgabe 4.27

1. Zeigen Sie, dass $\lim\limits_{x \to 0} (1 + x)^{1/x} = 1$.
2. Folgern Sie, dass $\lim\limits_{n \to \infty} \left(1 + \frac{1}{n}\right)^n = \mathrm{e}$.

Aufgabe 4.28 Sei $a_n = 2^n(a^{1/2^n} - 1)$. Dann ist $\lim\limits_{n \to \infty} a_n = \log(a)$. Schreiben Sie ein Computerprogramm, welches $\log(a)$ „berechnet".

4.6 Extremwerte, höhere Ableitungen

Satz 4.7 Es sei $f\colon (a,b) \to \mathbb{R}$ stetig, $c \in (a,b)$.

1 Ist $f'(x) \leq 0$ für $x \in (a,c)$ und $f'(x) \geq 0$ für $x \in (c,b)$, so hat f in c ein Minimum auf dem Intervall (a,b).

2 Ist $f'(x) \geq 0$ für $x \in (a,c\rfloor$ und $f'(x) \leq 0$ für $x \in (c,b)$, so hat f in c ein Maximum auf dem Intervall (a,b).

1 Weil $f'(x) \leq 0$ für $x \in (a,c)$, ist die Funktion auf $(a,c]$ monoton fallend, deshalb $f(x) \geq f(c)$ für $x \in (a,c)$. Genauso sieht man, dass sie monoton wachsend auf (c,b) ist, also $f(x) \geq f(c)$ für $x \in (c,b)$.

2 Analog.

Beispiel:

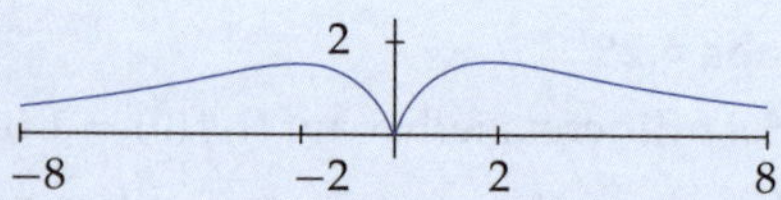

Sei $f(x) = 12\dfrac{x^{2/3}}{x^2+8}$. Dann ist f differenzierbar auf $\mathbb{R}$ außer in 0. Es ist $f'(x) = 12\dfrac{4(4-x^2)}{3\cdot\sqrt[3]{x}\cdot(x^2+8)^2}$, somit $f'(x) > 0$ für x in $(-\infty,-2)$ und $(0,2)$ und $f'(x) < 0$ für $x \in (-2,0)$ und $(2,\infty)$. Es folgt, dass f in 0 ein lokales Minimum hat und in 2 und -2 lokale Maxima. Da $f(x) \geq 0$, folgt auch, dass $f(0)$ ein globales Minimum und $f(2) = f(-2)$ ein globales Maximum ist.

Es sei I ein Intervall, $f\colon I \to \mathbb{R}$. Wir definieren (induktiv) die n-te Ableitung $f^{(n)}$ durch $f^{(0)} = f$ und $f^{(n)}$ als Ableitung von $f^{(n-1)}$, falls die Funktion $f^{(n-1)}$ differenzierbar ist.

Wir schreiben meistens kurz $f' = f^{(1)}$ und $f'' = f^{(2)}$.

Satz 4.8 Es sei $f\colon (a,b)$ zweimal differenzierbar in $c \in (a,b)$ mit $f'(c) = 0$.

1 Ist $f''(c) > 0$, so hat f in c ein lokales Minimum.

2 Ist $f''(c) < 0$, so hat f in c ein lokales Maximum.

1 Weil $f''(c) = \lim\limits_{x\to c}\dfrac{f'(x)-f'(c)}{x-c} > 0$, so folgt, dass ein δ existiert mit $f'(x) \leq 0$ für $x \in (c-\delta,c)$ und $f'(x) \geq 0$ für $x \in (c,c+\delta)$. Nach Satz 4.7 hat f ein Minimum in $(c-\delta,c+\delta)$.

2 Analog.

Aufgaben

CWS COMPANION WEBSITE WWW.PEARSON-STUDIUM.DE

Lösung

Aufgabe 4.29 Berechnen Sie die zweite Ableitung der nachfolgenden Funktionen.

1. $f(x) = \sin(\sin(x))$ 2. $f(x) = e^{-x}\sin(x)$

Aufgabe 4.30 Bestimmen Sie die lokalen und globalen Maxima und Minima der nachfolgenden Funktionen auf dem angegebenen Intervall.

1. $f(x) = x^2 - 3x + 4\,;\quad [0,4]$
2. $f(x) = x\sqrt{9-x^2}\,;\quad [-3,3]$
3. $f(x) = \sin(x) - \cos(x)\,;\quad [0,2\pi]$
4. $f(x) = \mathrm{e}^{-x}\sin(x)\,;\quad \mathbb{R}$

Aufgabe 4.31 Bestimmen Sie die Extremwerte der nachfolgenden Funktionen.

1. $f(x) = x^3 + x^2 - 8x + 6$
2. $f(x) = x^3 + 3x^2 + 3x - 7$
3. $f(x) = \dfrac{x-2}{x^2}$
4. $f(x) = \dfrac{x^2}{x-2}$
5. $f(x) = \dfrac{x^3}{x^2-12}$
6. $f(x) = \dfrac{x^2-3}{x^3}$
7. $f(x) = 2\mathrm{e}^x - \frac{1}{2}\mathrm{e}^{2x}$
8. $f(x) = \sqrt{x}\log(x)$
9. $f(x) = (2-x)\cdot\sqrt[3]{x^2}$
10. $f(x) = \dfrac{\sqrt{x^2+1}}{x}$
11. $f(x) = \sqrt[3]{x^4 - 2x^2}$
12. $f(x) = x^2\arctan(x)$
13. $f(x) = x + \dfrac{1}{x}$
14. $f(x) = x^2\cdot\mathrm{e}^{-x}$

Aufgabe 4.32 Sei $f(x) = \arctan(x)$. Zeigen Sie mit Induktion, dass für $n \geq 2$:

$$(1+x^2)f^{(n)}(x) + 2(n-1)xf^{(n-1)}(x) + (n-1)(n-2)f^{(n-2)}(x) = 0\,.$$

Aufgabe 4.33 Zeigen Sie: Die n'-te Ableitung von $\dfrac{1}{1-x^2}$ ist gleich:

$$\frac{1}{2}n!\left((1-x)^{-n-1} + (-1)^n(1+x)^{-n-1}\right)$$

Aufgabe 4.34 Zeigen Sie, dass eine Gleichung dritten Grades $x^3 + px + q = 0$ drei verschiedene Lösungen hat genau dann, wenn $4p^3 + 27q^2 < 0$.

4.7 Die l'Hôpitalsche Regel

Satz 4.9 (l'Hôpitalsche Regel) Es sei $f, g\colon (a,b) \to R$ differenzierbar, $g'(x) \neq 0$ für alle $x \in (a,b)$. (Hier sind $a = -\infty$ und $b = \infty$ erlaubt.) In jedem der Fälle $\lim\limits_{x \nearrow b} f(x) = \lim\limits_{x \nearrow b} g(x) = 0$ und $\lim\limits_{x \nearrow b} f(x) = \lim\limits_{x \nearrow b} g(x) = \infty$ gilt:

Ist $\lim\limits_{x \nearrow b} \frac{f'(x)}{g'(x)} = c$, so auch $\lim\limits_{x \nearrow b} \frac{f(x)}{g(x)} = c$. Analog für den Fall $\lim\limits_{x \searrow a}$.

Beispiel:

1 $$\lim_{x \to \infty} \frac{\log(x)}{x} = \lim_{x \to \infty} \frac{1/x}{1} = 0$$

2 $$\lim_{x \to 1} \frac{2x^2 - x - 1}{x^2 - x} = \lim_{x \to 1} \frac{4x - 1}{2x - 1} = 3$$

3 $$\lim_{x \to 1} \frac{2 - \sqrt{5 - x}}{1 - x} = \lim_{x \to 1} \frac{\frac{1}{2\sqrt{5-x}}}{-1} = -\frac{1}{4}$$

Wir betrachten den Fall $x \nearrow b$, der Fall $x \searrow a$ ist analog.

Fall 1: $b < \infty$, $\lim\limits_{x \nearrow b} f(x) = \lim\limits_{x \nearrow b} g(x) = 0$. Wir dürfen annehmen, dass f und g stetig in b sind, also $f(b) = g(b) = 0$. Sei zunächst x mit $a < x < b$ fest und $h(t) := f(t) \cdot g(x) - g(t) \cdot f(x)$. Dann ist $h(b) = h(x) = 0$ und wir können den Satz von Rolle anwenden: Es gibt ein $\xi_x \in (x,b)$ mit $\frac{f(x)}{g(x)} = \frac{f'(\xi_x)}{g'(\xi_x)}$. Da $\lim\limits_{x \nearrow b} \xi_x = b$, folgt die Behauptung.

Fall 2: $b = \infty$, $g(x) = x$, $c = 0$, $\lim\limits_{x \to \infty} f(x) = \infty$: Ist $\varepsilon > 0$, so gibt es ein x_0, so dass $|f'(\xi)| < \varepsilon/2$ für alle $\xi \geq x_0$. Ist nun $x > x_0$ und $x > 2|f(x_0)|/\varepsilon$, so folgt mit dem Mittelwertsatz:

$$\left|\frac{f(x)}{x}\right| \leq \left|\frac{f(x) - f(x_0)}{x - x_0}\right| \frac{x - x_0}{x} + \left|\frac{f(x_0)}{x}\right| \leq |f'(\xi)| \cdot 1 + \frac{\varepsilon}{2} < \varepsilon$$

Fall 3: b beliebig ($b = \infty$) erlaubt), $\lim_{x \nearrow b} g(x) = \infty$: Es ist $g'(x) \neq 0$ und es folgt $g'(x) > 0$. Die Funktion $g\colon (a,b) \to (d,\infty)$ hat eine Umkehrfunktion g^{-1}. Sei $h\colon (d,\infty) \to \mathbb{R}$ gegeben durch $h(t) = f(g^{-1}(t)) - ct$. Dann ist

$$\lim_{t \to \infty} h'(t) = \lim_{t \to \infty} \frac{f'(g^{-1}(t))}{g'(g^{-1}(t))} - c = \lim_{x \nearrow b} \frac{f'(x)}{g'(x)} - c = 0$$

Aus dem Fall 2 folgt $\lim\limits_{t \to \infty} h(t)/t = 0$ und daher mit $t = g(x)$, $x = g^{-1}(t)$:

$$\lim_{x \nearrow b} \frac{f(x)}{g(x)} = \lim_{t \to \infty} \frac{h(t) + ct}{t} = c$$

Fall 4: $b = \infty$, $\lim\limits_{x \nearrow b} g(x) = 0$: Aufgabe. ■

Aufgaben

Lösung

Aufgabe 4.35 Zeigen Sie die l'Hôpitalsche Regel für den Fall $b = \infty$ und $\lim_{x\to\infty} f(x) = \lim_{x\to\infty} g(x) = 0$. Tipp: $g(-1/x)$

Aufgabe 4.36 Zeigen Sie:

1. Für jedes α gilt $\lim_{x\to\infty} \frac{x^\alpha}{e^x} = 0$. Tipp: Nehmen Sie zuerst $\alpha = 1$.
2. Für jedes $\alpha > 0$ ist $\lim_{x\to\infty} \frac{\log(x)}{x^\alpha} = 0$.

Aufgabe 4.37 Berechnen Sie die nachfolgenden Grenzwerte.

1. $\lim_{x\to 1} \frac{\sqrt[3]{x^2} - 1}{\sqrt{x} - 1}$
2. $\lim_{x\to 5} \frac{2 - \sqrt{9 - x}}{x - 5}$
3. $\lim_{x\to 0} \frac{\sqrt[4]{x + 16} - 2}{\sqrt{25 - x} - 5}$
4. $\lim_{x\to 0} \frac{\sin(x) - x}{x^3}$
5. $\lim_{x\to 0} \frac{e^x + e^{-x} - 2\cos(x)}{\log(1 + x)}$.
6. $\lim_{x\to\infty} \frac{\log(1 + e^x)}{\sqrt{1 + x^2}}$
7. $\lim_{x\to 0} \frac{\tan(x) - \sin(x)}{x(1 - \cos(x))}$
8. $\lim_{x\to \pi/4} (\tan(x))^{\tan(2x)}$
9. $\lim_{x\to 1} \frac{\log(x)}{\sin(\pi x)}$
10. $\lim_{x\to \pi} \frac{\cos(x) + 1}{\cos(5x)}$
11. $\lim_{x\to 1} \frac{\sin(x) - 1}{\cos(2x)}$
12. $\lim_{x\to 0} \frac{x^n}{e^x - 1}$, $n \in \mathbb{N}$
13. $\lim_{x\to 0} \frac{e^x - 1}{e^x \log(1 - x)}$
14. $\lim_{x\searrow 0} x^x$
15. $\lim_{x\searrow 0} x|\log(x)|^\alpha$, $\alpha > 0$
16. $\lim_{x\to\infty} x^\alpha e^{-\beta x}$, $\alpha, \beta > 0$
17. $\lim_{x\to\infty} x^{1/x}$
18. $\lim_{x\searrow 0} \frac{x^x - 1}{x\log(x)}$

Aufgabe 4.38 Die Umkehrung der l'Hôpitalschen Regel ist falsch. Sei $f(x) = x^2 \sin(1/x)$ und $g(x) = \sin(x)$. Zeigen Sie: Der Grenzwert $\lim_{x\to 0} \frac{f(x)}{g(x)}$ existiert, aber $\lim_{x\to 0} \frac{f'(x)}{g'(x)}$ existiert nicht.

Aufgabe 4.39 Sei $f(x) = x + \sin(x)\cos(x)$ und $g(x) = f(x)e^{\sin(x)}$. Zeigen Sie, dass $\lim_{x\to\infty} \frac{f'(x)}{g'(x)} = 0$, aber $\lim_{x\to\infty} f(x)/g(x)$ existiert nicht. Warum widerspricht diese Tatsache nicht der Regel von de l'Hôpital?

4.8 Die Taylorformel

Es sei f eine Funktion, so dass die n'-te Ableitung $f^{(n)}(a)$ bei a existiert. Das n'-te Taylorpolynom von f bei a ist definiert durch:

$$T_a^n f(x) := f(a) + f'(a) \cdot (x-a) + \frac{f^{(2)}(a)}{2}(x-a)^2 + \cdots + \frac{f^{(n)}(a)}{n!}(x-a)^n \,.$$

Wenn eine beliebige „komplizierte" Funktion, wie $f(x) = \sin(x)$ gegeben ist, so ist es unmöglich, Werte wie z. B. $\sin(0,5)$ exakt zu berechnen. Ist aber ein Punkt a gegeben, in dem die Ableitungen $f^{(k)}(a)$ für $k \leq n$ berechnet werden können, so ist es möglich, das Taylorpolynom $T_a^n f(x)$ auszuwerten und als Approximation von $f(x)$ zu benutzen. Es ist aber wesentlich, eine Aussage über den Fehler machen zu können.

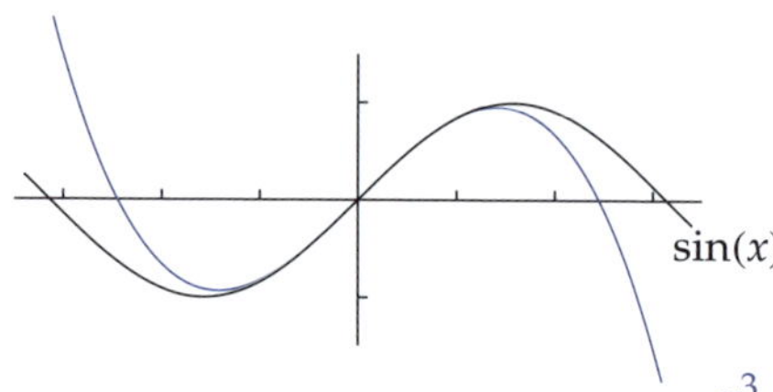

Satz 4.10 (Taylorformel) Es sei I ein Intervall, $a, x \in I$ mit $x \neq a$ und f sei $n+1$-mal differenzierbar. Dann gibt es ein ξ zwischen a und x, so dass

$$f(x) = T_a^n f(x) + R_a^n f(x) \,; \quad R_a^n f(x) = \frac{f^{(n+1)}(\xi)}{(n+1)!}(x-a)^{n+1}$$ **(Lagrangesches Restglied)**

Sei die Zahl $A \in \mathbb{R}$ so bestimmt, dass die Funktion

$$G(t) := -f(x) + T_t^n f(x) + A \cdot \frac{(x-t)^{n+1}}{(n+1)!} \tag{4.1}$$

den Wert $G(a) = 0$ hat. Weil auch $G(x) = 0$, können wir den Satz von Rolle anwenden: Es gibt ein ξ zwischen a und x mit $G'(\xi) = 0$. Rechnen Sie nach, dass

$$G'(t) = \frac{(x-t)^n}{n!} f^{(n+1)}(t) - \frac{(x-t)^n}{n!} \cdot A \,.$$

Durch Einsetzen von $t = \xi$ folgt $A = f^{(n+1)}(\xi)$ und weil $G(a) = 0$, folgt durch Einsetzen von $t = a$ in die Gleichung (4.1) die Taylorformel. ∎

Beispiel: Wir nehmen $f(x) = \sin(x)$, $a = 0$, $n = 4$ und $x = 0.5$. Dann

$$0 \leq f^{(5)}(\xi) = \cos(\xi) \leq 1 \quad \text{und} \quad 0 \leq \sin(0,5) - T_f^4(0,5) \leq \frac{1}{5!}(0,5)^5 < 3 \cdot 10^{-4} \,.$$

Somit

$$\sin(0,5) \approx 0,5 - 0,5^3/6 = 0,47916\cdots$$

Wir folgern, dass die ersten drei Nachkommastellen richtig sind. Der richtige Wert von $\sin(0,5)$ ist $0,47942\cdots$.

Aufgaben

Lösung

Aufgabe 4.40 Bestimmen Sie $T_0^5 f(x)$.

1. $f(x) = \arcsin(x)$
2. $f(x) = \arccos(x)$
3. $f(x) = \arctan(x)$
4. $f(x) = \dfrac{x}{e^x - 1}$, $f(0) = 1$
5. $f(x) = \mathrm{e}^{-x}\sin(x)$
6. $f(x) = \log\left(\dfrac{1+x}{1-x}\right)$

Aufgabe 4.41 In dieser Aufgabe sollten Sie einen Taschenrechner benutzen. Sei $f(x) = \mathrm{e}^x$.

1. Zeigen Sie, dass $\mathrm{e} < 3$.
   Tipp: Betrachten Sie $T_0^3 f(-1)$.
2. Zeigen Sie, dass $0 < R_0^{10} f(1) < 7{,}6 \cdot 10^{-8}$. Berechnen Sie sieben Nachkommastellen von e.
3. Sei $f(x) = \mathrm{e}^x$. Berechnen Sie $T_0^5 f(0,5)$ und schätzen Sie $R_0^5 f(0,5)$ ab. Wie viele Nachkommastellen von $\sqrt{\mathrm{e}}$ bekommen Sie in etwa mit $T_0^5 f(0,5)$?

Aufgabe 4.42 Bestimmen Sie $T_0^3 f(x)$ für $x = 1, 1/2$ und $1/4$. Geben Sie mit dem Lagrangeschen Restglied eine Abschätzung für den Fehler.

1. $f(x) = \mathrm{e}^{x/2}$
2. $f(x) = \sqrt{1+x}$
3. $f(x) = 1/\sqrt[3]{1+x}$
4. $f(x) = \log(1+x)$
5. $f(x) = \cos(x)$
6. $f(x) = \sqrt{1+x^2}$
7. $f(x) = \log\left(\dfrac{1+x}{1-x}\right)$
8. $f(x) = \arcsin(x)$

Aufgabe 4.43

1. Es sei p eine Annäherung von π, d. h. $|\pi - p| < h$. Zeigen Sie, dass

$$|\sin(p) + p - \pi| \leq \frac{h^3}{6}$$

2. Sei $p_0 = 3$ und $p_{n+1} = p_n + \sin(p_n)$. Nehmen Sie ein Computeralgebrasystem und berechnen Sie hiermit so viele Dezimale von π wie Sie möchten.

Aufgabe 4.44 Sei f n-mal differenzierbar auf (a, b), $n \geq 1$ und die Funktion $f^{(n)}$ sei stetig auf (a, b). Sei $c \in (a, b)$ mit

$$f'(c) = f''(c) = \cdots = f^{(n-1)}(c) = 0$$

und $f^n(c) \neq 0$. Falls n ungerade ist, hat f in c kein Maximum oder Minimum. Ist n gerade und $f^n(c) > 0$, so hat f ein lokales Minimum in c. Ist n ungerade und $f^n(c) < 0$, so hat f ein lokales Maximum in c. Zeigen Sie diese Aussagen.

4.9 Konvexität, Konkavität und Wendepunkte

Sei I ein Intervall und $f: I \to \mathbb{R}$. Dann heißt f konvex, wenn für $a < x < b$ gilt:

$$f(x) \leq (x-a)\frac{f(b)-f(a)}{b-a} + f(a)\,.$$

Gilt statt $\leq$ die Ungleichung $\geq$, so nennen wir f konkav.

Die geometrische Interpretation von Konvexität ist, dass die Sekante durch $(a, f(a))$ und $(b, f(b))$ zwischen a und b oberhalb des Graphen von f liegt. Bei konkaven Funktionen liegt die Sekante unterhalb des Graphen von f.

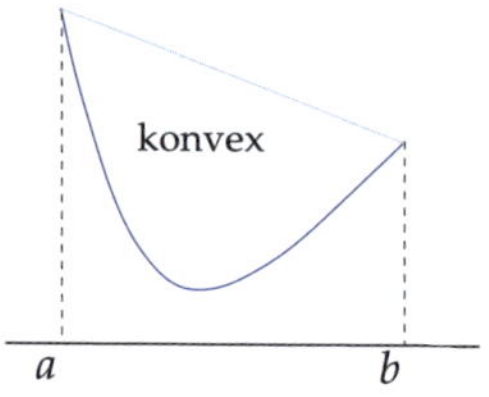

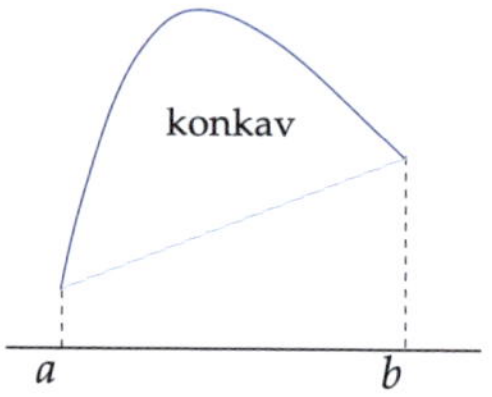

Satz 4.11 Es sei I ein offenes Intervall und $f: I \to \mathbb{R}$ differenzierbar. Dann ist f genau dann konvex, wenn die Ableitung f' eine monoton wachsende Funktion ist, und konkav genau dann, wenn f' eine monoton fallende Funktion ist.

Sei f konvex und $a < x < b$. Aus der Konvexität folgt $\frac{f(x)-f(a)}{x-a} \leq \frac{f(b)-f(a)}{b-a}$. Durch Übergang zum Grenzwert: $f'(a) \leq \frac{f(b)-f(a)}{b-a}$. Auf ähnliche Weise zeigt man $\frac{f(b)-f(a)}{b-a} \leq f'(b)$ und die Monotonie folgt.

Sei umgekehrt f' eine monoton wachsende Funktion, $a, b, x \in I$ mit $a < x < b$. Nach dem Mittelwertsatz gibt es ξ, η mit $a < \xi < x < \eta < b$ mit

$$\frac{f(x)-f(a)}{x-a} = f'(\xi) \leq f'(\eta) = \frac{f(b)-f(x)}{b-x}\,.$$

Aus diesen Gleichungen folgt durch Auflösen nach x, dass f konvex ist. ∎

Es sei $f: I \to \mathbb{R}$ stetig, I ein Intervall. Man sagt, dass für $c \in I$ der Punkt $(c, f(c))$ ein Wendepunkt von f ist, wenn es $a, b \in I$ mit $a < c < b$ gibt, so dass eine der folgenden Bedingungen erfüllt ist:

1. f ist in (a, c) konvex und in (c, b) konkav.
2. f ist in (a, c) konkav und in (c, b) konvex.

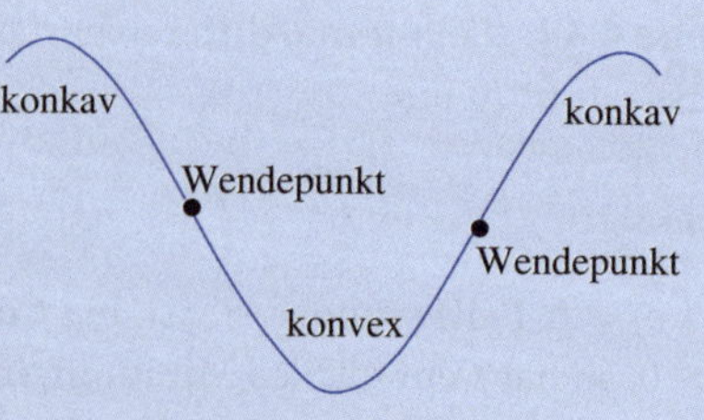

Geometrisch bedeutet dies, dass die Tangente an den Graphen von f in $(c, f(c))$ den Graphen durchquert (Wendetangente).

Aufgaben

Lösung

Aufgabe 4.45

1. Die Funktion f sei in (a, b) zweimal differenzierbar und habe einen Wendepunkt in c. Zeigen Sie, dass $f''(c) = 0$.
2. Die Funktion f sei in (a, b) dreimal differenzierbar, sei $c \in (a, b)$ mit $f''(c) = 0$ und $f'''(c) \neq 0$. Zeigen Sie, dass f in c einen Wendepunkt hat.

Aufgabe 4.46 Bestimmen Sie die Wendepunkte von:

1. $f(x) = x^3$	2. $f(x) = \dfrac{1}{1+x^2}$
3. $f(x) = \frac{1}{3}x + \sqrt[3]{x}$	4. $f(x) = \frac{1}{4}x^4 + x$
5. $f(x) = (x+1)^{2/3} - (x-3)^{2/3}$	6. $f(x) = (x+1) \cdot x^{-7/3}$
7. $f(x) = x/\sqrt{1-x^2}$ · $125x/27$	8. $f(x) = 2\sqrt{x} - 3\sqrt[3]{x}$
9. $f(x) = \sin(x)$	10. $f(x) = (x^2 - x) \cdot \mathrm{e}^{-x}$
11. $f(x) = x^3 e^{-2x}$	12. $f(x) = (x-1)\,\mathrm{e}^{-2x}$

Aufgabe 4.47 Es sei f eine auf $[a, b]$ konvexe Funktion und $\xi \in (a, b)$ mit:

$$f(\xi) = (\xi - a)\frac{(f(b) - f(a))}{(b - a)} + f(a)$$

Zeigen Sie, dass f eine lineare Funktion ist.

Aufgabe 4.48 Zeigen Sie, dass $f\colon I \to \mathbb{R}$ konvex (konkav) ist genau dann, wenn für alle $a, b \in I$ und $0 < \lambda, mu < 1$ mit $\lambda + \mu = 1$ gilt:

$$f(\lambda a + \mu b) \leq (\geq)\lambda f(a) + \mu f(b)$$

Tipp: Schreibe $x = \lambda a + \mu b$.

Aufgabe 4.49

1. Zeigen Sie, dass $f(x) = \log(x)$ auf $(0, \infty)$ konkav ist.
2. Sei $p, q \in (1, \infty)$ mit $\frac{1}{p} + \frac{1}{q} = 1$ und $0 < x < y$. Zeigen Sie: $x^{1/p} \cdot y^{1/q} \leq x/p + y/q$.

4.10 Kurvendiskussion

Ist eine Funktion $f(x)$ durch eine Formel gegeben, so könnte man als Aufgabe stellen, den Graphen dieser Funktion zu zeichnen. Obwohl es heutzutage möglich ist, eine solche Aufgabe von einem Rechner durchführen zu lassen, ist es dennoch wichtig, dass man selbst in der Lage ist, solche Graphen zu zeichnen. Bei einer solchen Kurvendiskussion ist es ratsam, die nachfolgenden Punkte zu bearbeiten.

1 Für welche x ist die Funktion überhaupt definiert?

2 Bestimmen Sie die eventuellen Schnittpunkte mit den Koordinatenachsen.

3 Untersuchen Sie, ob die Funktion symmetrisch ist.

4 Gibt es Asymptoten?

5 Untersuchen Sie $f'(x)$ und bestimmen Sie, wo die Funktion monoton wachsend bzw. monoton fallend ist. Gibt es Extremwerte? Wo liegen diese?

6 Untersuchen Sie $f''(x)$. Wo ist die Funktion konvex, wo konkav? Gibt es Wendepunkte?

7 Bestimmen Sie den Wertebereich der Funktion.

8 Fertigen Sie eine Skizze des Graphen an.

Beispiel: Wir führen die Kurvendiskussion für $f(x) = \mathrm{e}^{-1/x}/x$ durch. Die jeweiligen Berechnungen sollten Sie selbst durchführen.

1 Die Funktion ist für $x \neq 0$ definiert.

2 Es gibt keine Schnittpunkte mit den Koordinatenachsen.

3 Es gibt keine offensichtlichen Symmetrien.

4 $\lim\limits_{x\to\pm\infty} f(x) = 0$. Die Gerade $y = 0$ ist eine waagerechte Asymptote.

$\lim\limits_{x\searrow 0} f(x) = 0$, $\lim\limits_{x\nearrow 0} f(x) = -\infty$: $x = 0$ ist eine senkrechte Asymptote.

5 $f'(x) = \dfrac{1-x}{x^3} e^{-1/x}$. Die Funktion ist streng monoton fallend für $x < 0$ und $x > 1$. Sie ist streng monoton wachsend für $0 < x < 1$. Sie hat ein Maximum für $x = 1$.

6 $f''(x) = \dfrac{2x^2 - 4x + 1}{x^5} \mathrm{e}^{-1/x}$. Dann ist die Funktion konkav für $x < 0$ und $1 - \frac{1}{2}\sqrt{2} < x < 1 + \frac{1}{2}\sqrt{2}$. Sie ist konvex für $0 < x < 1 - \frac{1}{2}\sqrt{2}$ und $x > 1 + \frac{1}{2}\sqrt{2}$. Wendepunkte gibt es für $x = 1 \pm \frac{1}{2}\sqrt{2}$.

7 Der Wertebereich ist $(-\infty, 0) \cup (0, \mathrm{e}^{-1})$.

8

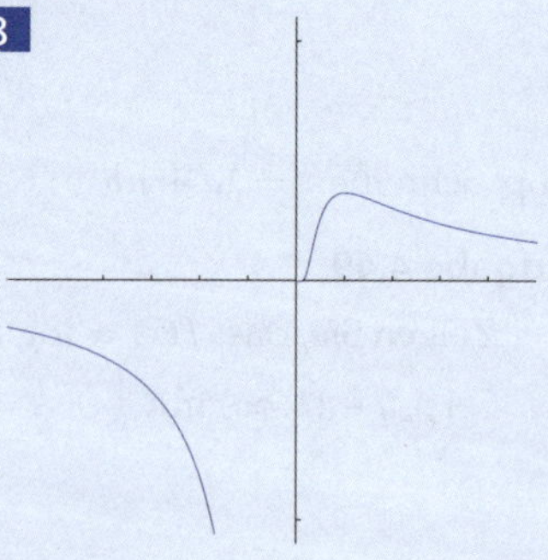

Aufgaben

Lösung

Aufgabe 4.50 Führen Sie eine Kurvendiskussion für die nachfolgenden Funktionen durch. (Manchmal sollten Sie die Wendepunkte nur näherungsweise finden.)

1. $f(x) = x^4 - 4x^2$
2. $f(x) = \dfrac{x^2 + 3x + 4}{x + 1}$
3. $f(x) = \dfrac{x^2 + 4}{2x}$
4. $f(x) = \dfrac{2x}{x - 1}$
5. $f(x) = \dfrac{x^2 - 4}{(x - 4)^2}$
6. $f(x) = \dfrac{x^2 + 4x - 2}{x^2 - 2}$
7. $f(x) = \sqrt{3 + 2x} - x$
8. $f(x) = \arctan\left(\dfrac{2x}{1 - x^2}\right)$
9. $f(x) = (x + 2)\sqrt{4 - x^2}$
10. $f(x) = \dfrac{x^3 - 2x^2}{x - 1}$
11. $f(x) = \mathrm{e}^{-1/x^2}$
12. $f(x) = \mathrm{e}^{-x^2}$
13. $f(x) = \dfrac{\log(x)}{\log^2(x) + 1}$
14. $f(x) = \dfrac{x}{(1 + x^2)^{3/2}}$
15. $f(x) = x\mathrm{e}^{-x}$
16. $f(x) = x\mathrm{e}^{-x^2}$
17. $f(x) = \dfrac{1 - x^2}{x^3}$
18. $f(x) = 4\mathrm{e}^{-2x} - 4\mathrm{e}^{-x}$
19. $f(x) = x^{-x}$
20. $f(x) = (x^2)^{1/x}$
(Keine Wendepunkte berechnen)
21. $f(x) = (x^2)^x$
(Keine Wendepunkte berechnen)
22. $f(x) = \dfrac{1 + \cos(x)}{1 - \cos(x)}, \quad 0 < x < 2\pi$
23. $f(x) = \mathrm{e}^{-x\mathrm{e}^x}$
(Keine Wendepunkte berechnen)
24. $f(x) = x^2 - 4x + 4\log(x + 1)$

4.11 Das Newton-Raphson-Verfahren

Satz 4.12 Es sei $f\colon [a,b] \to \mathbb{R}$ zweimal differenzierbar mit $f''(x)$ stetig und
1. $f(a)\cdot f(b) < 0$; 2. $f'(x) \neq 0$ und $f''(x) \neq 0$ für alle $x \in [a,b]$.

Sei $x_0 = a$ (wenn $f(a)f''(a) > 0$) und $x_0 = b$ (wenn $f(a)f''(a) < 0$). Dann ist (x_n) mit

$$x_n = x_{n-1} - \frac{f(x_{n-1})}{f'(x_{n-1})}$$

eine Folge, die montonon gegen die Nullstelle $c \in (a,b)$ von f konvergiert.

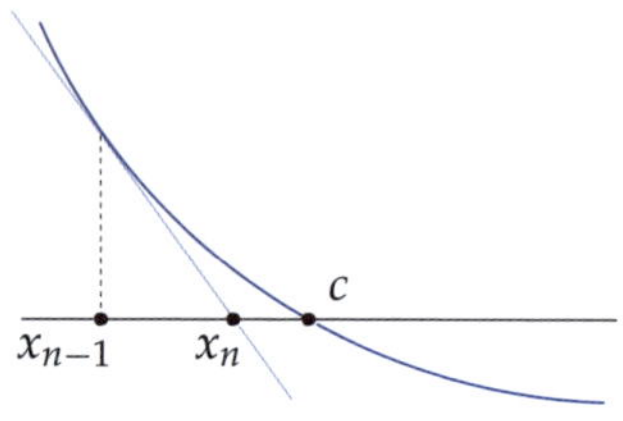

Ist m das Minimum von $|f'|$ und M das Maximum von $|f''|$ auf $[a,b]$, so gilt

$$0 \leq |x_n - c| \leq \frac{M}{2m}(x_n - x_{n-1})^2 .$$

Wir nehmen im Beweis an, dass $f(a) < 0, f'(x) > 0$ und $f''(x) > 0$ für alle $x \in (a,b)$. Nehmen wir an $x_{n-1} \in (c,b]$. Da f streng monoton wachsend ist, ist c die einzige Nullstelle in $[a,b]$, also $f(x_{n-1}) > 0$ und $x_n < x_{n-1}$. Wegen der Taylorformel und der Definition von x_n gibt es ein $\xi \in (a, x_{n-1})$ mit

$$f(x_n) = f(x_{n-1}) + f'(x_{n-1})(x_n - x_{n-1}) + \frac{1}{2}f''(\xi)(x_n - x_{n-1})^2 = \frac{1}{2}f''(\xi)(x_n - x_{n-1})^2 .$$

Es folgt $f(x_n) > 0$, $x_n > c$ und die fallende Folge (x_n) konvergiert. Weiterhin

$$f(x_n) < \frac{M}{2}(x_n - x_{n-1})^2 . \tag{4.2}$$

Wegen dem Mittelwertsatz und der Ungleichung (4.2) gibt es ein η mit

$$0 < x_n - c = \frac{f(x_n) - f(c)}{f'(\eta)} = \frac{f(x_n)}{f'(\eta)} \leq \frac{M}{2m}(x_n - x_{n-1})^2 . \tag{4.3}$$

Es folgt aus (4.3) und dem Einschließungssatz, dass $\lim\limits_{n\to\infty} x_n = c$. ■

Beispiel: Es sei $c \in (1/2, 1)$ und $f(x) = c - 1/x$. Dann ist $x_n = 2x_{n-1} - cx_{n-1}^2$ und eine Nullstelle ist $1/c$. Hier ist $m = 1$ und $M = 16$. In der nachfolgenden Tabelle ist $c = 0,67896$. Wir werden in jedem Schritt abrunden. Dies ist nicht schlimm, denn es bleibt $x_n < 1/c$ und wir dürfen den abgerundeten Wert als neuen Startwert nehmen. Diese Methode zur Berechnung von Kehrwerten ist im Rechner implementiert.

n	1	2	3	4	5
x_n	1,333	1,45	1,4728	1,47284081	1,472840815364675
$\frac{M}{2m}(x_n - x_{n-1})^2 \leq$	1,7	0,17	0,01	$3 \cdot 10^{-8}$	$5 \cdot 10^{-16}$

Aufgaben

Lösung

Benutzen Sie in den nachfolgenden Aufgaben ein Rechengerät.

Aufgabe 4.51 Finden Sie sechszehn Nachkommastellen der positiven Lösungen der Gleichung $x^3 - 3x^2 + 3 = 0$.

Aufgabe 4.52 Zeigen Sie, dass $x^3 + 3x + 1 = 0$ nur eine reelle Nullstelle hat, und benutzen Sie die Newtonsche Methode, um eine Annäherung dieser Nullstelle zu finden.

Aufgabe 4.53 Finden Sie eine Annäherung von $\sqrt[5]{10}$ mit Hilfe der Newtonschen Methode.

Aufgabe 4.54 Berechnen Sie mit Hilfe der Tangensfunktion sechs Nachkommastellen von π.

Aufgabe 4.55 Finden Sie sechs Nachkommastellen der Lösung der Gleichung $\cos(x) = x$.

Aufgabe 4.56 Versuchen Sie, mit Hilfe der Newtonschen Methode die Nullstelle von $(x-1)^{20}$ mit Startwert 2 anzunähern. Warum funktioniert das so schlecht?

Aufgabe 4.57 Wenden Sie die Newtonsche Methode für $f(x) = 3\sqrt[3]{x} - 2$ mit Startwert $x_0 = 2$ an. Zeichnen Sie ein Bild und erklären Sie, was passiert.

4.12 Implizites Differenzieren

Eine Funktion $F(x, y)$ definiert auf einer Menge $A \subset \mathbb{R}^2$, nennt man stetig in $(a, b) \in A$, wenn für jede Folge $(a_n, b_n) \in A$ mit Grenzwert (a, b) gilt, dass $\lim_{n\to\infty} F(a_n, b_n) = F(a, b)$. Genau wie in Satz 3.4 zeigt man, dass F stetig ist in (a, b), wenn es für jedes $\varepsilon > 0$ ein $\delta > 0$ gibt, so dass für alle $(x, y) \in A$ mit $d((x, y), (a, b)) < \delta$ gilt, dass $|F(x, y) - F(a, b)| < \varepsilon$.

Beispiel: Sind F, G stetige Funktionen in (a, b), so auch $F + G$ und $F \cdot G$. Es folgt, dass polynomiale Funktionen wie z. B. $F(x, y) = x^2 + y^3 - 4xy + 6$ stetige Funktionen auf ganz $\mathbb{R}^2$ sind.

Eine Menge $U \subset \mathbb{R}^2$ heißt offen, wenn es für alle $p \in U$ ein $\varepsilon > 0$ gibt, so dass für $d(p, q) < \varepsilon$ gilt, dass $q \in U$. Eine Funktion $F\colon U \to \mathbb{R}$ heißt in (a, b) partiell differenzierbar nach x, wenn die Funktion $g(h) = F(a + h, b)$ in $h = 0$ differenzierbar ist. Die Ableitung $g'(0)$ bezeichen wir mit $F_x(a, b)$ oder $\frac{\partial F}{\partial x}(a, b)$ und nennen sie die partielle Ableitung nach x in (a, b). Analog die partielle Ableitung nach y. Die Funktion F heißt stetig differenzierbar, wenn die partiellen Ableitungen nach x und nach y für alle $(a, b) \in U$ existieren und stetige Funktionen auf U sind.

Satz 4.13 Impliziter Funktionensatz. Es sei $F(x, y)$ stetig differenzierbar, $F(a, b) = 0$ mit $F_y(a, b) \neq 0$. Dann gibt es ein offenes Rechteck $R = (\alpha, \beta) \times (\gamma, \delta)$ mit $(a, b) \in \mathbb{R}$ und eine stetig differenzierbare Funktion $g\colon (\alpha, \beta) \to (\gamma, \delta)$, so dass für alle $(x, y) \in R$ gilt:

$F(x, y) = 0$ genau dann, wenn $y = g(x)$. Es gilt:

$$g'(x) = -\frac{F_x(a, b)}{F_y(a, b)}$$

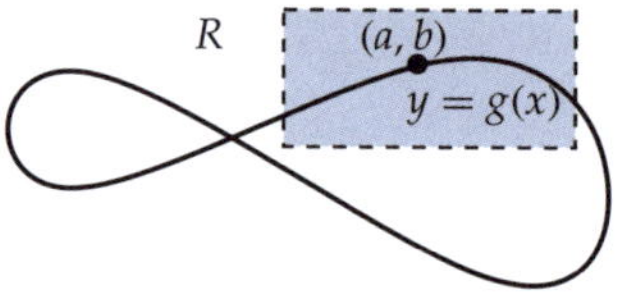

Oft wird folgender Notationstrick benutzt. Wenn $F(x, y) = 0$, so ist $0 = dF := F_x dx + F_y dy = 0$ und wir bekommen $g'(x) = \frac{dy}{dx} = -\frac{F_x}{F_y}$. Suchen Sie bitte nichts Tiefgründiges hierbei. Die Zahl $\frac{dy}{dx}(a)$ ist die Steigung der Tangente an der Kurve im Punkt (a, b).

Beispiel: Sei $F(x, y) = x^2 + y^2 - 1$. Für $y > 0$ ist $y = \sqrt{1 - x^2}$ und die Ableitung im Punkt (x, y) ist gleich $-\dfrac{2x}{2y} = -\dfrac{x}{\sqrt{1 - x^2}}$.

In diesem Fall können wir y nach x auflösen: $y = \pm\sqrt{1 - x^2}$ und direkt differenzieren, aber im Allgemeinen sind solche Gleichungen viel zu kompliziert. Mit dem impliziten Funktionensatz lässt sich jedoch leicht die Tangente berechnen.

Aufgaben

Lösung

Aufgabe 4.58 Berechnen Sie $\frac{\mathrm{d}y}{\mathrm{d}x}$ in den nachfolgenden Fällen.

1. $x^2 + 4y^2 = 1$
2. $\sqrt{x} + \sqrt{y} = 1$
3. $x^3 + xy - y^3 = 0$
4. $x\sin(y) - y\sin(x) = 1$
5. $y^2 + 2x(x^2 + y^2) - (x^2 + y^2)^2 = 0$
6. $\log(\sqrt{x^2 + y^2}) + \arctan\left(\frac{x}{y}\right)$

Aufgabe 4.59 Bestimmen Sie eine Gleichung der Tangente an der durch die Gleichung $f(x, y) = 0$ gegebenen Kurve im Punkt P.

1. $f(x, y) = y^2 - x^3$; $P = (1, 1)$
2. $f(x, y) = x^4 + 2xy^2 + y^2 - 4$; $P = (0, 2)$ und $P = (1, 1)$
3. $f(x, y) = x^2 + xy - y^3 - 7$; $P = (3, 2)$
4. $f(x, y) = 2e^x + y(x - 1) - y^2$; $P = (0, 1)$ und $P = (0, -2)$
5. $f(x, y) = (x^2 - 2y^2)^2 - 4y - 5$; $P = (1, -1)$
6. $(x, y) = 4\sin(x) + xy^2 - \pi$; $P = (\pi, 1)$

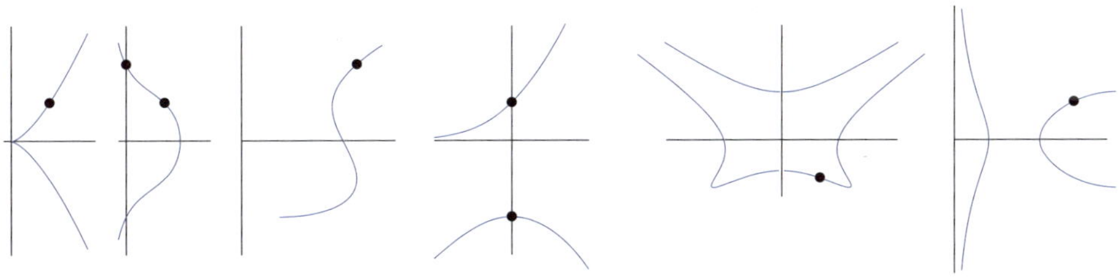

Aufgabe 4.60 Bestimmen Sie den Punkt im ersten Quadranten, wo die Tangente an der Kurve $x^3 - y^3 = 7$ die Steigung 4 hat.

Aufgabe 4.61 Bestimmen Sie den Punkt P der Kurve gegeben durch die Gleichung $y = e^{y-2x}$, so dass die Tangente an der Kurve in P senkrecht ist.

Beweis des impliziten Funktionensatzes

Lemma 4.14 Es sei $F(x, y)$ stetig differenzierbar im Punkt (a, b). Dann ist $g(t) := F(a + ct, b + dt)$ differenzierbar in $t = 0$ und $g'(0) = cF_x(a, b) + dF_y(a, b)$.

Nach dem Mittelwertsatz gibt es ein $\xi \in (0, ct)$, $\eta \in (0, td)$ mit

$$\begin{aligned} F(a+ct, b+dt) - F(a,b) &= F(a+ct,b) - F(a,b) + F(a+ct,b+dt) - F(a+ct,b) \\ &= ctF_x(a+\xi, b) + dtF_y(a+ct, b+\eta)\,. \end{aligned}$$

Teile durch t und bemerke, dass $\xi, \eta \to 0$, wenn $t \to 0$. ■

Beweis von Satz 4.13 Wir betrachten nur den Fall $F_y(a, b) > 0$. Sei $\varepsilon > 0$.

Wir wählen zunächst ein offenes Intervall $\widetilde{V}$ und ein $\varepsilon > 0$ so, dass $F_y(x, y) > 0$ für alle $(x, y) \in \widetilde{V} \times (b - \varepsilon, b + \varepsilon)$. Dies ist möglich, da F_y eine stetige Funktion ist. Weil $F_y(a, y) > 0$ ist, ist die Funktion $F(a, y)$ streng monoton wachsend. Weil $F(a, b) = 0$, folgt $F(a, b - \varepsilon) < 0$ und $F(a, b + \varepsilon) > 0$. Wegen Stetigkeit von F können wir ein offenes Intervall $V \subset \widetilde{V}$ finden, so dass für alle $x \in V$ gilt, $F(x, b - \varepsilon) < 0$ und $F(x, b + \varepsilon) > 0$. Ist $x \in V$ nun *fest*, so ist die Funktion $F(x, y)$ als Funktion von y streng monoton wachsend ($F_y(x, y) > 0$) und damit gibt es nach dem Zwischenwert genau einen Punkt y_0, nennen wir ihn $g(x)$, so dass $F(x, g(x)) = 0$. Damit haben wir die Funktion $g(x)$ gefunden, und wir haben gleich mitbewiesen, dass g stetig ist in a, weil $|g(x) - b| < \varepsilon$.

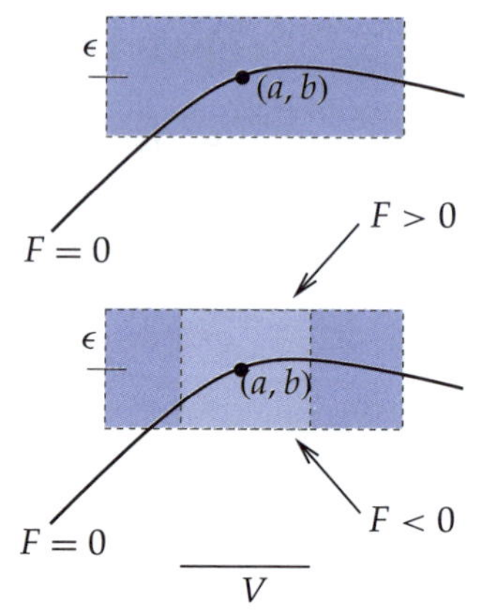

Wir müssen noch die Differenzierbarkeit von $g(x)$ zeigen.

Betrachte $h(t) = F(a + t(x - a), b + t(g(x) - b))$. Dann ist $h(0) = h(1) = 0$. Nach dem Satz von Rolle existiert ein $\xi \in (0, 1)$ (welches von x abhängt) mit

$$0 = (x-a)F_x(a + \xi(x-a), b + \xi(g(x)-b)) + (g(x)-b)F_y(a+\xi(x-a), b+\xi(g(x)-b))\,,$$

siehe Lemma 4.14. Weil $b = g(a)$, folgt:

$$\frac{g(x)-g(a)}{x-a} = -\frac{F_x(a+\xi(x-a), b+\xi(g(x)-b))}{F_y(a+\xi(x-a), b+\xi(g(x)-b))}\,.$$

Nimm nun den Grenzwert $x \to a$ und benutze, dass die Funktion g stetig in a ist. Beliebige $(x, y) \in V \times (b - \varepsilon, b + \varepsilon)$ können nun die Rolle von (a, b) übernehmen, also folgt, dass $g'(x)$ existiert und gleich $-\dfrac{F_x(x,y)}{F_y(x,y)}$ ist. ■

Reihen und Potenzreihen

5

ÜBERBLICK

LERNZIELE

- Konvergenz und Divergenz von Reihen
- Konvergenzkriterien: Leibniz-, Quotienten- und Wurzelkriterium
- Absolute Konvergenz: Umordnungssätze
- Potenzreihen und Konvergenzradius
- Differenzieren von Potenzreihen
- Potenzreihenentwicklungen der elementaren Funktionen

In diesem Kapitel geht es um die Addition

$$a_0 + a_1 + a_2 + a_3 + \cdots$$

unendlich vieler reellen Zahlen. Diese Addition ist nicht immer sinnvoll: Man benötigt einen Konvergenzbegriff. Wir betrachten dazu für jede natürliche Zahl n die Partialsummen

$$s_n := a_0 + a_1 + a_2 + \cdots + a_n$$

und sagen, dass $a_1 + a_2 + a_3 + \cdots$ konvergent ist genau dann, wenn die Folge der Partialsumme (s_n) konvergiert. Wir benutzen auch die Notation

$$a_1 + a_2 + a_3 + \cdots = \sum_{n=1}^{\infty} a_n := \lim_{n \to \infty} s_n .$$

Die wichtigste konvergente Reihe ist für $|x| < 1$ die **geometrische Reihe**

$$1 + x + x^2 + \cdots = \frac{1}{1-x} ,$$

welche man ganz elementar nachweisen kann. Der bekannteste Fall ist $x = 1/2$. Dann

$$1 + \frac{1}{2} + \frac{1}{4} + \frac{1}{8} + \cdots = 2 ,$$

was mit der binären Schreibweise der Zahlen offensichtlich ist. Für jedes $x \in \mathbb{R}$ sind die Zahlen $\sin(x)$, $\cos(x)$ und e^x als solche Reihen darstellbar. Diese Tatsachen beweisen wir mit Hilfe der Taylorschen Formel.

Es ist leicht einzusehen, dass für eine konvergente Reihe $a_0 + a_1 + a_2 + a_3 + \cdots$ gilt, dass (a_n) eine Nullfolge ist. Die Umkehrung ist falsch. So lässt sich zeigen, dass die **harmonische Reihe**

$$\frac{1}{1} + \frac{1}{2} + \frac{1}{3} + \cdots$$

nicht konvergent, also divergent ist. Tatsächlich ist es eine Kunst zu entscheiden, ob eine gegebene Reihe konvergent oder divergent ist: Die Summe zu „bestimmen“, ist im Allgemeinen nicht machbar.

Das erste Konvergenzkriterium, das wir betrachten, ist das **Leibnizkriterium**: Ist (a_n) eine monoton fallende Nullfolge (insbesondere $a_n \geq 0$), so ist

$$a_0 - a_1 + a_2 - a_3 + a_4 - \cdots$$

eine konvergente Reihe. Der Beweis ist nicht besonders schwer. Berühmte Beispiele sind

$$1 - \frac{1}{2} + \frac{1}{3} - \frac{1}{5} + \frac{1}{7} - \cdots \quad \text{und} \quad 1 - \frac{1}{3} + \frac{1}{5} - \frac{1}{7} + \frac{1}{9} - \cdots$$

Es wird sich in Satz 5.14 herausstellen, dass die erste Reihe gleich log(2), die zweite Reihe gleich $\frac{\pi}{4}$ ist.

Ist jedes a_n nicht negativ, so ist (s_n) monoton wachsend. Sind die Partialsummen überdies beschränkt, so folgt, dass die Folge der Partialsummen und deshalb $a_0 + a_1 + a_2 + a_3 + \cdots$ konvergent ist. Eine der gängigsten Methoden zu prüfen, ob die Partialsummen beschränkt sind, ist das Vergleichskriterium. Ist $0 \leq a_n \leq b_n$ und schon bekannt, dass $b_0 + b_1 + b_2 + \cdots$ konvergent ist, so ist auch $a_0 + a_1 + a_2 + \cdots$ konvergent.

Eine schlaue Anwendung dieses Prinzips auf den Fall, dass (b_n) die geometrische Reihe ist, liefert das sogenannte Quotienten- und Wurzelkriterium. Es liefert sogar die absolute Konvergenz der Reihe. Eine Reihe $a_0 + a_1 + a_2 + a_3 + \ldots$ heißt demnach **absolut konvergent**, wenn die Reihe

$$|a_0| + |a_1| + |a_2| + |a_3| + \cdots$$

konvergent ist. Absolute Reihen sind konvergent, jedoch sind konvergente Reihen im Allgemeinen nicht absolut konvergent. Reihen, die konvergent, aber nicht absolut konvergent sind, nennt man **bedingt konvergent**. Mit dem Quotientenkriterium lässt sich die (absolute) Konvergenz vieler Reihen nachweisen, das Wurzelkriterium ist in der Praxis weniger wichtig.

Absolut konvergente Reihen haben viel schönere Eigenschaften als bedingt konvergente Reihen. Eine dieser Eigenschaften ist der Umordnungssatz: Ist $\sigma : \mathbb{N}_0 \to \mathbb{N}_0$ eine Umordnung, so gilt:

$$a_0 + a_1 + a_2 + a_3 + \cdots = a_{\sigma(0)} + a_{\sigma(1)} + a_{\sigma(2)} + a_{\sigma(3)} + \cdots$$

Man könnte dies auch als „Kommutativgesetz" für absolut konvergente Reihen betrachten. Diese Aussage ist für bedingt konvergente Reihen **falsch**. Weiterhin gilt auch ein sogenannter „großer Umordnungssatz" für absolut konvergente Reihen: Ist $\sigma : \mathbb{N}_0 \to \mathbb{N}_0 \times \mathbb{N}_0$ eine Abzählung, so gilt:

$$\sum_{i=1}^{\infty} \sum_{j=0}^{\infty} a_{ij} = \sum_{n=0}^{\infty} a_{\sigma(n)} \, .$$

Hieraus leitet man für absolut konvergente Reihen ab, dass

$$\sum_{i=1}^{\infty} \sum_{j=0}^{\infty} a_{ij} = \sum_{j=1}^{\infty} \sum_{i=0}^{\infty} a_{ij} \, .$$

Weiter oben haben wir erwähnt, dass e^x als Reihe geschrieben werden kann. Tatsächlich gilt für jedes $x \in \mathbb{R}$:

$$e^x = 1 + \frac{1}{1!} + \frac{1}{2!} + \frac{1}{3!} + \frac{1}{4!} + \cdots$$

Allgemeiner nennt man Funktionen der Form

$$a_0 + a_1 x + a_2 x^2 + a_3 x^3 + \cdots$$

Potenzreihen. Eine Potenzreihe braucht natürlich nicht für jedes x zu konvergieren: Bei der geometrischen Reihe $1 + x + x^2 + \cdots$ hat man lediglich Konvergenz für $|x| < 1$.

Für allgemeine Potenzreihen $a_0 + a_1 x + a_2 x^2 + a_3 x^3 + \cdots$ hat man einen **Konvergenzradius** R. R hat die Eigenschaft, dass die Potenzreihe (absolut) konvergiert für $|x| < R$ und divergiert für $|x| > R$. Für $x = -R$ und $x = R$ kann keine allgemeine Aussage gemacht werden. Für die Potenzreihe von e^x ist dieser Konvergenzradius gleich ∞, für die geometrische Reihe ist er gleich 1. Der Konvergenzradius lässt sich oft mit dem Quotientenkriterium bestimmen.

Differenzieren von Potenzreihen ist einfach. Ist

$$f(x) = a_0 + a_1 x + a_2 x^2 + a_3 x^3 + \cdots$$

mit Konvergenzradius R, so ist f differenzierbar für $|x| < R$ und es gilt:

$$f'(x) = a_1 + 2a_1 x + 3a_3 x^2 + \cdots$$

Mit Hilfe dieser Tatsache lassen sich Potenzreihenentwicklungen verschiedener Funktionen einfach bestimmen. Zum Beispiel folgt aus der geometrischen Reihe (ersetze x durch $-x$)

$$\frac{1}{1+x} = 1 - x + x^2 - x^3 + \cdots$$

und $\log(1+x)' = \frac{1}{1+x}$, $\log(1) = 0$, die Logarithmusreihe für $|x| < 1$:

$$\log(1+x) = x - \frac{x^2}{2} + \frac{x^3}{3} - \frac{x^4}{4} + \cdots$$

Aus der bloßen Tatsache, dass die Funktion $f(x) = e^x$ die einzige Funktion ist mit $f'(x) = f(x)$ und $f(0) = 1$ folgt, dass

$$e^x = 1 + \frac{x}{1!} + \frac{x^2}{2!} + \frac{x^3}{3!} + \frac{x^4}{4!} + \cdots.$$

Ähnliche Aussagen gelten für die Sinus- und Cosinusfunktion.

Im letzten optionalen Paragraph zeigen wir mit Hilfe von Reihenentwicklungen, wie man schnell mit der Hand beliebige Logarithmen berechnen kann. Früher wurden mit diesen Tricks Logarithmentabellen erstellt. Mit ähnlichen Tricks wie hier vorgestellt werden auch heutzutage in Computeralgebrasystemen und Taschenrechnern Logarithmen berechnet.

5.1 Konvergenz von Reihen

Es sei (a_n) eine Folge reeller Zahlen. Die Folge (s_n) mit $s_n := \sum_{k=0}^{n} a_k$ der Partialsummen nennen wir Reihe und bezeichnen wir mit $\sum_{k=0}^{\infty} a_k$. Konvergiert die Folge der Partialsummen, so bezeichnen wir den Grenzwert ebenfalls mit $\sum_{k=0}^{\infty} a_k$. In diesem Fall nennen wir die Reihe konvergent, im anderen Fall divergent. Statt $\sum_{k=0}^{\infty} a_k$ schreiben wir oft $a_0 + a_1 + a_2 + a_3 + \cdots$
Wenn die Folge (a_n) bei $n = m$ anfängt, schreiben wir entsprechend $\sum_{k=m}^{\infty} a_k$.

Satz 5.1

1 $$\sum_{n=1}^{\infty} \frac{1}{n(n+1)} = \frac{1}{2} + \frac{1}{6} + \frac{1}{12} + \frac{1}{20} + \frac{1}{30} + \cdots = 1$$

2 Die **geometrische Reihe**: $1 + x + x^2 + x^3 + x^4 + \cdots = \frac{1}{1-x}$ für $-1 < x < 1$

3 $\mathrm{e}^x = 1 + \frac{x}{1!} + \frac{x^2}{2!} + \frac{x^3}{3!} + \cdots = \sum_{n=0}^{\infty} \frac{x^n}{n!}$

4 $\sin(x) = x - \frac{x^3}{3!} + \frac{x^5}{5!} - \frac{x^7}{7!} + \cdots = \sum_{n=0}^{\infty} (-1)^n \frac{x^{2n+1}}{(2n+1)!}$

5 $\cos(x) = 1 - \frac{x^2}{2!} + \frac{x^4}{4!} - \frac{x^6}{6!} + \cdots = \sum_{n=0}^{\infty} (-1)^n \frac{x^{2n}}{(2n)!}$

1 $s_N = \sum_{n=1}^{N} \frac{1}{n(n+1)} = \sum_{n=1}^{N} \left(\frac{1}{n} - \frac{1}{n+1}\right) = \left(1 - \frac{1}{2}\right) 1 - \frac{1}{N+1}$, es folgt $\lim_{N\to\infty} s_N = 1$.

2 Ist $-1 < x < 1$, so gilt $(1-x)(1 + x + x^2 + x^3 + x^4 + \cdots + x^n) = 1 - x^{n+1}$. Es folgt $s_n = \frac{1 - x^{n+1}}{1-x}$. Weil $|x| < 1$, ist $\lim_{n\to\infty} x^{n+1} = 0$ und daher $\lim_{n\to\infty} s_n = 1/(1-x)$.

3 Ist s_n die n'-te Partialsumme, so folgt aus der Taylorformel, dass $\mathrm{e}^x - s_n = \mathrm{e}^{\xi} \cdot \frac{x^{n+1}}{(n+1)!}$ für ein ξ zwischen 0 und x, welches von n abhängt. Da $0 \leq \mathrm{e}^{\xi} < \mathrm{e}^{|x|}$, müssen wir nur zeigen, dass $\lim_{n\to\infty} \frac{x^{n+1}}{(n+1)!} = 0$. Dies ist gezeigt in Aufgabe 3.3.

4 und 5 Für Sinus und Cosinus gehen die Argumente analog. ■

Folgender Satz folgt aus den entsprechenden Rechenregeln für konvergente Folgen.

Satz 5.2 Sind $\sum_{n=0}^{\infty} a_n$ und $\sum_{n=0}^{\infty} b_n$ konvergente Reihen, $c \in \mathbb{R}$, dann sind auch

$$\sum_{n=0}^{\infty} (a_n + b_n) = \sum_{n=0}^{\infty} a_n + \sum_{n=0}^{\infty} b_n \quad \text{und} \quad \sum_{n=0}^{\infty} c a_n = c \cdot \sum_{n=0}^{\infty} a_n$$

konvergent.

Aufgaben

Lösung

Aufgabe 5.1 Sei $p \in \mathbb{N}$. Zeigen Sie: Die Reihe $\sum_{k=0}^{\infty} a_k$ ist konvergent genau dann, wenn $\sum_{k=p}^{\infty} a_k$ konvergent ist.

Aufgabe 5.2 Berechnen Sie:

1. $1 + \frac{1}{2} + \frac{1}{4} + \frac{1}{8} + \cdots$
2. $1 + \frac{1}{3} + \frac{1}{9} + \frac{1}{27} + \cdots$
3. $1 + \frac{1}{10} + \frac{1}{100} + \frac{1}{1000} + \cdots$
4. $1 + \frac{4}{9} + \frac{16}{81} + \frac{64}{729} + \cdots .$
5. $\sum\limits_{n=0}^{\infty} \frac{1}{(n+1)(n+3)}$
6. $\sum\limits_{n=1}^{\infty} \frac{2n+1}{(n+1)^2 n^2}$

Aufgabe 5.3 Zeigen Sie:

1. $\frac{1}{1+x} = 1 - x + x^2 - x^3 + \cdots \quad (-1 < x < 1)$
2. $\frac{1}{1+x^2} = 1 - x^2 + x^4 - x^6 + \cdots \quad (-1 < x < 1)$
3. $\frac{\sin(x)}{x} = 1 - \frac{x^2}{3!} + \frac{x^4}{5!} - \frac{x^6}{7!} + \cdots \quad (x \neq 0)$
4. $\cos^2(x) = 1 - x^2 + \frac{1}{3}x^4 - \frac{2}{45}x^6 + \frac{1}{315}x^8 - \cdots \quad (x \in \mathbb{R})$

Aufgabe 5.4 Sei $\alpha \neq 0, -1, -2, \ldots$ und $p \in \mathbb{N}$. Zeigen Sie:

1. $\sum\limits_{n=0}^{\infty} \frac{1}{(\alpha+n)(\alpha+n+1)} = \frac{1}{\alpha}$
2. $\sum_{n=0}^{\infty} \frac{1}{(\alpha+n)(\alpha+n+1)\ldots(\alpha+n+p)} = \frac{1}{p} \cdot \frac{1}{\alpha(\alpha+1)\ldots(\alpha+p-1)}$

   Tipp: $\frac{1}{(\alpha+n)\ldots(\alpha+n+p-1)} - \frac{1}{(\alpha+n+1)\ldots(\alpha+n+p)} = \frac{p}{(\alpha+n)\ldots(\alpha+n+p)}$
3. $\sum_{n=0}^{\infty} \frac{1}{(n+\alpha+1)(n+\alpha+2)\ldots(n+2\alpha+1)} = \frac{1}{\alpha(\alpha+1)\ldots(2\alpha)}$

Aufgabe 5.5 Zeigen Sie, dass $\sum_{n=1}^{\infty} \log(1 + 1/n)$ divergent ist.

5.2 Vergleichskriterium

Satz 5.3 Ist $\sum_{n=0}^{\infty} a_n$ eine konvergente Reihe, dann ist (a_n) eine Nullfolge.

Mit der Folge der Partialsummen (s_n) ist auch (s_{n-1}) konvergent mit dem gleichen Grenzwert. Es folgt $0 = \lim_{n\to\infty} s_n - \lim_{n\to\infty} s_{n-1} = \lim_{n\to\infty} a_n$. ■

Die Bedingung $\lim_{n\to\infty} a_n = 0$ reicht nicht aus für die Konvergenz von $\sum_{n=0}^{\infty} a_n$. Das einfachste Gegenbeispiel ist $\sum_{n=1}^{\infty} \frac{1}{\sqrt{n}}$, siehe Aufgabe 3.11, aber das berühmteste ist die **harmonische Reihe**, gegeben durch $\sum_{n=1}^{\infty} \frac{1}{n}$: Die Folge der Partialsummen wächst gegen ∞:

$$1+\frac{1}{2}+\underbrace{\frac{1}{3}+\frac{1}{4}}_{\geq\frac{1}{2}}+\underbrace{\frac{1}{5}+\frac{1}{6}+\frac{1}{7}+\frac{1}{8}}_{\geq\frac{1}{2}}+\underbrace{\frac{1}{9}+\frac{1}{10}+\frac{1}{11}+\frac{1}{12}+\frac{1}{13}+\frac{1}{14}+\frac{1}{15}+\frac{1}{16}}_{\geq\frac{1}{2}}+\cdots$$

$$\geq 1+\frac{1}{2}+\frac{1}{2}+\frac{1}{2}+\cdots$$

Satz 5.4 (Vergleichskriterium) Es seien a_n und b_n **nicht negative** reelle Zahlen mit $a_n \leq b_n$ für fast alle n.

1. Ist $\sum_{n=0}^{\infty} b_n$ konvergent, so ist auch $\sum_{n=0}^{\infty} a_n$ konvergent.

   Ist $a_n \leq b_n$ für alle n, so ist $\sum_{n=0}^{\infty} a_n \leq \sum_{n=0}^{\infty} b_n$.
2. Ist $\sum_{n=0}^{\infty} a_n$ divergent, so ist auch $\sum_{n=0}^{\infty} b_n$ divergent.

1. Es sei $a_n \leq b_n$ für alle $n > N$. Die Partialsummen $s_n = \sum_{k=0}^{n} a_k$ bilden eine wachsende Folge, beschränkt durch $s_N + \sum_{k=N+1}^{\infty} b_k < \infty$. Die Folge (s_n) ist also sicherlich konvergent und der Grenzwert ist kleiner als $s_N + \sum_{k=N+1}^{\infty} b_k$. Wenn $N = -1$ genommen werden kann, so folgt $\sum_{n=0}^{\infty} a_n \leq \sum_{n=0}^{\infty} b_n$.
2. Die zweite Aussage folgt sofort aus der ersten. ■

Beispiel: Weil $\frac{1}{n^2} \leq \frac{2}{n(n+1)}$ für alle n, folgt $\sum_{n=1}^{\infty} \frac{1}{n^2} < 2$. Der Wert ist $\pi^2/6$, wie wir später sehen werden.

Aufgaben

Lösung

Aufgabe 5.6 Zeigen Sie:

1. Ist $a_n, b_n > 0$, existiert $\lim_{n\to\infty} \frac{a_n}{b_n}$, und ist $\sum\limits_{n=0}^{\infty} b_n$ konvergent, so auch $\sum_{n=0}^{\infty} a_n$.
   Tipp: Vergleichskriterium
2. Ist $a_n, b_n > 0$, existiert $\lim_{n\to\infty} \frac{a_n}{b_n} = L \neq 0$, so ist $\sum_{n=0}^{\infty} a_n$ konvergent genau dann, wenn $\sum_{n=0}^{\infty} b_n$ konvergent ist.
3. Ist $a_n > 0$ und $\lim_{n\to\infty} na_n = L > 0$, dann ist $\sum_{n=0}^{\infty} a_n$ divergent.

Aufgabe 5.7 Untersuchen Sie die Konvergenz der nachfolgenden Reihen.

1. $\sum\limits_{n=0}^{\infty} \frac{1}{10n}$ 2. $\sum\limits_{n=1}^{\infty} \sin(1/n)$ 3. $\sum\limits_{n=1}^{\infty} \sin(1/n^2)$

4. $\sum\limits_{n=1}^{\infty} \sin^2(1/n)$ 5. $\sum\limits_{n=1}^{\infty} \sin(\pi/\sqrt{n})$ 6. $\sum\limits_{n=1}^{\infty} (1-\cos(1/n))$

7. $\sum\limits_{n=1}^{\infty} \frac{1}{(2n+3)^2}$ 8. $\sum\limits_{n=1}^{\infty} \frac{4}{n^2-n+1}$ 9. $\sum\limits_{n=1}^{\infty} \left(e^{1/n^2}-1\right)$

Aufgabe 5.8 Zeigen Sie das **Verdichtungskriterium**:

Es sei (a_n) eine monoton fallende Folge positiver reeller Zahlen. Dann sind folgende Reihen beide konvergent oder beide divergent:

$$\sum_{n=1}^{\infty} a_n = a_1 + a_2 + a_3 + a_4 + \cdots \text{ und}$$

$$a_1 + 2a_2 + 4a_4 + 8a_8 + \cdots = \sum_{n=0}^{\infty} 2^n a_{2^n}$$

Tipp: Betrachten Sie den Beweis für die Tatsache, dass die harmonische Reihe $\sum_{n=1}^{\infty} \frac{1}{n}$ divergent ist.

Aufgabe 5.9 Benutzen Sie die letzte Aufgabe, um zu zeigen, dass $\sum_{n=1}^{\infty} \frac{1}{n^{\alpha}}$ konvergent ist genau dann, wenn $\alpha > 1$.
Tipp: geometrische Reihe. Später geben wir einen anderen Beweis mit dem „Integralkriterium", siehe Satz 7.15 auf Seite 188.

Aufgabe 5.10 Es sei $\zeta(2) := \sum\limits_{n=1}^{\infty} \frac{1}{n^2}$. Zeigen Sie:

$$1 + \frac{1}{3^2} + \frac{1}{5^2} + \frac{1}{7^2} + \ldots = \frac{3}{4}\zeta(2)\,.$$

5.3 Leibniz-Kriterium

Satz 5.5 (Leibniz-Kriterium) Es sei (a_n) eine monoton fallende Nullfolge reeller Zahlen. Dann konvergiert die Reihe

$$\sum_{n=1}^{\infty}(-1)^{n+1}a_n = a_1 - a_2 + a_3 - a_4 + a_5 - a_6 + \cdots =: S\,.$$

Der Fehler ist höchstens so groß wie der erste Term in der Reihe, welchen wir weglassen, d. h. mit $S = \sum\limits_{n=1}^{\infty}(-1)^{n+1}a_n$ gilt:

$$0 \leq S - \sum_{k=0}^{2n} a_k \leq a_{2n+1}\,, \quad -a_{2n} \leq S - \sum_{k=0}^{2n-1} a_k \leq 0\,.$$

Für die Partialsummen gilt:

$$s_{2n} = (a_1 - a_2) + (a_3 - a_4) + \cdots + (a_{2n-1} - a_{2n})$$

Wegen $a_{2n-1} - a_{2n} > 0$ ist s_{2n} eine monoton wachsende Folge. Aber auch

$$s_{2n} = a_1 - (a_2 - a_3) + \cdots + (a_{2n-2} - a_{2n-1}) - a_{2n}$$

woraus ersichtlich ist, dass $s_{2n} < a_1$. Somit existiert $\lim_{n\to\infty} s_{2n} := S$. Genauso zeigt man, dass

$$s_{2n+1} = a_1 - (a_2 - a_3) + \cdots + (a_{2n-2} - a_{2n-1}) - (a_{2n} - a_{2n+1})$$

eine monoton wachsende Folge ist mit $\lim_{n\to\infty}(s_{2n+1} - s_{2n}) = \lim_{n\to\infty} a_n = 0$, also existiert $S = \lim_{n\to\infty} s_n$. Weil für jedes n gilt

$$s_{2n} \leq S \leq s_{2n+1} \text{ und } s_{2n+2} \leq S \leq s_{2n+1}$$

folgt die Aussage über den Fehler. ∎

Beispiel:

1. $1 - \frac{1}{2} + \frac{1}{3} - \frac{1}{4} + \frac{1}{5} - \cdots$ ist konvergent.
   Wir werden später sehen, dass diese Reihe gleich log(2) ist. Weil $1/n$ langsam nach Null konvergiert, braucht man viele Terme, um eine gute Annäherung zu bekommen.
2. $1 - \frac{1}{3} + \frac{1}{5} - \frac{1}{7} + \frac{1}{9} - \cdots$ ist konvergent.
   Wir werden später sehen, dass diese Reihe gleich $\frac{\pi}{4}$ ist.

Aufgaben

Aufgabe 5.11 Bestimmen Sie eine Nullfolge (a_n) mit $a_n \geq 0$, so dass $\sum_{n=1}^{\infty}(-1)^n a_n$ divergiert. Die Bedingung **monoton** fallend in dem Leibniz-Kriterium ist deshalb nicht überflüssig. Tipp: Betrachten Sie die geraden und ungeraden Terme separat. Lösung

Aufgabe 5.12

1. Wie groß sollte man N nehmen, so dass die Partialsumme s_N von $\sum_{n=1}^{\infty}(-1)^n \frac{1}{n}$ weniger als 10^{-2} abweicht.
2. Berechnen Sie $\sum_{n=1}^{\infty}(-1)^{n+1} \dfrac{n}{n^4+1}$ bis auf zwei Nachkommastellen.
3. Berechnen Sie $\mathrm{e}^{-1} = \sum_{n=1}^{\infty}(-1)^n \dfrac{1}{n!}$ mit einem Fehler von höchstens $5 \cdot 10^{-6}$.
4. Berechnen Sie $\cos(1)$ mit einem Fehler von höchstens $5 \cdot 10^{-6}$.

Aufgabe 5.13 Untersuchen Sie die Konvergenz der nachfolgenden Reihen.

1. $\sum\limits_{n=1}^{\infty} \dfrac{(-1)^n}{2+n}$
2. $\sum\limits_{n=2}^{\infty} \dfrac{(-1)^n}{n+\frac{(-1)^n}{n}}$
3. $\sum\limits_{n=2}^{\infty} \dfrac{(-1)^n}{\sqrt{n}+(-1)^n}$
4. $\sum\limits_{n=1}^{\infty} \dfrac{(-1)^n n}{(n+1)!}$
5. $\sum\limits_{n=1}^{\infty} (-1)^n \dfrac{\log(n)}{n}$
6. $\sum\limits_{n=1}^{\infty} \arcsin\left((-1)^n/n\right)$
7. $\sum\limits_{n=1}^{\infty} \dfrac{(-1)^{n+1}}{\sqrt{n+3}}$
8. $\sum\limits_{n=2}^{\infty} (-1)^n \dfrac{\log(\log(n))}{\log(n)}$
9. $\sum\limits_{n=1}^{\infty} \dfrac{(-1)^n \cdot n!}{3 \cdot 5 \cdots (2n+1)}$
10. $\sum\limits_{n=1}^{\infty} \dfrac{(-1)^n}{\sqrt[n]{n}}$
11. $\sum\limits_{n=1}^{\infty} (-1)^n \dfrac{\sqrt[n]{n}}{n}$
12. $\sum\limits_{n=1}^{\infty} (-1)^n \dfrac{\log(2n-1)-\log(n)}{\sqrt{n}}$

Aufgabe 5.14 Zeigen Sie, dass e^{-1}, insbesondere e, nicht rational ist.
Tipp: Ist $\mathrm{e}^{-1} = p/q$, so betrachte $q!\left(\frac{1}{2!} - \frac{1}{3!} + \cdots + (-1)^q \frac{1}{q!}\right)$.

Aufgabe 5.15 Es sei (a_n) eine monoton fallende Nullfolge und $S = \sum_{n=1}^{\infty}(-1)^{n+1} a_n$. Zeigen Sie, dass $S = \dfrac{1}{2}a_1 + \dfrac{1}{2}\sum_{n=1}^{\infty}(-1)^{n+1}(a_n - a_{n+1})$. Wenden Sie diese Idee für die harmonische Reihe an. Wie gut ist die Annäherung

$$\frac{1}{2}a_1 + \frac{1}{2}\sum_{n=1}^{10}(-1)^{n+1}\left(a_n - a_{n+1}\right)$$

für $(a_n) = 1/n$?

5.4 Quotienten- und Wurzelkriterium

Eine Reihe $\sum_{n=0}^{\infty} a_n$ heißt **absolut konvergent**, falls $\sum_{n=0}^{\infty} |a_n|$ konvergent ist. Eine Reihe, die konvergent, aber nicht absolut konvergent ist, nennen wir eine **bedingt konvergente** Reihe.

Wir benutzen im Folgenden die Notation $a^+ := \max\{a, 0\}$ und $a^- := -\min\{a, 0\}$. Wir haben die offensichtlichen Formeln $a = a^+ - a^-$ und $|a| = a^+ + a^-$.

Satz 5.6 Absolut konvergente Reihen sind konvergent. Die Reihe $\sum_{n=0}^{\infty} a_n$ ist absolut konvergent genau dann, wenn $\sum_{n=0}^{\infty} a_n^+$ und $\sum_{n=0}^{\infty} a_n^-$ konvergent sind.

Ist $\sum_{n=0}^{\infty} |a_n|$ konvergent, so folgt aus dem Vergleichskriterium (Satz 5.4), dass $\sum_{n=0}^{\infty} a_n^+$ und $\sum_{n=0}^{\infty} a_n^-$ konvergent sind. Deshalb ist auch die Differenz $\sum_{n=0}^{\infty} a_n$ konvergiert. Sind umgekehrt $\sum_{n=0}^{\infty} a_n^+$ und $\sum_{n=0}^{\infty} a_n^-$ konvergent, so ist auch die Summe $\sum_{n=0}^{\infty} |a_n|$ konvergent. ■

Satz 5.7 Es sei (a_n) eine Folge.

1. **(Quotientenkriterium)** Es existiere der Grenzwert $A := \lim_{n\to\infty} \left|\frac{a_{n+1}}{a_n}\right|$. Ist $A < 1$, so konvergiert $\sum_{n=0}^{\infty} a_n$ absolut. Ist $A > 1$, so divergiert $\sum_{n=0}^{\infty} a_n$.
2. **(Wurzelkriterium)** Ist $\limsup \sqrt[n]{|a_n|} < 1$, so ist $\sum_{n=0}^{\infty} a_n$ absolut konvergent, ist $\limsup \sqrt[n]{|a_n|} > 1$, so ist $\sum_{n=1}^{\infty} a_n$ divergent.

Ist $|a_{n+1}/a_n| < q < 1$ für alle $n \geq N$, so folgt $|a_{N+j}| \leq q^j |a_N|$ und deshalb:

$$\sum_{k=N}^{\infty} |a_k| \leq |a_N| + q|a_N| + q^2|a_n| + \cdots = \left(|a_N|(1 + q + q^2 + \cdots)\right)$$

Die rechte Seite konvergiert (geometrische Reihe). Somit konvergiert $\sum_{k=N}^{\infty} a_n$ absolut und damit ist auch $\sum_{k=0}^{\infty} a_n$ absolut konvergent. Ist $\lim_{n\to\infty} |a_{n+1}/a_n| > 1$, dann

$\lim_{n\to\infty} a_n \neq 0$ und die Reihe divergiert.

Ist $\limsup \sqrt[n]{|a_n|} < 1$, dann ist $\sqrt[n]{|a_n|} < q < 1$ für n hinreichend groß und $|a_n| < q^n$ folgt. Wir können mit der geometrischen Reihe abschätzen. Ist $\limsup \sqrt[n]{|a_n|} > 1$, so ist (a_n) keine Nullfolge, also $\sum_{n=0}^{\infty} a_n$ divergent. ■

Beide Kriterien lassen den Fall, dass der Grenzwert gleich 1 ist, außer Betracht. Tatsächlich helfen uns in diesem Fall diese Kriterien nicht weiter, siehe Aufgabe 5.17.

Aufgaben

Lösung

Aufgabe 5.16 Untersuchen Sie die Konvergenz und die absolute Konvergenz der nachfolgenden Reihen:

1. $\sum_{n=1}^{\infty}(-1)^{n+1}\frac{1}{n}$
2. $\sum_{n=1}^{\infty}(-1)^{n+1}\frac{1}{n^2}$
3. $\sum_{n=1}^{\infty}(-1)^{n}/\sqrt{n}$
4. $\sum_{n=1}^{\infty}\frac{(-1)^{n}n}{(n+1)!}$

Aufgabe 5.17 Betrachte $a_n = 1/n$ und $b_n = 1/n^2$. Zeigen Sie, dass $\limsup \sqrt[n]{a_n} = \limsup \sqrt[n]{b_n} = 1$, $\lim_{n\to\infty} a_{n+1}/a_n = \lim_{n\to\infty} b_{n+1}/b_n = 1$. Die Reihe $\sum a_n$ divergiert, die Reihe $\sum b_n$ konvergiert.

Dies zeigt, dass sowohl das Wurzel- als auch das Quotientkriterium in dem Fall, dass der Grenzwert 1 ist, keinen Aufschluss geben können.

Aufgabe 5.18 Untersuchen Sie die Konvergenz der nachfolgenden Reihen:

1. $\sum_{n=1}^{\infty}\frac{n!}{n^n}$
2. $\sum_{n=1}^{\infty}\frac{1}{n!}$
3. $\sum_{n=1}^{\infty}(-1)^n\frac{x^{2n+1}}{(2n+1)!}$
4. $\sum_{n=1}^{\infty}\frac{1}{n2^n}$
5. $\sum_{n=1}^{\infty}\frac{n}{2^n}$
6. $\sum_{n=1}^{\infty}\frac{n^2}{3^n}$
7. $\sum_{n=2}^{\infty}\frac{1}{\log(n)^{\alpha}}, \quad \alpha > 0$
8. $\sum_{n=2}^{\infty}\frac{\log(n)^2}{(\log(3))^n}$
9. $\sum_{n=2}^{\infty}\frac{1}{(\log(n))^{\log(n)}}$
10. $\sum_{n=1}^{\infty}\frac{x^n}{n!}$
11. $\sum_{n=1}^{\infty}\left(\frac{n}{n+1}\right)^{n^2}$
12. $\sum_{n=1}^{\infty}\frac{n!}{5^n}$
13. $\sum_{n=1}^{\infty}2^{-n+\log(n)}$
14. $\sum_{n=1}^{\infty}\frac{n(n+1)}{3^n}$
15. $\sum_{n=1}^{\infty}(n^2-2n)\mathrm{e}^{-n}$

Aufgabe 5.19 Sei $0 < a < b < 1$. Zeigen Sie direkt, dass die Reihe

$$a + b + a^2 + b^2 + a^3 + b^3 + \cdots$$

konvergiert. Wenden Sie dann das Quotientenkriterium und das Wurzelkriterium an.

Aufgabe 5.20 Das Wurzelkriterium ist stärker als das Quotientenkriterium (obwohl Letzteres einfacher anwendbar ist). Zeigen Sie dazu die nachfolgende Aussage.

Ist $a_n > 0$ für jedes n und $\lim_{n\to\infty}\frac{a_{n+1}}{a_n} = L$, so ist auch $\lim_{n\to\infty}\sqrt[n]{a_n} = L$.

Tipp: Für $L > 0$, sei $\varepsilon > 0$ betrachte m so, dass $L - \varepsilon < \frac{a_{n+1}}{a_n} < L + \varepsilon$ für alle $n \geq m$. Betrachten Sie a_n/a_m und verwenden Sie, dass $\lim_{n\to\infty}\sqrt[n]{a} = 1$ für jedes $a > 0$.

5.5 Die Umordnungssätze

Satz 5.8 (Umordnungssatz) Es sei $\sigma : \mathbb{N}_0 \to \mathbb{N}_0$ eine Umordnung. Ist $\sum_{i=0}^{\infty} a_i$ absolut konvergent, so ist auch die umgeordnete Reihe $\sum_{i=0}^{\infty} a_{\sigma(i)}$ absolut konvergent und die Werte sind gleich: $\sum_{i=0}^{\infty} a_i = \sum_{i=0}^{\infty} a_{\sigma(i)}$.

Ist $\sum_{i=0} a_i$ konvergent, aber nicht absolut konvergent, so ist diese Aussage falsch. Nach Riemann kann man dann zu jedem beliebigen Wert A eine Umordnung σ finden, so dass $\sum_{n=0}^{\infty} a_{\sigma(n)} = A$ ist, siehe Aufgabe 5.25.

Sei $a_{ij} \in \mathbb{R}$. Eine Reihe $\sum_{i=0}^{\infty} \sum_{j=0}^{\infty} a_{ij}$ nennen wir eine Doppelreihe. Wir nennen sie konvergent, wenn $\sum_{j=0}^{\infty} a_{ij}$ für jedes i konvergent ist, und $\sum_{i=0}^{\infty} \left(\sum_{j=0}^{\infty} a_{ij}\right)$ konvergiert. Auf ähnliche Weise definieren wir absolute Konvergenz.

Satz 5.9 (Großer Umordnungssatz) Sei σ eine Abzählung von $\mathbb{N}_0 \times \mathbb{N}_0$.

Die Doppelreihe $\sum_{i=0}^{\infty} \sum_{j=0}^{\infty} a_{ij}$ konvergiert absolut genau dann, wenn $\sum_{n=0}^{\infty} a_{\sigma(n)}$ absolut konvergiert. Die Werte sind dann gleich: $\sum_{i=0}^{\infty} a_{ij} = \sum_{n=0}^{\infty} a_{\sigma(n)}$.

Insbesondere dürfen wir bei absolut konvergenten Doppelreihen die Reihenordnung der Summation vertauschen:

$$\sum_{i=0}^{\infty} \sum_{j=0}^{\infty} a_{ij} = \sum_{j=0}^{\infty} \sum_{i=0}^{\infty} a_{ij} .$$

Satz 5.10 Sind $\sum_{i=1}^{\infty} a_i$ und $\sum_{j=1}^{\infty} b_j$ absolut konvergent, so auch das **Cauchyprodukt** $\sum_{n=0}^{\infty} \sum_{i+j=n} a_i b_j$ und es gilt

$$\sum_{n=0}^{\infty} \sum_{i+j=n} a_i b_j = \sum_{i=1}^{\infty} a_i \cdot \sum_{j=1}^{\infty} b_j .$$

Es sei $\sigma : \mathbb{N}_0 \to \mathbb{N}_0 \times \mathbb{N}_0$ die Abzählung aus dem Beweis von Satz 1.13 und $c_{ij} := a_i \cdot b_j$. Nach Definition ist $\sum_{n=0}^{\infty} c_{\sigma(n)}$ gleich dem Cauchy-Produkt und wegen des großen Umordnungssatzes:

$$\sum_{n=0}^{\infty} \sum_{i=0}^{n} a_i b_{n-i} = \sum_{n=0}^{\infty} c_{\sigma(n)} = \sum_{j=0}^{\infty} \left(\sum_{i=0}^{\infty} a_i b_j \right) = \sum_{j=0}^{\infty} \left(b_j \sum_{i=0}^{\infty} a_i \right) = \sum_{i=0}^{\infty} a_i \cdot \sum_{j=0}^{\infty} b_j$$

■

Aufgaben

Lösung

Aufgabe 5.21

1. Zeigen Sie: Für $-1 < x < 1$ ist $\sum_{n=0}^{\infty}(n+1)x^n = \dfrac{1}{(1-x)^2}$.

2. Finden Sie eine ähnliche Formel für $\dfrac{1}{(1-x)^3}$.

Aufgabe 5.22 Kontrollieren Sie die Formel $\mathrm{e}^{x+y} = \mathrm{e}^x \cdot \mathrm{e}^y$ und $\sin(x+y) = \sin(x)\cos(y) + \cos(x)\sin(y)$ durch Anwendung des Cauchyprodukts.

Aufgabe 5.23 Zeigen Sie, dass $\sum_{n=1}^{\infty}(-1)^n \frac{1}{\sqrt{n}}$ konvergiert, jedoch das Cauchyprodukt dieser Reihe mit sich selbst nicht.

Aufgabe 5.24 Sei S die Summe der Reihe $1 - \dfrac{1}{2} + \dfrac{1}{3} - \dfrac{1}{4} + \cdots$. Zeigen Sie:

$$\frac{3}{2}S = 1 + \frac{1}{3} - \frac{1}{2} + \frac{1}{5} + \frac{1}{7} - \frac{1}{4} + \frac{1}{9} + \frac{1}{11} - \frac{1}{6}\,.$$

(Jeweils zwei positive wechseln sich mit einer negativen ab.) Der Umordnungssatz ist deshalb für nicht absolut konvergente Reihen falsch.
Tipp: Betrachte die Reihe für $S/2$, setze an der Hälfte der Stellen Nullen und addiere die Reihen für S und $S/2$.

Aufgabe 5.25 (Riemann) Es sei $\sum_{n=0}^{\infty} a_n$ eine konvergente, aber nicht absolut konvergente Reihe. Sei L eine reelle Zahl oder $\pm\infty$. Zeigen Sie, dass eine Umordnung σ von $\mathbb{N}_0$ existiert, so dass $\sum_{n=0}^{\infty} a_{\sigma(n)} = L$.

Aufgabe 5.26 Sei $b_n := \dfrac{a_0 + 2a_1 + \cdots + 2^n a_n}{2^{n+1}}$ und die Reihe $\sum_{n=0}^{\infty} a_n$ sei absolut konvergent. Zeigen Sie, dass $\sum_{n=0}^{\infty} a_n = \sum_{n=0}^{\infty} b_n$.

Aufgabe 5.27 Für $k \geq 2$ sei $\zeta(k) := \sum_{n=1}^{\infty} \frac{1}{n^k}$. Zeigen Sie, dass $\sum_{k=2}^{\infty}(\zeta(k) - 1) = 1$.

Aufgabe 5.28 Es sei

$$a_{jk} := \frac{(j-1)!}{k \cdot (k+1) \ldots (k+j)} \text{ für } j < k\,, \quad a_{kk} := \frac{(k-1)!}{k^2(k+1)\ldots(2k-1)}\,, \quad a_{jk} := 0 \text{ für } j > k\,.$$

Es gilt:

$$\sum_{j=1}^{k} a_{jk} = \sum_{j=1}^{\infty} a_{jk} = \frac{1}{k^2}\,, \quad \text{Aufgabe 1.12}\,, \qquad \sum_{k=j+1}^{\infty} a_{jk} = \frac{(j-1)!}{j(j+1)\ldots(2j)}\,, \text{Aufgabe 5.4}\,.$$

Zeigen Sie mit Hilfe des großen Umordnungssatzes:

$$\sum_{k=1}^{\infty} \frac{1}{k^2} = 3 \cdot \sum_{j=1}^{\infty} \frac{(j-1)!^2}{(2j)!}\,.$$

Beweis der Umordnungssätze

Beweis von Satz 5.8 (Umordnungssatz) Wir beweisen diesen Umordnungssatz zunächst für den Fall, dass alle a_i nicht negativ sind, d. h. $a_i = a_i^+$. Es sei $A := \sum_{i=0}^{\infty} a_i$ und $\varepsilon > 0$. Dann gibt es ein N mit

$$A - \varepsilon < a_0 + a_1 + \cdots + a_n < A$$

für alle $n \geq N$. Die $a_0, \ldots, a_N$ kommen natürlich in der umgeordneten Reihe auch vor. Es sei $k_0, \ldots, k_N$ mit $\sigma(k_i) = i$ und

$$M = \max\{k_0, \ldots, k_N\}$$

Dann gelten für $n \geq M$ die offensichtlichen Ungleichungen:

$$\begin{aligned} A - \varepsilon < a_0 + a_1 + \cdots + a_N &= a_{\sigma(k_0)} + a_{\sigma(k_1)} + \cdots + a_{\sigma(k_N)} \\ &\leq a_{\sigma(0)} + \cdots + a_{\sigma(M)} \\ &\leq a_{\sigma(0)} + \cdots + a_{\sigma(n)} \leq A \end{aligned}$$

Hier wurde genau notiert, dass die umgeordnete Reihe auch gegen A konvergiert.

Wenn nicht $a_i \geq 0$ für alle i, so betrachten wir die beiden konvergenten Reihen $\sum_{i=0}^{\infty} a_i^+$ und $\sum_{i=0}^{\infty} a_i^-$. Diese können wir, wie eben bewiesen, beliebig umordnen:

$$\sum_{i=0}^{\infty} a_i = \sum_{i=0}^{\infty} a_i^+ - \sum_{i=0}^{\infty} a_i^- = \sum_{i=0}^{\infty} a_{\sigma(i)}^+ - \sum_{i=0}^{\infty} a_{\sigma(i)}^- = \sum_{i=0}^{\infty} a_{\sigma(i)}$$

■

Beweis von Satz 5.9 (Großer Umordnungssatz) Wie bei dem normalen Umordnungssatz können wir die Aussage auf den Fall reduzieren, dass die a_{ij} alle nicht negativ sind. Wegen des Umordnungssatzes brauchen wir dies für nur **eine** Abzählung zu zeigen und wir nehmen die Abzählung aus dem Beweis von Satz 1.13. Diese hat folgende Eigenschaft: Ist $\sigma(N) = (i, j)$, dann gilt $i, j \leq N$.

Es sei zunächst $\sum_{i=0}^{\infty} \sum_{j=0}^{\infty} a_{ij}$ konvergent. Dann ist für jedes N:

$$a_{\sigma(1)} + \cdots + a_{\sigma(N)} \leq \sum_{i=0}^{N} \sum_{j=0}^{N} a_{ij} \leq \sum_{i=0}^{N} \sum_{j=0}^{\infty} a_{ij} \leq \sum_{i=0}^{\infty} \sum_{j=0}^{\infty} a_{ij}$$

Damit ist $\sum_{n=0}^{\infty} a_{\sigma(n)}$ auch konvergent und

$$\sum_{n=0}^{\infty} a_{\sigma(n)} \leq \sum_{i=0}^{\infty} \sum_{j=0}^{\infty} a_{ij} \,. \tag{5.1}$$

Es sei nun umgekehrt angenommen, die Reihe $\sum_{n=0}^{\infty} a_{\sigma(n)}$ konvergiert. Wir wählen eine natürliche Zahl N und definieren eine neue Folge (b_n) nach dem Muster in der nebenstehenden Abbildung. Genauer formuliert betrachten wir die natürlichen Zahlen $k_0 \leq k_1 \leq k_2 \leq \cdots$, wobei $k = k_s$ vorkommt genau dann, wenn $\sigma(k_s) = (i,j)$ mit $j < N$. Dann setzen wir $b_n := a_{\sigma(k_n)}$. Da jedes b_n unter den $\sigma(n)$ vorkommt, gilt $\sum_{n=0}^{s} b_n \leq \sum_{n=0}^{k_s} a_{\sigma(n)}$ und deshalb:

$N = 4$

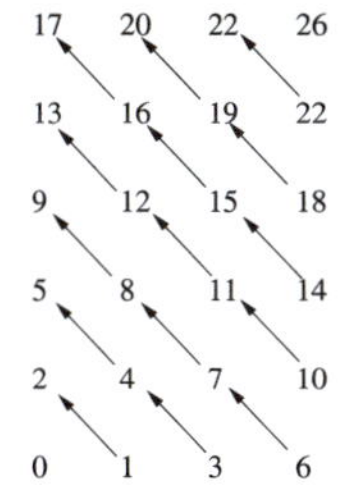

b_i

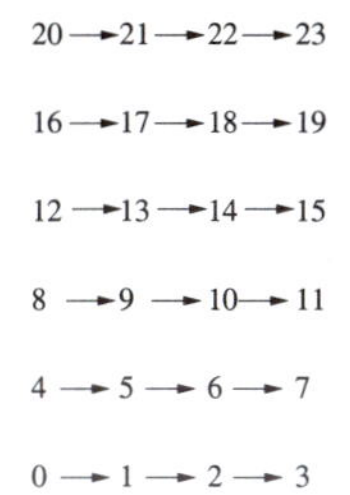

c_i

$$\sum_{n=0}^{\infty} b_n \leq \sum_{n=0}^{\infty} a_{\sigma(n)} \,.$$

Es folgt, dass die Reihe $\sum_{n=0}^{\infty} b_n$ konvergiert. Nach dem Umordnungssatz dürfen wir die Reihe $\sum_{n=0}^{\infty} b_n$ umordnen. Dies machen wir nach der nebenstehenden Abbildung. Genau formuliert, definieren wir Zahlen q_n, $0 \leq r_n < N$ durch Division mit Rest:

$$n = q_n \cdot N + r_n \,.$$

Sei $c_n := a_{r_n,q_n}$. Nach dem Umordnungssatz gilt:

$$\sum_{n=0}^{\infty} c_n = \sum_{n=0}^{\infty} b_n \leq \sum_{n=0}^{\infty} a_{\sigma(n)}$$

Es gilt nach Definition:

$$\sum_{n=0}^{\infty} c_n = \sum_{j=0}^{\infty} \sum_{i=0}^{N-1} a_{ij} = \sum_{i=0}^{N-1} \sum_{j=0}^{\infty} a_{ij}$$

Die letzte Vertauschung dürfen wir vornehmen, da hier eine *endliche* Summe von Reihen vorliegt. (Wenden Sie Satz 5.2 und Induktion an.) Insgesamt:

$$\sum_{i=0}^{N-1} \sum_{j=0}^{\infty} a_{ij} \leq \sum_{n=0}^{\infty} a_{\sigma(n)} < \infty$$

Dies ist für jedes N gültig und es folgt, dass $\sum_{i=0}^{\infty} \sum_{j=0}^{\infty} a_{ij}$ konvergent ist mit

$$\sum_{i=0}^{\infty} \sum_{j=0}^{\infty} a_{ij} \leq \sum_{n=0}^{\infty} a_{\sigma(n)} \tag{5.2}$$

Aus den Ungleichungen (5.1) und (5.2) folgt der große Umordnungssatz. ■

5.6 Potenzreihen

1 Eine Potenzreihe in x ist eine Reihe der Form $\sum_{n=0}^{\infty} a_n x^n$.

2 Der Konvergenzradius R einer Potenzreihe $\sum_{n=0}^{\infty} a_n x^n$ ist gleich:

$$\sup\left\{|x|\colon \sum_{n=0}^{\infty} a_n x^n \text{ ist konvergent}\right\}.$$

Satz 5.11 Es sei $\sum_{n=0}^{\infty} a_n x^n$ eine Potenzreihe mit Konvergenzradius $R > 0$. Dann konvergiert $\sum_{n=0}^{\infty} a_n x^n$ für $|x| < R$ absolut, sie divergiert, wenn $|x| > R$. Die Funktion $f(x) = \sum_{n=0}^{\infty} a_n x^n$ ist stetig in $x = 0$.

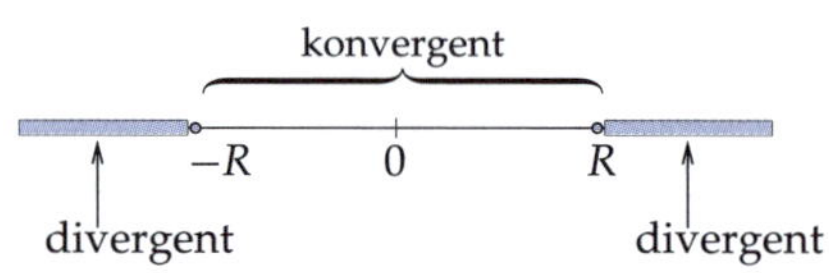

Nach Definition ist klar, dass $\sum a_n x^n$ divergiert, wenn $|x| > R$. Ist $|x| < R$, so gibt es ein y mit $|x| < |y| \leq R$ und $\sum_{n=0}^{\infty} a_n y^n$ konvergiert. Insbesondere ist $(a_n y^n)$ eine Nullfolge und deshalb beschränkt. Sei somit $K > 0$, so dass $|a_n y^n| < K$ für alle n. Für x mit $|x| < |y|$ und $n \geq 1$ gilt

$$|a_n x^n| \leq |x| \cdot \frac{K}{|y|}\left|\frac{x}{y}\right|^{n-1}.$$

Als geometrische Reihe konvergiert $\sum_{n=1}^{\infty} K|x/y|^{n-1} =: A$ und somit konvergiert $\sum_{n=0}^{\infty} a_n x^n$ absolut nach dem Vergleichskriterium. Weiterhin gilt:

$$\left|\sum_{n=1}^{\infty} a_n x^n\right| \leq \sum_{n=1}^{\infty} |a_n x^n| \leq |x| \cdot \frac{K}{|y|} A.$$

Hieraus folgt die Stetigkeit der Potenzreihe in $x = 0$. ∎

Der Konvergenzradius ist ein Element von $[0, \infty] := \mathbb{R}_{\geq 0} \cup \{\infty\}$, wobei ∞ nichts anderes als ein Symbol ist. Eine allgemeine Aussage über das Konvergenzverhalten von der Potenzreihe für $x = R$ und $x = -R$ können wir nicht machen, denn das hängt von dem betreffenden Beispiel ab. Aus dem Quotientenkriterium und dem Wurzelkriterium folgt folgender Satz.

Satz 5.12 Betrachte die Potenzreihe $\sum_{n=0}^{\infty} a_n x^n$ mit Konvergenzradius R.

1 Existiert $\lim_{n\to\infty} \frac{|a_n|}{|a_{n+1}|}$, so ist dieser Grenzwert gleich R.

2 Existiert $\lim_{n\to\infty} \sqrt[n]{|a_n|}$, so ist dieser Grenzwert gleich R.

3 Allgemein gilt: $R = 1/\limsup \sqrt[n]{|a_n|}$

Aufgaben

Lösung

Aufgabe 5.29 Beweisen Sie Satz 5.12.

Aufgabe 5.30 Bestimmen Sie den Konvergenzradius nachfolgender Potenzreihen.

1. $\sum_{n=1}^{\infty} \frac{x^n}{n5^n}$
2. $\sum_{n=1}^{\infty} \frac{n(n+1)x^n}{3^n}$
3. $\sum_{n=1}^{\infty} \left(\frac{n+1}{n}\right)^n x^{2n}$
4. $\sum_{n=1}^{\infty} \frac{x^n}{(2n-1)2^n}$
5. $\sum_{n=1}^{\infty} \frac{x^{2n}}{2n(2n-1)}$
6. $1 + x + \frac{x^2}{4} + x^3 + \frac{x^4}{16} + \cdots$
7. $\sum_{n=1}^{\infty} \frac{x^n}{1 + \frac{1}{2} + \cdots + \frac{1}{n}}$
8. $\sum_{n=1}^{\infty} \frac{nx^n}{\sqrt{1+n^4}}$
9. $\sum_{n=1}^{\infty} \frac{n!}{n^n} x^n$
10. $\sum_{n=1}^{\infty} \frac{x^n}{1+a^n}$, $a > 0$ fest
11. $\sum_{n=1}^{\infty} \frac{2^{-n} + (-1)^n}{n} x^n$
12. $\sum_{n=1}^{\infty} \sqrt{n} x^{n^2}$

Aufgabe 5.31 Für welche x konvergieren die nachfolgenden Reihen?

1. $\sum_{n=1}^{\infty} \frac{(2x+1)^n}{\arctan(e^n)}$
2. $\sum_{n=1}^{\infty} x^{-n}$
3. $\sum_{n=1}^{\infty} n \sin^n(x)$
4. $\sum_{n=1}^{\infty} (-1)^n \frac{(x-1)^n}{n}$
5. $\sum_{n=1}^{\infty} \frac{1}{2n+1} \cdot \left(\frac{x-1}{x+1}\right)^{2n+1}$
6. $\sum_{n=1}^{\infty} \frac{(n!)^2}{(2n)!} x^n$
7. $\sum_{n=1}^{\infty} \frac{(x+1)^{2n}}{(x^2+4x+5)^n}$
8. $\sum_{n=1}^{\infty} \frac{x^n}{\sin(e^{-n})}$

Aufgabe 5.32 Zeigen Sie: Für $\alpha \neq 0, 1, 2, 3 \ldots$ hat $1 + \binom{\alpha}{1}x + \binom{\alpha}{2}x^2 + \cdots$ den Konvergenzradius 1.
Tipp: $\binom{\alpha}{n}$ ist bei Definition gleich $\frac{\alpha \cdot (\alpha - 1) \cdot \ldots \cdot (\alpha - n + 1)}{n!}$.

Aufgabe 5.33 Zeigen Sie, dass die Potenzreihen $\sum_{n=1}^{\infty} a_n x^n$ und $\sum_{n=0}^{\infty} (n+1) a_{n+1} x^n$ den gleichen Konvergenzradius haben.

5.7 Differenzieren von Potenzreihen

Satz 5.13 Die Potenzreihe $f(x) = \sum a_n x^n$ habe den Konvergenzradius R. Dann ist $f(x)$ für $x \in (-R, R)$ differenzierbar und es gilt $f'(x) = \sum n a_n x^{n-1}$.

Sei h gegeben, so dass $-R < x - h < x < x + h < R$. Dann ist $f(x+h) := \sum_{n=0}^{\infty} a_n (x+h)^n$ absolut konvergent und nach dem großen Umordnungssatz dürfen wir nach den Potenzen von h ordnen:

$$\begin{aligned} f(x+h) &= a_0 + a_1(x+h) + a_2(x+h)^2 + a_3(x+h)^3 + \cdots \\ &= f(x) + h(a_1 + 2a_2x + 3a_3x^2 + \cdots) + h^2 f_1(x) + h^3 f_2(x) \ldots \end{aligned}$$

für gewisse Potenzreihen $f_1(x), f_2(x), \ldots$. Die Potenzreihe in h (also x fest) $hf_1(x) + h^2 f_2(x) + \cdots$ ist als Funktion in $h = 0$ stetig (siehe Satz 5.11). Es folgt:

$$\lim_{h \to 0} \frac{f(x+h) - f(x)}{h} = a_1 + 2a_2x + 3a_3x^2 + \cdots$$

■

Satz 5.14

1 $\log(1+x) = x - \frac{x^2}{2} + \frac{x^3}{3} - \frac{x^4}{4} + \frac{x^5}{5} + \cdots \quad -1 < x \le 1$

Insbesondere: $\log(2) = 1 - \frac{1}{3} + \frac{1}{5} - \frac{1}{7} + \cdots$

2 $\arctan(x) = x - \frac{x^3}{3} + \frac{x^5}{5} - \frac{x^7}{7} + \cdots \quad -1 \le x \le 1$

Insbesondere: $\pi/4 = 1 - \frac{1}{3} + \frac{1}{5} - \frac{1}{7} + \cdots$

3 **Binomialreihe:** $(1+x)^\alpha = 1 + \binom{\alpha}{1}x + \binom{\alpha}{2}x^2 + \binom{\alpha}{3}x^3 + \cdots \quad -1 < x < 1\,, \quad \alpha \in \mathbb{R}$

4 $\arcsin(x) = x + \frac{1}{2} \cdot \frac{x^3}{3} + \frac{1 \cdot 3}{2 \cdot 4} \cdot \frac{x^5}{5} + \frac{1 \cdot 3 \cdot 5}{2 \cdot 4 \cdot 6} \cdot \frac{x^7}{7} + \cdots \quad -1 < x < 1$

1 Die Potenzreihe $f(x) = x - \frac{x^2}{2} + \frac{x^3}{3} - \frac{x^4}{4} + \frac{x^5}{5} + \cdots$ hat Konvergenzradius 1, es folgt für $-1 < x < 1$, dass $f'(x) = 1 - x + x^2 - x^3 + \cdots = \frac{1}{1+x}$. Somit ist $(f(x) - \log(1+x))' = 0$ und weil $f(0) = \log(1+0) = 0$ folgt die Behauptung für $-1 < x < 1$.

Wir müssen die Aussage noch für $x = 1$ zeigen. Sei N gegeben. Nach dem Leibnizkriterium gilt für $|x| < 1$:

$$\left| \log(1+x) - \sum_{k=1}^{N} (-1)^{k+1} x^k / k \right| \le |x^{N+1}|/(N+1) \le 1/(N+1)\,.$$

Weil zwischen dem Absolutzeichen eine stetige Funktion von x steht, gilt die Ungleichung auch für $x = 1$. Jetzt nehmen wir den Grenzwert für $N \to \infty$. Es folgt die Reihe für $\log(2)$.

Die Aussagen **2**, **3** und **4** zu beweisen, wird als Aufgabe überlassen. ■

Aufgaben

Lösung

Aufgabe 5.34

1. Beweisen Sie die Reihe für $\arctan(x)$.
2. Sei $f(x) = \sum_{n=0}^{\infty} \binom{\alpha}{n} x^n$. Zeigen Sie, dass $(1+x)f'(x) = \alpha f(x)$. Leiten Sie hiermit die Formel für die Binomialreihe her.
3. Zeigen Sie jetzt die Potenzreihenentwicklung von $\arcsin(x)$. Benutzen Sie hierbei die Ableitung von $\arcsin(x)$ und die Binomialreihe.
4. Zeigen Sie die Potenzreihenentwicklung von $\cos(x)$ und $\sin(x)$ (siehe Satz 5.1), ohne die Taylorformel zu benutzen.
   Tipp: Aufgabe 4.20 auf Seite 103.

Aufgabe 5.35 Bestimmen Sie für die nachfolgenden Reihen den Konvergenzradius und bestimmen Sie die Summe.

1. $\sum\limits_{n=1}^{\infty} \frac{x^n}{n}$
2. $\sum\limits_{n=2}^{\infty} \frac{x^n}{n(n-1)}$
3. $\sum\limits_{n=1}^{\infty} \frac{x^n}{n(n+1)}$
4. $\sum\limits_{n=1}^{\infty} nx^{n-1}$
5. $\sum\limits_{n=1}^{\infty} nx^n$
6. $\sum\limits_{n=1}^{\infty} n(n+1)x^n$
7. $\sum\limits_{n=1}^{\infty} (-1)^{n+1} \frac{x^{2n+1}}{(2n-1)(2n+1)}$
8. $\sum\limits_{n=1}^{\infty} \frac{n+1}{n!} x^n$
9. $\sum\limits_{n=1}^{\infty} \frac{2n-1}{n} x^n$
10. $\sum\limits_{n=1}^{\infty} \frac{nx^{n-1}}{(n+1)!}$
11. $\sum\limits_{n=1}^{\infty} \frac{2^n-n}{n+1} x^n$
12. $\sum\limits_{n=1}^{\infty} \frac{nx^{n-1}}{(n+2)!}$

Aufgabe 5.36

1. Sei $f(x) = \sum_{n=0}^{\infty} a_n x^n$ eine Potenzreihe mit positivem Konvergenzradius. Zeigen Sie, dass $a_n = \frac{f^{(n)}(0)}{n!}$.
2. Es seien $f(x) = \sum_{n=0}^{\infty} a_n x^n$ und $g(x) = \sum_{n=0}^{\infty} b_n x^n$ mit Konvergenzradius, so dass $f(x) = g(x)$ für alle hinreichend kleine x. Zeigen Sie, dass $a_n = b_n$ für jedes n.
3. Es sei $f = \sum_{n=0}^{\infty} a_n x^n$ mit positivem Konvergenzradius. Dann ist f gerade genau dann, wenn $a_n = 0$ für alle ungerade n, und f ist ungerade genau dann, wenn $a_n = 0$ für alle gerade n. Zeigen Sie diese Aussage.

Aufgabe 5.37 Sei $f(x) = \arcsin^2(x) = \sum_{n=0}^{\infty} a_n x^n$ für $-1 < x < 1$. Zeigen Sie:

1. Es gilt $(1-x^2)f''(x) - xf'(x) - 2 = 0$.
2. Zeigen Sie $a_0 = 0$, $a_2 = 1$ und $a_{2n} = 2^{2n-1} \cdot \frac{((n-1)!)^2}{(2n)!}$ für $n \geq 1$.
3. $\sum\limits_{k=1}^{\infty} \frac{1}{k^2} = \frac{\pi^2}{6}$
   Tipp: Betrachten Sie Aufgabe 5.28.

5.8 *Kehrwert von Potenzreihen*

Satz 5.15 Sei $f(x)$ eine Potenzreihe mit Konvergenzradius $S > 0$ und $f(0) \neq 0$. Dann gibt es eine Potenzreihe $g(x)$ mit positivem Konvergenzradius und $f(x) \cdot g(x) = 1$.

Ist $f(0) = a_0$, so ist $\frac{1}{a_0} f(0) = 1$. Wir können deshalb $f(0) = 1$ voraussetzen. Sei $f(x) = 1 + h(x)$. Dann gibt es wegen Stetigkeit der Potenzreihe $h(x)$ ein $R > 0$, so dass $|h(x)| < 1$ für $|x| < R$. Deshalb konvergiert für solche x die geometrische Reihe:

$$1 - h(x) + h(x)^2 - h(x)^3 + \cdots = \frac{1}{1 + h(x)} = \frac{1}{f(x)} .$$

Ist $h(x) = \sum h_j x^j$, so ist $h(x)^n = \sum_{j=0}^{\infty} h_j^{(n)} x^j$ für gewisse $h_j^{(n)}$, wegen des Cauchyproduktes. Deshalb ist nach dem großen Umordnungssatz

$$\sum_{n=0}^{\infty} (-1)^n h(x)^n = \sum_{j=0}^{\infty} \left(\sum_{n=0}^{\infty} (-1)^n h_j^{(n)} \right) \cdot x^j =: g(x)$$

konvergent für $|x| < R$ und es gilt $g(x) \cdot f(x) = 1$. ■

In der Praxis berechnet man Koeffizienten der Kehrwert folgendermaßen: Ist $f(x) = \sum a_n x^n$ und $g(x) = b_n x^n$ mit $f(x) \cdot g(x) = 1$, so berechnet man die Zahlen b_n aus den nebenstehenden Gleichungen.

$$\begin{aligned} a_0 b_0 &= 1 \\ a_0 b_1 + a_1 b_0 &= 0 \\ a_0 b_2 + a_1 b_1 + a_2 b_0 &= 0 \\ &\vdots \end{aligned}$$

Beispiel:

$$f(x) = 1 + \frac{x}{2!} + \frac{x^2}{3!} + \frac{x^3}{4!} + \frac{x^4}{5!} + \cdots = \frac{e^x - 1}{x} .$$

Wir schreiben $\frac{x}{e^x - 1} = B_0 + \frac{B_1 x}{1!} + \frac{B_2 x^2}{2!} + \frac{B_3 x^3}{3!} + \frac{B_4 x^4}{4!} + \cdots$

Die Zahlen $B_0, B_1, B_2, \ldots$ heißen **Bernoullizahlen**. Es folgt

$$\begin{array}{rcl|l} B_0 &=& 1 & \\ \frac{1}{2!}(2B_1 + B_0) &=& 0 & B_1 = -\frac{1}{2} \\ \frac{1}{3!}(3B_2 + 3B_1 + B_0) &=& 0 & B_2 = \frac{1}{6} \\ \frac{1}{4!}(4B_3 + 6B_2 + 4B_1 + B_0) &=& 0 & B_3 = 0 \\ \frac{1}{5!}(5B_4 + 10B_3 + 10B_2 + 5B_1 + B_0) &=& 0 & B_4 = -\frac{1}{30} \end{array}$$

Allgemein $B_0 = 1$ und $\sum_{k=0}^{n-1} \binom{n}{k} B_k = 0$.

Aufgaben

Lösung

Aufgabe 5.38 Schreiben Sie ein Computerprogramm, welches die Bernoullizahlen berechnet.

Aufgabe 5.39 Berechnen Sie die ersten sechs Koeffizienten der Potenzreihenentwicklung der nachfolgenden Funktionen:

1. $\dfrac{1}{\cos(x)}$ 2. $\dfrac{x}{\sin(x)}$

3. $\tan(x)$ 4. $\dfrac{x}{\log(1+x)}$

Aufgabe 5.40

1. Zeigen Sie die Formel

$$\frac{x}{2}+\frac{x}{e^x-1}=\frac{x}{2}\frac{e^{x/2}+e^{-x/2}}{e^{x/2}-e^{-x/2}}$$

und folgern Sie hieraus, dass $B_3 = B_5 = B_7 = \cdots = 0$.

2. Folgern Sie, dass

$$\frac{x}{2}\left(1+\frac{x^2}{2^2\cdot 2!}+\frac{x^4}{2^4\cdot 4!}+\cdots\right)=\left(\frac{x}{2}+\frac{x^3}{2^3\cdot 3!}+\frac{x^5}{2^5\cdot 5!}+\cdots\right)\cdot\left(1+\frac{B_2x^2}{2!}+\frac{B_4x^4}{4!}+\cdots\right)$$

3. Es seien $\sum_{i=0}^{\infty} a_i$ und $\sum_{j=0}^{\infty} b_j$ absolut konvergente Reihen und $\sum_{n=0}^{\infty} c_n$ das Cauchyprodukt der beiden Reihen. Zeigen Sie:

$$\sum_{i=0}^{\infty}(-1)^i a_i\cdot\sum_{j=0}^{\infty}(-1)^j b_j=\sum_{n=0}^{\infty}(-1)^n c_n$$

4. Folgern Sie hiermit, dass

$$\frac{x}{2}\operatorname{cotan}(x/2)=1-\frac{B_2x^2}{2!}+\frac{B_4x^4}{4!}-\frac{B_6x^6}{6!}+\frac{B_8x^8}{8!}-\cdots$$

5. Zeigen Sie:

$$\tan(x)=\sum_{k=1}^{\infty}(-1)^{k+1}\cdot 2\cdot\frac{(2^{2k}-1)\cdot B_{2k}}{(2k)!}(2x)^{2k-1}$$

Tipp: Benutzen Sie eine Verdopplungsformel $\operatorname{cotan}(2x) = \cdots$

5.9 *Berechnung von Logarithmen*

Für die Berechnung von Logarithmen benutzen wir für $x > 0$:

$$\log\left(\frac{1+x}{1-x}\right) = 2\left(x + \frac{x^3}{3} + \frac{x^5}{5} + \cdots\right) = 2\left(x + \frac{x^3}{3} + \cdots + \frac{x^{2n+1}}{2n+1}\right) + R_n;$$

$$R_n \le \frac{1}{2n+3}x^{2n+3}(1 + x^2 + x^4 + \cdots) = \frac{1}{2n+3}x^{2n+3} \cdot \frac{1}{1-x^2}\,.$$

Ist $x < 1/33$, dann für $n = 2$: $R_n < \frac{1}{(2n+3)\cdot 33^{2n+3}} \cdot \frac{33}{32} < 10^{-10}$. Wir sehen somit, dass wenn wir mit einer Genauigkeit von 10^{-10} die $\log((1+x)/(1-x))$ berechnen möchten, dass

$$\log\left(\frac{1+x}{1-x}\right) \approx 2x + \frac{2x^3}{3} + \frac{2x^5}{5}$$

eine gute Annäherung ist, solange $0 < x < 1/33$.

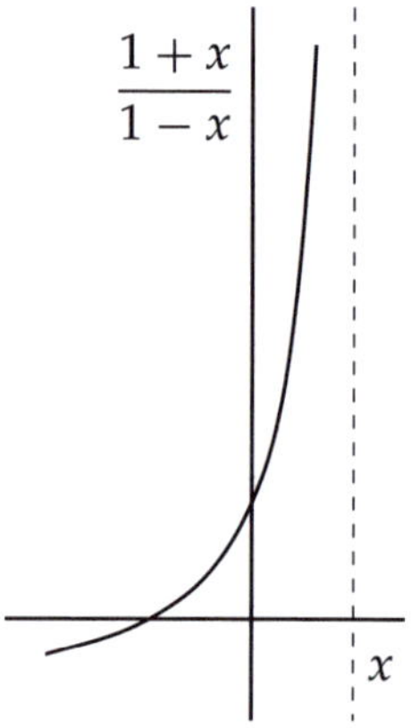

Nebenstehend ist der Graph der Funktion $(1+x)/(1-x)$ gezeichnet. Sei u eine Zahl mit $1 < u \le 17/16$. Ist dann $u = \frac{1+x}{1-x}$, so ist $0 < x = \dfrac{u-1}{1+u} \le 1/33$. Zum Beispiel für $x = 1/33$ haben wir die Zahl $u = 17/16$ und es folgt:

$$\log(17/16) = \frac{2}{33} + \frac{2}{33^3 \cdot 3} + \frac{2}{33^5 \cdot 5} \approx 0.0606246218\,.$$

Hierbei sind alle elf Nachkommastellen richtig.

Um im Allgemeinen Logarithmen zu berechnen, erstellen wir eine Tabelle mit den Werten für $\log(2), \log(17), \ldots, \log(31)$. Diese Tabelle braucht man nur einmal im Leben zu machen.

Um dann $\log(u)$ für beliebige u zu finden, nehmen wir $n \in \mathbb{Z}$, so dass gilt: $\frac{p}{16} \le 2^n u < \frac{p+1}{16}$ für ein $p \in \mathbb{N}$ mit $16 \le p \le 31$. Dann ist die Zahl

$$y := 16 \cdot 2^n u/p \text{ ein Element von } [1, 17/16)$$

und $\log(y)$ mit der obigen Methode schnell zu berechnen. Somit ist auch

$$\log(u) = -(n+4)\log(2) + \log(p) + \log(y)$$

schnell zu berechnen.

Aufgaben

Lösung

Benutzen Sie in den nachfolgenden Aufgaben ein Rechengerät, aber natürlich nur um mit diesem Additionen und Multiplikationen durchzuführen. Prüfen Sie danach die Ergebnisse mit der ln- oder log-Funktion.

Aufgabe 5.41 Berechnen Sie ca. zehn Dezimalstellen von $\log(16/15)$, $\log(25/24)$ und $\log(81/80)$ mit Hilfe der Reihe auf der vorigen Seite. Berechnen Sie hiermit $\log(2), \log(3)$ und $\log(5)$ auf ca. zehn Dezimalstellen.
Tipp: $\log(16/15) = 4\log(2) - \log(3) - \log(5)$

Aufgabe 5.42 Berechnen Sie auf ca. zehn Dezimalstellen genau die Zahlen $\log(17), \ldots, \log(31)$.

Aufgabe 5.43 Berechnen Sie $\log_{10}(23)$ und $\log_{10}(29)$ auf ca. zehn Dezimalstellen genau.

Aufgabc 5.44

1. Zeigen Sie: $\sum\limits_{k=1}^{\infty} \frac{1}{k2^k} = \log(2)$.
2. Berechnen Sie hiermit $\log(2)$ auf fünf Nachkommastellen genau.
3. Was ist die Summe der Reihe $\sum\limits_{k=1}^{\infty} \frac{1}{k3^k}$?

Die komplexen Zahlen

6

ÜBERBLICK

LERNZIELE

- Komplexe Zahlen: Addition und Multiplikation
- Geometrische Interpretation der Addition und Multiplikation
- Reihen mit komplexen Termen
- Exponentialfunktion, Sinus und Cosinus: die eulersche Formel
- Hauptsatz der Algebra

Im 16. Jahrhundert wurde die Lösungsformel für die Gleichung dritten Grades

$$x^3 = px + q$$

durch del Ferro und Tartaglia gefunden. Sie lautet:

$$x = \sqrt[3]{\frac{q}{2} + +\sqrt{\left(\frac{q}{2}\right)^2 - \left(\frac{p}{3}\right)^3}} + \sqrt[3]{\frac{q}{2} + -\sqrt{\left(\frac{q}{2}\right)^2 - \left(\frac{p}{3}\right)^3}}\,.$$

Wenn man diese Formel benutzt für die Gleichung

$$x^3 = 15x + 4$$

mit der Lösung $x = 4$, so ergibt die Lösungsformel:

$$x = \sqrt[3]{2 + \sqrt{-121}} + \sqrt[3]{2 - \sqrt{-121}}\,.$$

Hier kommt die Quadratwurzel aus einer **negativen** Zahl vor. Cardano bezeichnete jedoch in seinem Buch *Ars Magna* (1545) Quadratwurzeln aus negativen Zahlen als subtil und nutzlos.

Die Geschichte hat Cardano hier Unrecht gegeben. Quadratwurzeln aus negativen Zahlen und allgemeiner komplexen Zahlen gehören heutzutage zum Grundwissen jedes Mathematikers.

Eine komplexe Zahl ist nichts anderes als ein Punkt (a, b) in der Ebene, welche wir in diesem Zusammenhang als $a + bi$ oder auch als $a + ib$ schreiben. Hierbei ist i einfach ein Symbol. Eine reelle Zahl a können wir auch als komplexe Zahl sehen: $a = a + 0 \cdot i$.

Addieren von komplexen Zahlen ist einfach: $(a + bi) + (c + d)i = (a + c) + (b + d)i$ hat die geometrische Interpretation des Parallelogrammgesetzes. Die Multiplikation wird forciert durch die Bedingung $i^2 = 1$:

$$(a + bi) \cdot (c + di) = (ab - cd) + (ad + bc)i\,.$$

Deshalb ist das Rechnen mit komplexen Zahlen einfach. Man wendet schlicht und einfach die bekannten Rechenregeln (Assoziativität, Kommutativität, Distributivität) und die Eigenschaft „$i^2 = -1$“ an.

Wenn wir die komplexen Zahlen als Paare (a, b) schreiben, so ist das Produkt von (a, b) mit (c, d) gegeben durch:

$$(ab - cd, ad + bc)$$

Diese Formeln haben wir schon in Kapitel 2 gesehen. Ist $a^2 + b^2 = 1$, so ist $(ad - bc, ad + bc)$ die Drehung $R_{a,b}(c, d)$ von (c, d) über dem Winkel $\alpha = R_{a,b}$. Im Allgemeinen ist die Multiplikation eine Drehstreckung.

Wir werden in diesem kurzen Kapitel auch Reihen mit komplexen Termen untersuchen: Die entsprechenden Sätze lassen sich aus dem Fall Reihen mit reellen Termen herleiten. Mit diesen Reihen lassen sich bekannte Funktionen für komplexe Zahlen erweitern. So definieren wir zum Beispiel für komplexe Zahlen z

$$\mathrm{e}^z := 1 + \frac{z}{1!} + \frac{z^2}{2!} + \frac{z^3}{3!} + \cdots$$

Dies ist sinnvoll, denn wir wissen schon, dass diese Gleichung gültig ist für alle reelle Zahlen z. Ähnliche Definitionen machen wir für Sinus und Cosinus, womit wir dann sofort die wunderbare Formel von Euler

$$\mathrm{e}^{\mathrm{i}z} = \cos(z) + \mathrm{i}\sin(z)$$

herleiten. Ist x reell, so können wir deshalb $\mathrm{e}^{ix} = \cos(x) + i\sin(x)$ als Punkt auf dem Einheitskreis in der komplexen Ebene interpretieren.

Einer der grundlegenden Sätze der Mathematik ist der Hauptsatz der Algebra. Er besagt, dass jede Gleichung in z

$$z^n + a_1 z^{n-1} + \ldots + a_n = 0$$

mit $a_1, \ldots, a_n$ komplexe Zahlen eine komplexe Lösung hat. Nur durch Hinzunehmen der Lösung i für die Gleichung $z^2 + 1 = 0$ lässt sich jede polynomiale Gleichung in den komplexen Zahlen lösen.

Es gibt ungefähr fünfzig verschiedene Beweise des Hauptsatzes. Der Beweis des Hauptsatzes ist nicht einfach und deshalb ein optionaler Abschnitt.

6.1 Definition der komplexen Zahlen

Komplexe Zahlen sind Zahlen z der Gestalt $z = a + b \cdot i$, wobei a und b reelle Zahlen sind und i ein Symbol. Ist $z = a + bi$, so nennen wir:

1. $a = \mathrm{Re}(z)$ den Realteil von z und $b = \mathrm{Im}(z)$ den Imaginärteil von z.
2. $|z| := \sqrt{a^2 + b^2}$ den Betrag von z.
3. $\mathrm{Arg}(z) := \mathrm{b}(\angle 1\,0\,z)$ das Argument von z. Das Argument ist also das Bogenmaß der Winkel $\angle 1\,0\,z$.

Die Menge der komplexen Zahlen bezeichnen wir mit $\mathbb{C}$.

Eine komplexe Zahl $a + bi$ ist deshalb ein Punkt in der Ebene. Diese Ebene wird in diesem Zusammenhang auch *komplexe Ebene* genannt. Wir schreiben kurz a für $a + 0i$. Jede reelle Zahl werden wir auf diese Weise als komplexe Zahl auffassen. Die Menge der reellen Zahlen korrespondieren mit den Punkten auf der Geraden gegeben durch die Gleichung $y = 0$. Die Zahlen der Form $b \cdot i$ nennen wir die rein imaginären Zahlen.

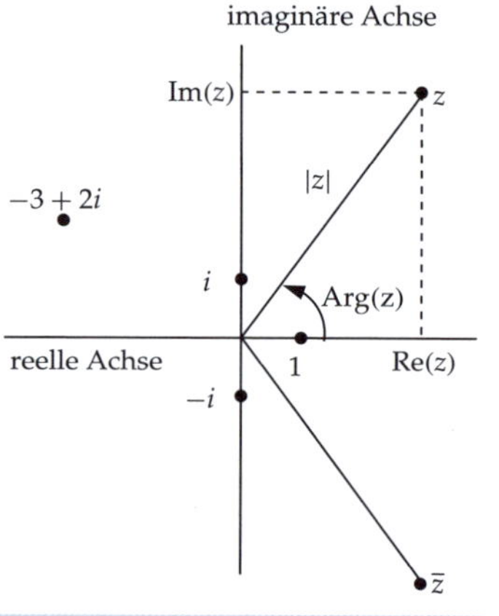

Der Term Zahlen, statt Punkte, für komplexe Zahlen ist dadurch gerechtfertigt, dass wir für komplexe Zahlen eine Addition und Multiplikation definieren.

Es seien $z = a + bi$ und $w = c + di$ komplexe Zahlen. Wir definieren die Summe $z + w = (a + bi) + (c + di)$ und das Produkt $z \cdot w = (a + bi) \cdot (c + di)$ durch

$$(a + bi) + (c + di) := (a + c) + (b + d)i\,, \quad (a + bi) \cdot (c + di) := (ac - bd) + (ad + bc)i\,.$$

Die Addition und Multiplikation von komplexen Zahlen ist nicht schwer. Man rechnet mit i wie mit einem Symbol, wobei man jedes Mal, wenn ein i^2 auftritt, dieses durch -1 ersetzen kann. In der Tat ist $i = 0 + 1i$ eine Zahl mit $i^2 = -1$.

Bemerke, dass die Dreiecksungleichung gilt: $|z + w| \leq |z| + |w|$. Diese Aussage folgt aus Aufgabe 2.5.

Satz 6.1 Die Menge der komplexen Zahlen $\mathbb{C}$ zusammen mit der obigen Addition und Multiplikation ist ein Körper.

Alle Eigenschaften können routinemäßig nachgeprüft werden. Nur die Existenz des Kehrwertes sollte noch kurz erwähnt werden. Ist $z = (a + bi)$, so ist $w = \frac{a}{a^2+b^2} - \frac{b}{a^2+b^2} i$ eine komplexe Zahl mit $z \cdot w = 1$. ■

Aufgaben

Lösung

Aufgabe 6.1 Schreiben Sie die nachfolgenden komplexen Zahlen in der Form $a + bi$ mit $a, b \in \mathbb{R}$ und zeichnen Sie diese in der komplexen Ebene.

1. $(1 - i) + (3 + 4i)$
2. $2(3 - i) + 3(-1 - i)$
3. $3(-1 + i) - 4(2 - 3i)$
4. $3(1 + i)(2 - i)$
5. $\dfrac{2 + i}{3 - i}$
6. $\dfrac{(2 + i)(7 + 5i)}{3 - i}$
7. $(1 + i)^5$
8. $(-1 + 2i)^2$
9. $(-1 + 2i)^{-2}$
10. $\dfrac{3 - i}{1 + 2i}$

Aufgabe 6.2 Es seien z, w komplexe Zahlen. Zeigen Sie:

1. $\overline{z + w} = \overline{z} + \overline{w}$
2. $\overline{z \cdot w} = \overline{z} \cdot \overline{w}$
3. Ist $z \neq 0$, so ist $\overline{1/z} = 1/\overline{z}$.

Aufgabe 6.3 Gegeben sind folgende komplexe Zahlen:

$$z_1 := -\frac{1 - i}{2 + i} - \frac{3 + i}{4}, \quad z_2 := \frac{(1 + i)^2}{2} - \frac{6 + 5i}{i^3}.$$

Vervollständigen Sie die nachfolgende Tabelle.

$\mathrm{Re}(z_1)$	$\mathrm{Im}(z_1)$	$\lvert z_1\rvert$	$\mathrm{Re}(z_2)$	$\mathrm{Im}(z_2)$	$\lvert z_2\rvert$	$\mathrm{Re}(z_1 + z_2)$	$\mathrm{Im}(z_1 + z_2)$	$\lvert z_1 + z_2\rvert$

Aufgabe 6.4 Berechnen Sie den Betrag und das Argument der nachfolgenden komplexen Zahlen.

1. $-2 + 2i$
2. $4 - 4\sqrt{3}i$
3. $1 + i\sqrt{3}$
4. $-5i$
5. -3
6. $3 + 4i$
7. $-1 + i$
8. $(1 + i)^{10}$

6.2 Geometrie der Addition und Multiplikation

Die Addition und Multiplikation kann man geometrisch schön interpretieren. Für die Addition $z + w$ ist dies einfach die Vektoraddition, welche Sie aus der Schule kennen, siehe das nebenstehende Bild.

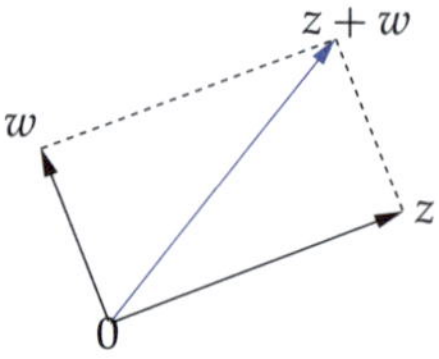

Auch die Multiplikation hat eine schöne Interpretation. Hierzu betrachten wir zunächst den Fall $|z| = 1$, also $a^2 + b^2 = 1$. Der Punkt (c, d) in $\mathbb{R}^2$, welche die Zahl $w = c + di$ darstellt, wird also auf dem Punkt $(ac - bd, ad + bc)$, welche die komplexe Zahl $z \cdot w$ darstellt, abgebildet.

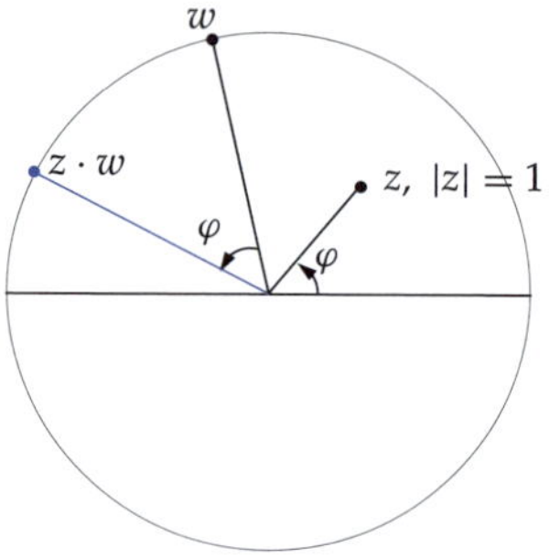

Dies sind genau die Formeln für die Drehung, siehe Seite 48.

Salopp gesagt, drehen wir die komplexe Zahl w über einen Winkel Arg(z): Der Winkel zwischen dem Vektor w und $z \cdot w$ ist gleich $\varphi = \text{Arg(z)}$, welcher eben der Winkel zwischen 1 und $z = z \cdot 1$ ist. Insbesondere bedeutet Multiplikation mit i eine Drehung über den Winkel 90°, was dann die Gleichung $i^2 = -1$ geometrisch erklärt.

Noch einfacher ist der Fall, dass z eine (positive) reelle Zahl λ ist. Dann ist $(\lambda + 0 \cdot i) \cdot (c + di) = \lambda c + \lambda di$. Dies ist also die Streckung mit dem Faktor λ. Im Allgemeinen ist zw eine **Drehstreckung**. Man dreht w über den Winkel Arg(z) und dann streckt man das Ergebnis mit dem Faktor $|z|$.

> **Satz 6.2** Bei der Multiplikation von komplexen Zahlen werden **die Beträge multipliziert** und **die Argumente addiert**.
>
> Insbesondere gilt **De Moivre's Formel**: $(\cos(\varphi) + i\sin(\varphi))^n = \cos(n\varphi) + i\sin(n\varphi)$

Hierbei wird die Summe der Argumente natürlich modulo 2π gerechnet.

Diese Tatsache kann man auch mit der **Polardarstellung** komplexer Zahlen sehen. Ist $\varphi = \text{Arg(z)}$, so gilt die Formel

$$z = |z| \cdot (\cos(\varphi) + i \cdot \sin(\varphi))$$

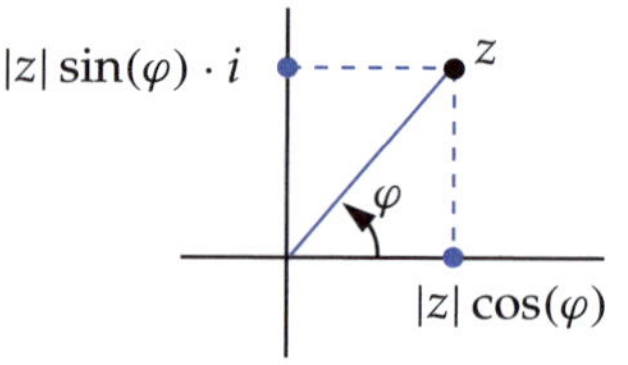

Ist nun $w = |w| \cdot (\cos(\psi) + i \cdot \sin(\psi))$, so rechnet man mit Hilfe der Additionstheoreme 2.3 nach, dass

$$z \cdot w = |z||w| \cdot (\cos(\varphi + \psi) + i \cdot \sin(\varphi + \psi))$$

Aufgaben

Aufgabe 6.5 In den nachfolgenden Aufgaben zeichnen Sie jeweils z und w in der komplexen Ebene. Konstruieren Sie jeweils mit Hilfe eines Geometriedreiecks geometrisch $z+w$ und $z \cdot w$. Rechnen Sie danach $z+w$ und $z \cdot w$ und kontrollieren Sie Ihr Ergebnis.

Lösung

1. $z = i\,, \quad w = -1$
2. $z = 1 + i\,, \quad w = i$
3. $z = 1 - i\,, \quad w = 1 + i$
4. $z = 2 + i\,, \quad w = 3 - i$
5. $z = 3 + 4i\,, \quad w = 1 + 2i$
6. $z = -1 + 3i\,, \quad z = w$

Aufgabe 6.6 Schreiben Sie die nachfolgenden komplexen Zahlen in Polardarstellung.

1. -2
2. i
3. $-4i$
4. $-1 + i$
5. $\dfrac{1}{2} + \dfrac{1}{2}\sqrt{3}i$
6. $-\dfrac{1}{2} + \dfrac{1}{2}\sqrt{3}i$
7. $\sqrt{3} + i$
8. $2 - 2i$

Aufgabe 6.7 Für eine komplexe Zahl z mit $|z| = 1$ beschreiben Sie den Kehrwert z^{-1} geometrisch.

Aufgabe 6.8 Berechnen Sie:

1. $(1+i)^4$
2. $(\sqrt{3}+1)^6$
3. $(1-i)^{10}$
4. $(1+i)^{102}$

Aufgabe 6.9

1. Berechnen Sie mit Hilfe der Formel von de Moivre:

$$\sin(3t) = 3\sin(t) - 4\sin^3(t) \text{ und } \cos(3t) = 4\cos^3(t) - 3\cos(t)$$

2. Sei x, y mit $x^2 + y^2 = 1$. Berechnen Sie, dass $(x+iy)^n$ für n ungerade von der Form $p(x) + iq(y)$, mit p, q Polynome, ist. Was kann man hieraus für $\cos(nx)$ und $\sin(nx)$ schließen?

6.3 Reihen mit komplexen Termen

Bislang haben wir Reihen und Potenzreihen mit reellen Koeffizienten untersucht. Nichts verbietet uns, komplexe Zahlen in Potenzreihen einzusetzen.

1. Eine Folge (z_n) von komplexen Zahlen heißt konvergent mit Grenzwert z, wenn für jedes $\varepsilon > 0$ ein $N \in \mathbb{N}$ existiert, mit $|z_n - z| < \varepsilon$ für alle $n \geq N$.
2. Eine Reihe $\sum_{n=0}^{\infty} a_n$ mit $a_n \in \mathbb{C}$ heißt konvergent, wenn die Folge der Partialsummen (s_n) mit $s_n = \sum_{k=0}^{n} a_n$ konvergent ist.
3. Eine Reihe $\sum_{n=0}^{\infty} z_n$ heißt absolut konvergent, wenn $\sum_{n=0}^{\infty} |z_n|$ konvergent ist.

Ist $z_n = x_n + y_n i$, so ist (z_n) konvergent genau dann, wenn die Folgen reeller Zahlen (x_n) und (y_n) konvergent sind, Aufgabe 6.11. Satz 5.2 und Satz 5.3 bleiben für solche Reihen mit komplexen Termen gültig (mit dem gleichen Beweis).

Satz 6.3 Absolut konvergente Reihen sind konvergent. Für absolut konvergente Reihen gelten der Umordnungssatz 5.8 und der große Umordnungssatz 5.9. Für zwei absolut konvergente Reihen gilt die Aussage des Cauchyproduktes, siehe Satz 5.10.

Sei $\sum_{n=0}^{\infty} |z_n|$ konvergent. Weil $|x_n|, |y_n| \leq |z_n|$, sind $\sum_{n=0}^{\infty} |x_n|$ und $\sum_{n=0}^{\infty} |y_n|$ konvergent wegen des Vergleichskriteriums. Wegen Satz 5.6 sind damit $\sum_{n=0}^{\infty} x_n$ und $\sum_{n=0}^{\infty} y_n$ konvergent und es folgt, dass $\sum_{n=0}^{\infty} x_n + i \cdot \sum_{n=0}^{\infty} y_n$ konvergent ist. Dies zeigt die erste Aussage. Die zweite Aussage folgt, weil wir nach dem Umordnungssatz 5.8 die Reihen $\sum_{n=0}^{\infty} x_n$ und $\sum_{n=0}^{\infty} y_n$ beliebig umordnen dürfen, deshalb auch $\sum_{n=0}^{\infty} x_n + \sum_{n=0}^{\infty}(y_n \cdot i)$. Den großen Umordnungssatz zeigt man auf ähnliche Weise. Für das Cauchyprodukt kann man den Beweis wörtlich übernehmen. ∎

Auch das Quotientenkriterum und das Wurzelkriterium sind gültig, mit dem gleichen Beweis. Anwendung dieses Kriteriums ergibt, dass die Reihe $\sum_{n=0}^{\infty} \frac{z^n}{n!}$ für jedes $z \in \mathbb{C}$ konvergiert. Es ist naheliegend, diese Reihe mit e^z zu bezeichnen.

Für $z \in \mathbb{C}$ definieren wir

$$e^z := \sum_{n=0}^{\infty} \frac{z^n}{n!}, \quad \sin(z) := \sum_{n=0}^{\infty} (-1)^n \frac{z^{2n+1}}{(2n+1)!}, \quad \cos(z) := \sum_{n=0}^{\infty} (-1)^n \frac{z^{2n}}{(2n)!}.$$

Einsetzen von $z = ix$ und $x = \pi$ liefert uns die berühmten Formeln von Euler.

Satz 6.4 (Euler) $e^{ix} = \cos(x) + i\sin(x)$ und $e^{\pi i} + 1 = 0$.

Aufgaben

CWS COMPANION WEBSITE WWW.PEARSON-STUDIUM.DE

Lösung

Aufgabe 6.10 Zeichnen Sie die folgenden komplexen Zahlen in der komplexen Ebene.

1.	$e^{\pi i}$	2.	$2e^{i\pi/2}$
3.	$e^{2\pi i}$	4.	$3e^{2i}$

Aufgabe 6.11 Eine Folge $(z_n) = (x_n + y_n i)$ ist konvergent genau dann, wenn (x_n) und (y_n) konvergente Folgen reeller Zahlen sind. Zeigen Sie diese Aussage.

Aufgabe 6.12 Seien z, w komplexe Zahlen. Zeigen Sie:

1. $e^z \cdot e^w = e^{z+w}$
2. $\sin(z + w) = \sin(z) \cdot \cos(w) + \cos(z) \cdot \sin(w)$
3. $\cos(z + w) = \cos(z) \cdot \cos(w) - \sin(z) \cdot \sin(w)$
4. $\sin^2(z) + \cos^2(z) = 1$
5. $\sin(z + 2\pi) = \sin(z)$ und $\cos(z + 2\pi) = \cos(z)$

Aufgabe 6.13 Sei $\sum_{n=0}^{\infty} a_n z^n$ eine Potenzreihe mit komplexen Koeffizienten.

1. Zeigen Sie, dass es ein $R \in \mathbb{R}_+ \cup \{\infty\}$, den sogenannten **Konvergenzradius** der Potenzreihe, mit folgender Eigenschaft gibt:

   Die Reihe $\sum_{n=0}^{\infty} a_n z^n$ konvergiert absolut für alle komplexe Zahlen z mit $|z| < R$ und divergiert für alle komplexe Zahlen z mit $|z| > R$ (vgl. Satz 5.11).
2. Zeigen Sie: Existiert $\lim_{n\to\infty} \frac{|a_n|}{|a_{n+1}|}$, so ist dieser Grenzwert gleich R.
3. Zeigen Sie: $R = 1/\limsup \sqrt[n]{|a_n|}$.

Aufgabe 6.14 Für $\alpha \in \mathbb{C}$ betrachte:

$$B_\alpha(z) := \sum_{n=0}^{\infty} \binom{\alpha}{n} z^n \text{ wobei } \binom{\alpha}{n} := \frac{\alpha \cdot (\alpha - 1) \cdots (\alpha - n + 1)}{n!} .$$

1. Zeigen Sie, dass der Konvergenzradius von $B_\alpha(z)$ gleich 1 ist.
2. Zeigen Sie: $B_\alpha(z) \cdot B_\beta(z) = B_{\alpha+\beta}(z)$.

Aufgabe 6.15 Zeigen Sie, dass die Potenzreihe

$$z - \frac{z^2}{2} + \frac{z^3}{3} - \frac{z^5}{5} + \frac{z^7}{7} - \cdots$$

Konvergenzradius 1 hat. Wir bezeichnen den Wert mit $\log(1 + z)$.

6.4 Polynomiale Gleichungen

Satz 6.5 Sei a eine feste komplexe Zahl. Die Gleichung $z^n = a$ hat genau n Lösungen in $\mathbb{C}$.

Wir setzen dazu $\lambda = \sqrt[n]{|a|}$, welche eine gewöhnliche reelle Zahl ist. Sei $\varphi = \mathrm{Arg(a)}$. Sei $\alpha_1 := \varphi/n$ und $\alpha_k = \alpha_1 + (k-1) \cdot \frac{2\pi}{n}$ für $k = 2, \ldots, n-1$. Dann gilt für

$$z_k = \lambda \cdot (\cos(\alpha_k) + \sin(\alpha_k)) \cdot \mathrm{i}$$

die Gleichung $z_k^n = \alpha$. Tatsächlich ist nach der geometrischen Interpretation $|z_k|^n = \lambda^n = |a|$ und $\mathrm{Arg}(z_k^n) = n\mathrm{Arg}(z_k) \mod 2\pi = \varphi = \mathrm{Arg}(a)$, also sind Betrag und Argument gleich, deshalb $z_k^n = a$. ■

Aus der Schule kennen wir die *pq*-Formel für quadratische Gleichungen $x^2 + px + q = 0$, nämlich $x_{1,2} = \frac{-p \pm \sqrt{p^2 - 4q}}{2}$. Hierbei sollte das Symbol $\pm\sqrt{p^2 - 4q}$ stehen für eine Lösung der Gleichung $z^2 = p^2 - 4q$, die zwei Lösungen hat, wenn die *Diskriminante* positiv ist. Ist die Diskriminante negativ, so hat die quadratische Gleichung keine reellen Lösungen. Jedoch hat sie Lösungen, wenn man komplexe Zahlen zulässt. Ist $D < 0$, so ist $z = \sqrt{-D}i$ eine Zahl mit $z^2 = (-D)i^2 = D$. Und, wie wir oben gesehen haben, gilt sogar, dass für jede *komplexe Zahl D* ein z existiert mit $z^2 = D$. Wir haben somit

Satz 6.6 Jede Gleichung $x^2 + px + q = 0$ mit p, q komplexen Zahlen hat mindestens eine Lösung.

Diese zwei Sätze, welche relativ elementar bewiesen werden können, haben eine wichtige Verallgemeinerung: Jede polynomiale Gleichung in z

$$z^n + a_1 z^{n-1} + \cdots + a_n = 0$$

hat eine Lösung in $\mathbb{C}$. Diese Aussage ist der berühmte **Hauptsatz der Algebra**. Einen Beweis werden wir auf den Seiten 158 und 159 geben.

Aufgaben

Lösung

Aufgabe 6.16 Zeichnen Sie die komplexen Zahlen z, welche eine der nachfolgenden Gleichungen erfüllen.

1. $z^2 = i$
2. $(z+1)^2 = i$
3. $(z+2-i)^2 = i$
4. $z^2 = -2\sqrt{3} + 2i$
5. $z^3 = 1$
6. $z^4 = 1$
7. $z^6 - 2z^3 + 1 = 0$
8. $(z-i)^4 = 1$
9. $z^6 = 1$

Aufgabe 6.17 Lösen Sie die nachfolgenden Gleichungen.

1. $z^2 - 2z + 2 = 0$
2. $z^2 + 4z + 6 = 0$
3. $z^2 + 4z - 8 = 0$
4. $z^4 + 8 - 8\sqrt{3}i = 0$
5. $z^2 + iz + 2 = 0$
6. $z^2 + (2-2i)z - 2 - 2(1+\sqrt{3})i = 0$

Aufgabe 6.18 Bestimmen Sie die komplexen Zahlen a, so dass die Gleichung

$$iz^2 + (a - 3 + i)z - 12 + 5i = 0$$

genau eine Lösung hat.

Aufgabe 6.19 Bestimmen Sie die reelle Zahl a, so dass die Gleichung

$$(3+4i)z^2 - (a+5)z + (2-4i) = 0$$

eine reelle Lösung hat, und lösen Sie dann diese Gleichung.

Aufgabe 6.20 (Cardanische Formel) Betrachte die Gleichung $x^3 = px + q$ in x mit p, q in $\mathbb{C}$ und $p \neq 0$. Sei z, u komplexe Zahlen mit

$$z^2 = \left(\frac{q}{2}\right)^2 - \left(\frac{p}{3}\right)^2 \text{ und } u^3 = \frac{q}{2} + z\,.$$

Zeigen Sie, dass $x = u + p/(3u)$ eine Lösung der Gleichung $x^3 = px + q$ ist.
Tipp: Berechnen Sie $x^3 - px$ und zeigen Sie, dass $u^6 - qu^3 + p^3/27 = 0$.

Aufgabe 6.21 Finden Sie mit Hilfe der Cardanischen Formel eine Lösung für:

1. $x^3 = 9x + 28$
2. $x^3 = -3x + 4\,.$

Was fällt bei der zweiten Gleichung auf?

Aufgabe 6.22 Es sei p ein Polynom mit reellen Koeffizienten und $a \in \mathbb{C}$ eine Nullstelle von p. Zeigen Sie, dass $\bar{a}$ ebenfalls eine Nullstelle von p ist.

6.5 *Hauptsatz der Algebra*

Satz 6.7 (Hauptsatz der Algebra) Es sei $p(z)$ ein nicht konstantes Polynom mit komplexen Koeffizienten. Dann gibt es ein $a \in \mathbb{C}$ mit $p(a) = 0$.

Wir brauchen dazu die Aussage der nächsten drei Lemma's.

Lemma 6.8 Es sei p ein Polynom von positivem Grad mit $p(a) \neq 0$. Dann gibt es ein $z \in \mathbb{C}$ mit $|p(z)| < |p(a)|$.

Wir betrachten das Polynom $f(z) := p(z+a)/p(a)$. Wir müssen dann zeigen, dass es ein $z \in \mathbb{C}$ gibt mit $|f(z)| < |f(0)| = 1$. Wir schreiben $f(z) = 1 + bz^k + z^{k+1}h(z)$ für ein Polynom $h(z)$ und $b \neq 0$. Wähle ein $\lambda \in \mathbb{C}$ mit $\lambda^k = -1/b$. Sei $g(z) = f(\lambda z) = 1 - z^k + z^{k+1}b(z)$. Hierbei hat $b(z)$ die Form

$$b(z) = b_0 + \cdots + b_\ell z^\ell .$$

Mit $B := |b_0| + \cdots + |b_\ell|$ gilt für alle z mit $|z| \leq 1$: $|b(z)| \leq B$. Deshalb gilt für alle z mit $0 \neq |z| < 1/B$ die Ungleichung $|z^{k+1}b(z)| = |z|^k|z||b(z)| < |z|^k$. Ist jetzt z reell mit $0 < z < 1/B$ und $0 < z < 1$:

$$|g(z) = |1 - z^k + z^{k+1}b(z)| \leq 1 - z^k + |z^{k+1}b(z)| < 1 - z^k + z^k < 1 .$$

Also ist $f(\lambda z)| < 1$. Hiermit ist das Lemma bewiesen. ∎

Lemma 6.9 Es sei p ein Polynom von positivem Grad. Dann gibt es ein $R \in \mathbb{R}$, so dass für alle $|z| > R$ gilt: $|p(z)| \geq |p(0)|$.

Sei $p(z) = z^n + a_{n-1}z^{n-1} + \cdots + a_1 z + a_0$, $A := |a_0| + \cdots + |a_{n-1}|$ und $R = \max\{1, 2A\}$. Wir behaupten, dass für alle z mit $|z| \geq R$ gilt, dass $|p(z)| \geq A \geq |a_0| = |p(0)|$, denn für solche z gilt:

$$p(z) = z^n(1 + r(z)), \quad r(z) = \frac{a_{n-1}}{z} + \cdots + \frac{a_0}{z} .$$

Da $|z| \geq 1$, folgt $|r(z)| \leq A/|z|$ und $|r(z)| \leq 1/2$. Es folgt $|1| = |1 + r(z) - r(z)| \leq |1 + r(z)| + |r(z)| \leq 1/2 + |1 + r(z)|$, also $|1 + r(z)| \geq 1/2$ und deshalb:

$$|p(z)| = |z|^n|1 + r(z)| \geq \frac{1}{2}|z|^n \geq A \geq |p(0)| .$$

∎

Bevor wir das nächste Lemma formulieren, geben wir einige Definitionen bezüglich der Stetigkeit. Eine Funktion $f\colon \mathbb{C} \to \mathbb{C}$ heißt (folgen)stetig, wenn für jede konvergente Folge (z_n) gilt, dass $f(z_n)$ konvergent ist und $f(\lim_{n\to\infty} z_n) = \lim_{n\to\infty} f(z_n)$. Zum Beispiel ist $z_n \to x_n$ eine stetige Funktion und auch $z_n \to \overline{z}_n = x_n - iy_n$. Sind p, q stetig, so auch $p \cdot q$ und $p + q$. Ebenfalls sind Verkettungen stetiger Funktionen stetig. Die Beweise dieser Tatsachen verlaufen wie im reellen Fall. Es folgt, dass wenn $z \to p(z)$ stetig ist, dann auch $z \to \overline{p(z)}$ und $z \to p(z) \cdot \overline{p(z)} = |p(z)|^2$. Damit ist $z \to |p(z)| = \sqrt{|p(z)|^2}$ eine stetige Funktion.

Lemma 6.10 Es sei $R > 0$, $C_R = \{z \in \mathbb{C} : |z| \leq R\}$ und $f\colon C_R \to \mathbb{R}_{\geq 0}$ stetig. Dann hat f ein Minimum, d. h., es gibt ein $a \in C_R$ mit $f(z) \geq f(a)$ für alle $z \in \mathbb{C}_R$.

Wir behaupten, dass jede Folge (z_n) mit $z_n \in \mathbb{C}$ eine konvergente Teilfolge (z_{n_k}) hat. Dazu schreiben wir $(z_n) = (x_n + iy_n)$. Dann ist (x_n) eine beschränkte Folge reeller Zahlen, da $-R \leq x_n \leq R$, und hat somit eine konvergente Teilfolge (x_{n_k}), siehe 3.13. Dann hat (y_{n_k}) ebenfalls eine konvergente Teilfolge $(y_{n_{k_\ell}})$. Dann ist $(z_{n_{k_\ell}})$ eine konvergente Teilfolge von (z_n). Weil $|\ |^2$ eine stetige Funktion ist, folgt, dass der Grenzwert dieser konvergenten Teilfolge ebenfalls in C_R liegt.

Betrachten wir nun die Menge $B := \{f(z)\colon z \in C_R\}$ und es sei $b = \inf(B)$. Wir behaupten, dass $b \in B$ ist, also die Funktion $f(z)$ ein Minimum auf C_R hat. Es gibt eine Folge (b_n) mit $b_n \in B$, mit $\lim_{n\to\infty} b_n = b$ und $b < \cdots < b_3 < b_2 < b_1$. Sei $z_n \in C_R$ mit $f(z_n) = b_n$. Diese (z_n) hat eine konvergente Teilfolge (z_{n_k}) mit Grenzwert a. Wegen Stetigkeit ist $f(a) = \lim_{k\to\infty} f(z_{n_k}) = b$.

Es folgt für $|z| \leq R$, dass $f(z) \geq f(a)$. ■

Beweis des Hauptsatzes der Algebra. Wegen Lemma 6.9 gibt es ein $R > 0$, so dass $|p(z)| \geq |p(0)|$ für alle z mit $|z| \geq R$. Wegen Lemma 6.10 gibt es ein a mit $|a| \leq R$ und $|p(z)| \geq |p(a)|$ für alle z mit $|z| \leq R$. Es folgt, dass $|p(a)|$ das globale Minimum von $|p(z)|$ ist. Wäre $p(a) \neq 0$, so gibt es nach Lemma 6.8 ein $z \in \mathbb{C}$ mit $|p(z)| < |p(a)|$, Widerspruch. Somit ist $p(a) = 0$. ■

Satz 6.11 Es sei $p(x)$ ein Polynom mit reellen Koeffizienten. Hat p keine reellen Nullstellen, so gibt es reelle Zahlen d, e und ein Polynom $h(x)$ mit:

$$p(x) = (x^2 + dx + e) \cdot h(x)\,.$$

Ist a eine komplexe Nullstelle von p, dann auch $\overline{a}$ und $p(x) = (x - a)(x - \overline{a})h(x)$ durch zweimaliges Anwenden der Polynomdivision. Mit $d = -(a + \overline{a})$ und $e = a\overline{a}$ folgt die Behauptung. ■

Integrieren

7

ÜBERBLICK

LERNZIELE

- Definition von Flächen für σ-Mengen
- Definition des Integrals: Hauptsatz der Differenzial- und Integralrechnung
- Partielle Integration und Substitutionsregel
- Partialbruchzerlegung: Integrieren von rationalen Funktionen
- Trapezregel und Simpsonsche Regel
- Integralkriterium
- Bogenlänge

Eine genaue mathematische Einführung des Begriffes **Fläche** $\mu(A)$ einer Teilmenge $A \subset \mathbb{R}^2$ ist nicht leicht (und im Allgemeinen auch nicht sinnvoll). Zunächst werden wir dies lediglich für sogenannte σ-Mengen einführen. Eine σ-Menge ist eine Menge der Form $\bigcup_{i=1}^{\infty} R_i$, wobei die R_i disjunkte halboffene Rechtecke sind. Man hat das technische Problem zu zeigen, dass die Fläche wohldefiniert ist. Der Beweis dieser Tatsache ist nicht einfach und der Leser sollte nicht erwarten, den Beweis auf Anhieb zu verstehen.

Nicht alle Teilmengen von $\mathbb{R}^2$ sind σ-Mengen. Jedoch gilt Folgendes: Ist $f\colon [a,b] \to \mathbb{R}$ eine stetige Funktion, so sind die Ordinatenmengen

$$O_+(f) = \{(x,y)\colon a \le x < b\,, \quad 0 \le y < f(x)\} \text{ und}$$
$$O_-(f) = \{(x,y)\colon a \le x < b\,, \quad f(x) \le y < 0\}$$

beide σ-Mengen. Das Integral $\int_a^b f(x)\,\mathrm{d}x$ ist nun nichts anderes als die Differenz der Flächen der Ordinatenmengen:

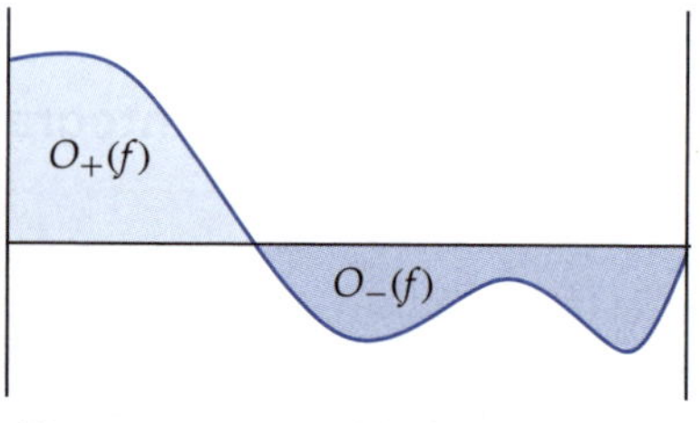

$$\int_a^b f(x)\,\mathrm{d}x := \mu(O_+(f)) - \mu(O_-(f))\,.$$

In fast allen Büchern der Analysis wird die Definition von Fläche einfach ignoriert. Stattdessen wird das Riemann-Integral definiert und nebenbei bemerkt, dass dieses Riemann-Integral die geometrische Interpretation von Fläche hat. Für die Dozenten, die diesen Ansatz bevorzugen, ist ein Abschnitt über das Riemann-Integral eingefügt. Dieser Abschnitt kann jedoch vollständig ignoriert werden.

Die Bedeutung des Integrals liegt im Hauptsatz der Differenzial- und Integralrechnung. Dieser besagt, dass die Funktion

$$F(x) = \int_a^x f(t)\,\mathrm{d}t$$

differenzierbar ist mit Ableitung $F'(x) = f(x)$. Man nennt F eine **Stammfunktion** von f. Der Grund für diese Tatsache ist, ohne auf technische Details einzugehen, einleuchtend. Aus dem nachfolgenden Bild ist ersichtlich, dass $F(x+h) \approx F(x) + h \cdot f(x)$, also $\lim\limits_{h\to 0} \frac{F(x+h)-F(x)}{h} = f(x)$.

Zwei Stammfunktionen **auf einem Intervall** unterscheiden sich nur durch eine Konstante.[1] Ist somit $F(x)$ eine Stammfunktion von $f(x)$, so folgt:

$$\int_a^b f(x)\,\mathrm{d}x = F(b) - F(a)\,.$$

Der Hauptsatz ist deshalb eine starkes Mittel zur Flächenberechnung von Ordinatenmengen. Man braucht ja „nur" eine Stammfunktion der Funktion $f(x)$ zu berechnen. Jedoch ist das Berechnen einer Stammfunktion, wenn überhaupt möglich, nicht einfach. Ein bekannter Spruch ist:

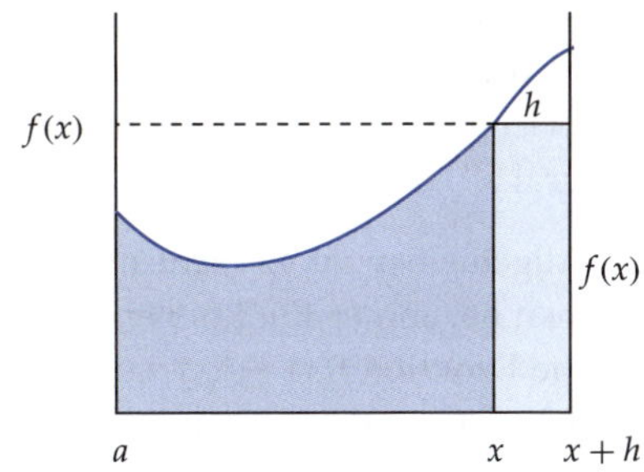

$F(x+h) \approx f(x) + h \cdot f(x)$

Differenzieren ist ein Handwerk, Integrieren eine Kunst.

Am besten lernt man eine Stammfunktion von Standardfunktionen auswendig. Hier folgt eine Tabelle:

$f(x)$	Stammfunktion
x^α	$\frac{1}{\alpha+1} \cdot x^{\alpha+1}, \alpha \neq -1$
$1/x$	$\log(\lvert x\rvert)$
e^x	e^x
a^x	$\frac{1}{\log(a)} a^x \quad a > 0$ und $a \neq 1$
$\sin(x)$	$-\cos(x)$
$\cos(x)$	$\sin(x)$
$\frac{1}{\sqrt{1-x^2}}$	$\arcsin(x)$
$\frac{1}{x^2+1}$	$\arctan(x)$
$\frac{1}{\sqrt{x^2+1}}$	$\operatorname{arsinh}(x)$
$\frac{1}{\sqrt{x^2-1}}$	$\operatorname{arcosh}(x)$

Um Stammfunktionen zu finden, lernen Sie zwei wichtige Methoden: die Substitutionsmethode und die partielle Integration. Die erste Methode beruht auf der Kettenregel und die zweite Methode auf der Produktregel für das Differenzieren von Funktionen. Weiter lassen sich die Stammfunktionen von rationalen Funktionen berechnen. Hierzu wird die sogenannte Partialbruchzerlegung benutzt. Zum Beispiel ist

$$\frac{1}{x^2-1} = \frac{1}{2} \cdot \frac{1}{x-1} - \frac{1}{2} \cdot \frac{1}{x+1}$$

und deshalb ist $\frac{1}{2}\log(\lvert x-1\rvert) + \frac{1}{2}\log(\lvert x+1\rvert)$ eine Stammfunktion von $\frac{1}{x^2-1}$.

1 Es ist zu beachten, dass wenn eine Funktion definiert ist auf zwei Intervallen, wie z. B. $f(x) = 1/x$, die Konstante auf den jeweiligen Intervallen verschieden sein darf. So ist für jedes Paar (C_1, C_2) von reellen Zahlen die Funktion

$$F(x) = \begin{cases} \log(x) + C_1 & x > 0 \\ \log(-x) + C_2 & x < 0 \end{cases}$$

eine Stammfunktion von $f(x) = 1/x$.

Das Integral $\int_a^b f(x)\,\mathrm{d}x$ kann man oft auch für stetige Funktionen $f\colon (a,b) \to \mathbb{R}$ definieren, welche also auf (halb)offenen Intervallen definiert ist. Man muss dennoch beachten, dass sowohl die Fläche von $O_+(f)$ als auch von $O_-(f)$ endlich sein sollte. In diesem Fall nennt man das Integral $\int_a^b f(x)\,\mathrm{d}x$ konvergent.

Im Allgemeinen ist es nicht möglich, eine geschlossene Formel für eine Stammfunktion in Termen bekannter Funktionen wie $\sin(x)$, e^x, $\log(x)$ usw. zu finden. Dies gilt zum Beispiel für die Funktion $f(x) = \sqrt{1/(x^3+1)}$. Um dennoch das Integral $\int_a^b f(x)dx$ näherungsweise zu bestimmen, werden oft numerische Methoden benutzt.

Wir behandeln hier lediglich die sogenannte Trapezregel und die Simpsonsche Regel. Die Idee ist hier, den Graph von $f(x)$ durch endlich viele Trapeze zu ersetzen. Bei der Simpsonschen Regel wird der Graph von $f(x)$ durch endlich viele Parabelstücke ersetzt. Auch hier gilt wieder, dass man eine Abschätzung des Fehlers braucht. In der Figur nebenan ist die Trapezregel bildlich dargestellt.

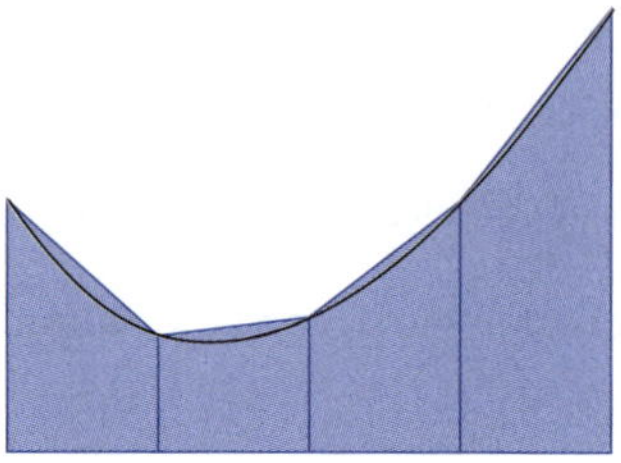

Als weitere Anwendung betrachten wir das Integralkriterium, welches eine Verbindung zwischen der Konvergenz der Reihe

$$\sum_{n=m}^{\infty} f(n)$$

und der Konvergenz des Integrals

$$\int_m^{\infty} f(x)\,\mathrm{d}x$$

für streng monoton fallende stetige Funktionen herstellt. Weiterhin betrachten wir die Bogenlänge von Graphen, berechnen das Integral

$$\int_{-\infty}^{\infty} \mathrm{e}^{-x^2}\,\mathrm{d}x$$

(welches in der Statistik eine wichtige Rolle spielt) und beweisen als Anwendung die Irrationalität der Kreiszahl π.

Im letzten optionalen Abschnitt behandeln wir das Lebesgue-Integral. Die Idee ist, die Definition von Fläche auf die allgemeineren Lebesguemessbare Mengen zu erweitern.[2] Ist $\mu(A)$ die Fläche einer Lebesguemessbaren Menge A, so heißt f Lebesgueintegrierbar, wenn $O_+(f)$ und $O_-(f)$ Lebesguemessbar sind mit endlicher Fläche, und das Lebesgueintegral $\int_a^b f(x)\,\mathrm{d}x$ wird wie bei dem Integral für stetige Funktionen durch $\mu(O_+(f)) - \mu(O_-(f))$ definiert.

2 Nicht alle Teilmengen von $\mathbb{R}^2$ sind Lebesguemessbar, aber für unsere Zwecke allgemein genug.

Eine Menge A ist Lebesguemessbar, wenn sie sich beliebig gut durch σ-Mengen approximieren lässt. Für Lebesguemessbare Mengen ist die Fläche das Infimum der Fläche aller σ-Mengen, welche A umfassen. Diese Definition ist eine natürliche Erweiterung des Flächenbegriffs.

Man hat einige schöne Rechenregeln für die Fläche von Lebesguemessbaren Mengen. Diese zu beweisen, ist jedoch nicht einfach und ziemlich langwierig. Man braucht Durchhaltevermögen, um diese Beweise zu verstehen.

7.1 Das Integral für stetige Funktionen

Ist $f\colon [a,b] \to \mathbb{R}$, so definieren wir die **Ordinatenmengen**:

$$O_+(f) := \{(x,y)\colon x \in [a,b)\,,\quad 0 \le y < f(x)\}$$
$$O_-(f) := \{(x,y)\colon x \in [a,b)\,,\quad f(x) < y < 0\}$$

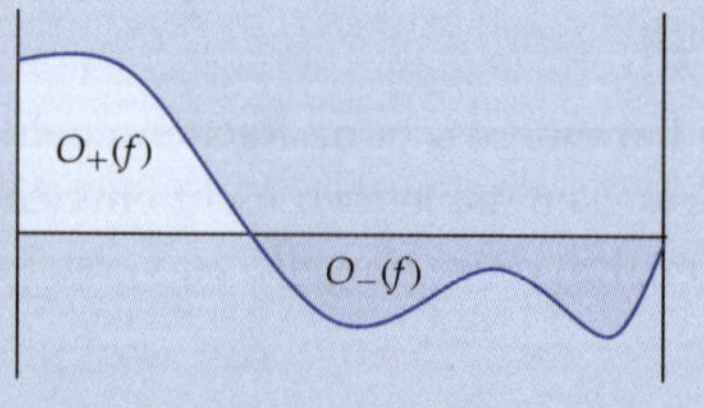

Wir möchten das Integral von $f(x)$ von a nach b als die Fläche von $O_+(f)$ minus der Fläche von $O_-(f)$ definieren. Die Definition von Fläche ist jedoch nicht so leicht.

1 Ist $a \le b$ und $c \le d$, so heißt $R = [a,b) \times [c,d)$ ein **(halboffenes) Rechteck**. Die Zahl $\mu(R) := (b-a) \cdot (d-c)$ nennen wir die **Fläche** von R.

2 Ist $A = \bigcup_{i=1}^{\infty} R_i$ für paarweise disjunkte Rechtecke R_i, so heißt A eine σ-Menge. Die Zahl $\mu(A) := \sum_{i=1}^{\infty} \mu(R_i)$ nennen wir die **Fläche** von A.

Satz 7.1

1 Die Fläche einer σ-Menge ist wohldefiniert.

2 Ist $f\colon [a,b] \to \mathbb{R}$ stetig, so sind $O_+(f)$ und $O_-(f)$ beide σ-Mengen.

3 Sind O und U σ-Mengen mit $O \subset U$, so gilt $\mu(O) \le \mu(U)$.

Die Bedeutung der ersten Aussage ist Folgendes: Ist $\cup_{i=1}^{\infty} R_i = \cup_{i=1}^{\infty} Q_i$ für halboffene Rechtecke R_i und Q_i, so gilt die Gleichung $\sum_{i=1}^{\infty} \mu(R_i) = \sum_{i=1}^{\infty} \mu(Q_i)$.

Ist $f\colon [a,b] \to \mathbb{R}$ eine stetige Funktion, so hat f ein Maximum M auf $[a,b]$. Es folgt, dass $O_+(f)$ eine Teilmenge von $[a,b) \times [0,M)$ ist, insbesondere hat $O_+(f)$ eine endliche Fläche. Ebenso für $O_-(f)$ und deshalb macht die nachfolgende Definition Sinn.

Ist $f\colon [a,b] \to \mathbb{R}$ **stetig**, so definieren wir das **Integral** als „gewichtete Fläche“:

$$\int_a^b f(x)\,\mathrm{d}x := \mu(O_+(f)) - \mu(O_-(f))$$

Sind O und U zwei disjunkte σ-Mengen, so ist $O \cup U$ eine σ-Menge und $\mu(O \cup U) = \mu(O) + \mu(U)$, also

Lemma 7.2 Ist $a \le c \le b$, so ist $\displaystyle\int_a^b f(x)\,\mathrm{d}x = \int_a^c f(x)\,\mathrm{d}x + \int_c^b f(x)\,\mathrm{d}x$.

Aufgaben

Lösung

Aufgabe 7.1 Sind $A_1, A_2, A_3, \ldots$ σ-Mengen, paarweise disjunkt, so ist $A := \cup_{i=1}^{\infty} A_i$ auch eine σ-Menge und $\mu(A) = \sum_{i=1}^{\infty} \mu(A_i)$. Zeigen Sie diese Aussage.

Bemerke, dass es in dieser Aussage auch erlaubt ist, dass $A_i = \emptyset$ für endlich oder unendlich viele i.

Aufgabe 7.2 Es seien $f(x)$ und $g(x)$ auf $[a, b]$ stetige Funktionen mit $f(x) \leq g(x)$ für alle $x \in [a, b]$. Zeigen Sie: $\int_a^b f(x)\,\mathrm{d}x \leq \int_a^b g(x)\,\mathrm{d}x$.

Tipp: Hierbei dürfen Sie die Aussage des Satzes 7.1 benutzen.

Aufgabe 7.3
Sei f eine wachsende (oder fallende) stetige Funktion auf $[a, b]$, und $a_j = a + j \cdot (b - a)/n$ für $j = 0, \ldots, n$. Zeigen Sie:

$$\int_a^b f(x)\,\mathrm{d}x = \lim_{n\to\infty} \sum_{j=0}^{n-1} f(a_j) \cdot (b-a)/n$$

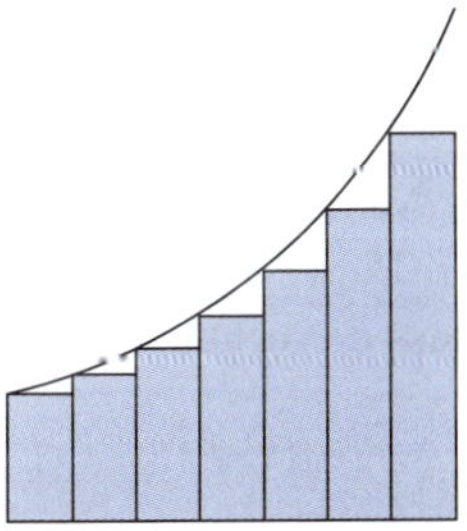

Tipp: Benutzen Sie Lemma 7.2, Satz 7.1, dritter Teil, Aufgabe 7.2 und betrachten Sie die nebenstehende Figur. Betrachten Sie ebenfalls $\sum_{j=1}^{n} f(a_j) \cdot (b - a)/n$.

Zeigen Sie hiermit:

1. $\displaystyle\int_0^b x\,\mathrm{d}x = \frac{1}{2}b^2$
2. $\displaystyle\int_0^b x^2\,\mathrm{d}x = \frac{1}{3}b^3$
3. $\displaystyle\int_0^1 \frac{1}{1+x}\,\mathrm{d}x = \lim_{n\to\infty}\left(\frac{1}{n+1} + \frac{1}{n+2} + \cdots + \frac{1}{2n}\right)$
   (Sie werden bald $\int_0^1 \frac{1}{1+x}\,\mathrm{d}x = \log(2)$ ausrechnen können.)

Beweis des Satzes 7.1

Wir haben alle ein gutes intuitives Verständnis von dem Begriff Fläche. Es ist allerdings nicht einfach, die Fläche einer Menge $A \subset \mathbb{R}$ genau zu definieren. (Schlimmer noch: Der Begriff Fläche ist nicht für alle Mengen $A \subset \mathbb{R}^2$ sinnvoll.) In der Definition auf Seite 166 ist dies auch nicht für alle Mengen gemacht, nur für Mengen, die als abzählbare Vereinigung von disjunkten Rechtecken geschrieben werden können. Die Definition der Fläche eines (halboffenen) Rechtecks als Breite mal Höhe ist hoffentlich einleuchtend. Wir sind damit irgendwie gezwungen, die Fläche einer σ-Menge so zu definieren, wie wir es gemacht haben.

Zwei Fragen drängen sich hier auf:

1. Wie „allgemein" ist der Begriff σ-Menge?
2. Ist die Definition von Fläche von σ-Mengen sinnvoll?

Eine Menge $U \subset \mathbb{R}^2$ heißt offen, wenn man für jeden Punkt $a \in U$ eine Zahl $r > 0$ finden kann, so dass das offene Rechteck

$$\{(x, y) : |x - c| < r\,, |y - d| < r\}$$

ganz in U enthalten ist.

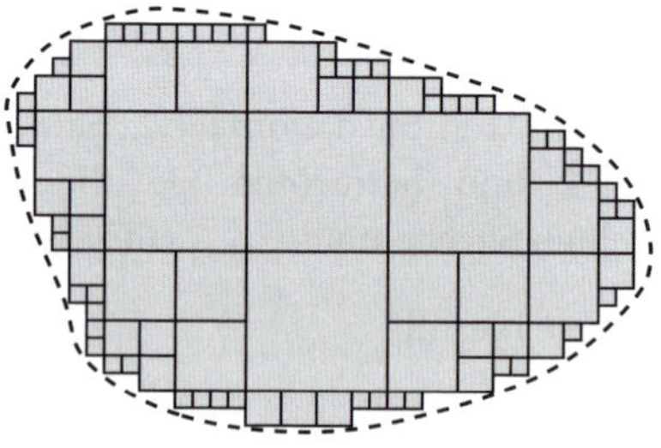

Hier rechts wird mit einem Bild suggeriert, dass eine offene Menge in $\mathbb{R}^2$ eine σ-Menge ist. Um das einzusehen, sei k fest und man nehme an, der Punkt (a, b) hat Koordinaten in $\frac{1}{2^k}\mathbb{Z}$. Wir definieren „kleine halboffene Rechtecke":

$$V_{a,b,k} := \left\{(x, y) \in \mathbb{R}^2 : a \leq x < a + \frac{1}{2^k} \text{ und } b \leq x < b + \frac{1}{2^k}\right\}.$$

Dann nehmen wir Rechtecke vom Typ $V_{a,b,0}$, welche komplett in U liegen. Die Vereinigung dieser Rechtecke ist eine σ-Menge W_0. Dann nehmen wir die Rechtecke vom Typ $V_{a,b,1}$, welche komplett in U, aber nicht in W_0 liegen. Die Vereinigung ist eine σ-Menge W_1. Dann nehmen wir die Rechtecke vom Typ $V_{a,b,2}$, welche komplett in U, aber nicht in $W_0 \cup W_1$ liegen usw. Es gilt, dass

$$U = W_0 \cup W_1 \cup W_2 \cup \ldots$$

eine disjunkte Vereinigung von halboffenen Rechtecken, also eine σ-Menge ist. Tatächlich ist die Inklusion $\supset$ klar. Sei $(c, d) \in U$. Wir können dann $a \leq c$ und $b \leq d$ finden, so dass $V_{a,b,k} \subset U$ und sowohl a als auch b in $\frac{1}{2^k}\mathbb{Z}$ für k hinreichend groß. Dann ist (c, d) in $W_0 \cup \cdots \cup W_k$.

Der Beweis, dass die Ordinatenmenge $O_+(f)$ und $O_-(f)$ einer stetigen Funktion eine σ-Menge ist, verläuft analog. Zunächst bemerken wir, dass es reicht, dies für $a = 0$ zu zeigen. Ist nämlich $g(x) := f(a + x)$, für $0 \leq x < b - a$, so ist $O_+(f)$ eine σ-Menge genau dann, wenn $O_+(g)$ eine σ-Menge ist.

Wir nehmen also $a = 0$ an. Die Menge $A = \{(x, y) \colon 0 < x < b, 0 < y < f(x)\}$ ist offen. Ist nämlich $d < f(c)$, so folgt aus der Stetigkeit, dass auch $d < f(x)$ für alle x mit $|x - c| < \delta$, vorausgesetzt δ ist klein genug. Dann ist das Rechteck $\{(x, y) \colon |x - c| < \delta, 0 < y < f(c)\}$ in der Menge A enthalten. Also ist die Menge A offen. Wir können den Beweis, dass eine offene Menge U eine σ-Menge ist, wiederholen. Auch die Ränder

$$\{(0, d) \colon 0 \le d < f(0)\} \text{ und } \{(c, 0) \colon 0 \le c < b\}$$

bereiten keine Probleme. Für hinreichend großes k groß genug ist $V_{0,d,k} \subset O_+(f)$ und $V_{c,o,k} \subset O_+(f)$, wiederum wegen der Stetigkeit von f.

Wir kümmern uns nun um die zweite Frage. Es könnte nämlich sein, dass es mehrere Schreibweisen von A als disjunkte Vereinigung von halboffenen Rechtecken gibt. Ist also $A = \cup_{i=1}^{\infty} Q_i = \cup_{j=1}^{\infty} R_j$, so ist zu zeigen:

$$\sum_{i=1}^{\infty} \mu(Q_i) = \sum_{j=1}^{\infty} \mu(R_j) \,. \tag{7.1}$$

Ist $O = \cup_{i=1}^{\infty} Q_i \subset \cup_{j-1}^{\infty} R_j = U$, ist die dritte Aussage des Satzes 7.1:

$$\sum_{i=1}^{\infty} \mu(Q_i) \le \sum_{j=1}^{\infty} \mu(R_j) \,. \tag{7.2}$$

Die Gleichung (7.1) folgt durch nochmalige Anwendung der Ungleichung 7.2, wobei die Rollen von O und U vertauscht werden. Wir müssen uns deshalb nur um die dritte Aussage des Satzes 7.1 kümmern.

Lemma 7.3

1. Die Intervalle $[a_i, b_i)$ für $i = 1, \ldots, N$ seien disjunkt mit $\cup_{i=1}^{N} [a_i, b_i) \subset [a, b)$. Dann gilt $\sum_{i=1}^{N} (b_i - a_i) \le b - a$.
2. Es gilt $\cup_{i=1}^{N} (a_i, b_i) \supset (a, b)$. Dann ist $\sum_{i=1}^{N} (b_i - a_i) \ge b - a$.

Ohne Einschränkung ist $a_1 < a_2 < \cdots < a_N$. Mit $b_0 = a$ und $a_{N+1} = b$ gilt:

$$\sum_{j=0}^{N} (a_{j+1} - b_j) + \sum_{i=1}^{N} (b_i - a_i) = a_{N+1} - b_0 = b - a \,.$$

Im ersten Fall ist $a_{j+1} \ge b_j$ und im zweiten $a_{j+1} < b_j$. Die Aussagen folgen. ∎

Satz 7.4 Es sei eine Menge von offenen Intervallen J_s mit $s \in S$ gegeben mit $[a, b] \subset \cup_{s \in S} J_s$.

Dann gibt es **endlich viele** $s_1, \ldots, s_n \in S$ mit $[a, b] \subset \cup_{j=1}^{n} J_{s_j}$.

Betrachte die Menge A aller Zahlen $x \in [a, b]$, für die die Aussage für das Intervall $[a, x]$ gültig ist. Zu zeigen ist, dass $b \in A$.

Weil $a \in A$, ist A nicht leer und das Supremum von A sei c. Dann ist $c \in A$. Wäre nämlich $c \notin A$, so nehme ein $J_{s(c)}$ mit $c \in J_{s(c)}$. Dann gibt es ein $d \in J_{s(c)}$ mit $d < c$, so dass $[a, d]$ enthalten ist in endlich vielen der J_s. Zusammen mit $J_{s(c)}$ ist dann auch $[a, c]$ enthalten in endlich vielen der J_s und, wenn $c < b$ wäre, auch $[a, e]$, wobei $e > c$ und $e \in J_{s(c)}$, Widerspruch zur Wahl von c. Dies zeigt $c \in A$ und $c = b$ und der Satz ist bewiesen. ■

Satz 7.5 Ist $[a, b) \subset \cup_{i=1}^{\infty}[a_i, b_i)$, so ist $\sum_{i=1}^{\infty}(b_i - a_i) \geq b - a$.

Sei $\varepsilon > 0$, $d = b - \varepsilon$, $c_i = a_i - \varepsilon/2^i$ und $J_i = (c_i, b_i)$. Dann ist $\cup_{i=1}^{\infty} J_i \supset [a, d]$ und wegen Satz 7.4 gibt es ein N mit $\cup_{i=1}^{N} J_i \supset [a, d]$. Nach Lemma 7.3 zweiter Teil gilt $\sum_{i=1}^{N}(b_i - c_i) > d - a$ und deshalb:

$$\sum_{i=1}^{\infty}(b_i - a_i) = -\varepsilon + \sum_{i=1}^{\infty}(b_i - c_i) \geq -\varepsilon + \sum_{i=1}^{N}(b_i - c_i) > -\varepsilon + d - a = b - a - 2\varepsilon \, .$$

Dies gilt für jedes $\varepsilon > 0$, also folgt der Satz. ■

Satz 7.6 Seien $R, R_1, R_2, R_3, \ldots$ halboffene Rechtecke.

1. Ist $\bigcup_{i=1}^{\infty} R_i \subset R$ und sind die R_i paarweise disjunkt, so ist $\sum_{i=1}^{\infty} \mu(R_i) \leq \mu(R)$.
2. Ist $R \subset \bigcup_{i=1}^{\infty} R_i$, so ist $\mu(R) \leq \sum_{i=1}^{\infty} \mu(R_i)$.

Beweis von Satz 7.6 Sei $R = [a, b) \times [c, d)$. Für eine Menge B und eine Zahl schreiben wir $B(x) = \{y \colon (x, y) \in B\}$. Dann sind $R(x)$ und $R_i(x)$ halboffene Intervalle. Mit $\ell(R_i(x))$ bezeichnen wir die Länge des Intervalls $R_i(x)$ und analog ist $\ell(R(x)) = d - c$. Wir nehmen nun das erste Rechteck R_i und lassen es auf die Gerade $y = c$ fallen. Dann nehmen wir das zweite und lassen es auf R_2 fallen. Es könnte in verschiedene Teile zerbrechen. Dann nehmen wir das dritte Rechteck R_3 usw. Nach N Schritten bekommen wir ein „Histogramm“ B_N, siehe die nachfolgende Abbildung.

Sie ist eine endliche Vereinigung von Rechtecken mit $\mu(B_N) = \sum_{i=1}^{N} \mu(R_i)$ und liegt auf der Geraden $y = c$. Es gilt nach Definition, dass die Länge von $B_N(x)$ gleich $\sum_{i=1}^{N} \ell(R_i(x))$ ist. Wir betrachten nun die verschiedenen Fälle des Satzes 7.6:

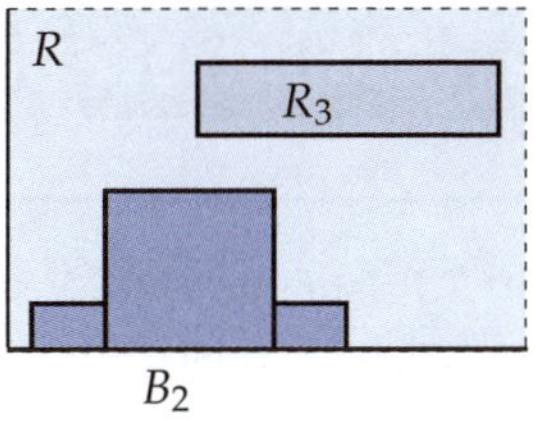

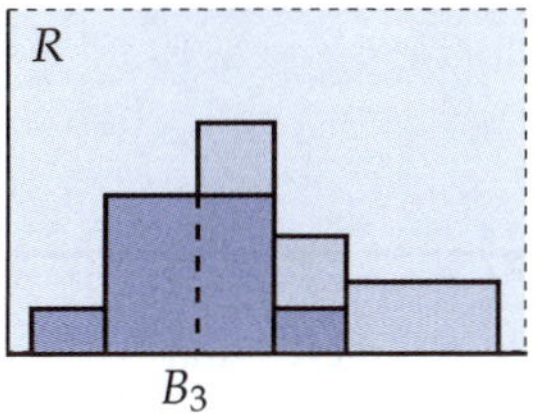

1 In diesem Fall ist $B_N(x) = \emptyset$, wenn $x \notin [a, b)$ und $\ell(B_N(x)) < d - c$ nach dem ersten Teil von Lemma 7.3.

Also ist das Histogramm B_N in R enthalten, die Ungleichung $\mu(B_N) \leq \mu(R)$ folgt. Somit ist $\sum_{i=1}^{N} \mu(R_i) \leq \mu(R)$ für jedes N und $\sum_{i=1}^{\infty} \mu(R_i) \leq \mu(R)$.

2 Sei $\varepsilon > 0$ und N gegeben und sei J_N die Menge aller x, für die gilt:

$$\ell(B_N(x)) = \sum_{i=1}^{N} \ell(R_i(x)) \geq d - c - \varepsilon\ .$$

Dann ist J_N eine endliche Vereinigung von halboffenen Intervallen mit $J_1 \subset J_2 \subset J_3 \subset \cdots$. Bemerke, dass die Differenz von zwei endlichen Vereinigungen von halboffenen Intervallen wieder eine endliche Vereinigung von halboffenen Intervallen ist. Ist $J_0 := \emptyset$, $p_0 = 0$ und $J_N \setminus J_{N-1} = \cup_{i=p_{N-1}+1}^{p_N} [a_i, b_i)$ eine disjunkte Vereinigung von halboffenen Intervallen, so ist $\cup_{N=1}^{\infty} J_N = \cup_{i=1}^{\infty} [a_i, b_i)$. Nach Satz 7.5 gibt es ein p_N, so dass $\sum_{j=1}^{p_N} (b_i - a_i) > (b - a - \varepsilon)$. Es folgt $\sum_{i=1}^{N} \mu(R_i) = \mu(B_N) \geq (b - a - \varepsilon) \cdot (d - c - \varepsilon)$. Weil dies für jedes $\varepsilon > 0$ gilt, folgt:

$$\sum_{i=1}^{\infty} \mu(R_i) \geq (b - a)(d - c) = \mu(R)\ . \qquad \blacksquare$$

Beweis der Ungleichung (7.2)

Zunächst bemerken wir, dass $Q_i \cap R_j$ ebenfalls ein halboffenes Rechteck ist, siehe die nebenstehende Abbildung. Weiter ist klar, dass $Q_i = \cup_{j=1}^{\infty} Q_i \cap R_j$. Die $Q_i \cap R_j$ sind ebenfalls paarweise disjunkt und die Anwendung von Satz 7.6 gibt die Gleichung und die Ungleichung:

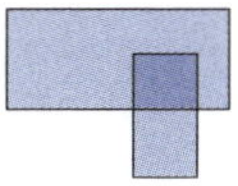

$$\mu(Q_i) = \sum_{j=1}^{\infty} \mu(Q_i \cap R_j) \text{ und } \mu(R_j) \geq \sum_{i=1}^{\infty} \mu(Q_i \cap R_j)\ .$$

Mit dem großen Umordnungssatz folgt:

$$\sum_{i=1}^{\infty} \mu(Q_i) = \sum_{i=1}^{\infty} \sum_{j=1}^{\infty} \mu(Q_i \cap R_j) = \sum_{j=1}^{\infty} \sum_{i=1}^{\infty} \mu(Q_i \cap R_j) \leq \sum_{j=1}^{\infty} \mu(R_j)\ . \qquad \blacksquare$$

7.2 Hauptsatz der Differenzial- und Integralrechnung

Satz 7.7 Ist $f\colon [a,b] \to \mathbb{R}$ stetig, so ist die Funktion $F(x) := \int_a^x f(t)\,dt$ eine Stammfunktion von f, d. h., $F(x)$ ist differenzierbar und $F'(x) = f(x)$. Ist $F(x)$ eine beliebige Stammfunktion von f, so folgt:

$$\int_a^b f(x)\,\mathrm{d}x = F(b) - F(a) =: (F(x)]_a^b \,.$$

Wir nehmen zunächst an, dass $f(x) > 0$. Dann ist wegen Lemma 7.2 die Differenz $F(x+h) - F(x) = \int_x^{x+h} f(t)\,dt$ gleich dem Flächeninhalt von

$$B := \{(t,y)\colon x \le t < x+h, 0 \le y < f(t)\}$$

Sei $\varepsilon > 0$. Dann existiert $\delta > 0$, so dass $f(x) - \varepsilon < f(t) < f(x) + \varepsilon$ für alle $t \in [x, x+\delta)$. Sei $h < \delta$. Die Rechtecke

$$R := [x, x+h) \times [0, f(x) - \varepsilon) \text{ und}$$
$$S := [x, x+h) \times [0, f(x) + \varepsilon)$$

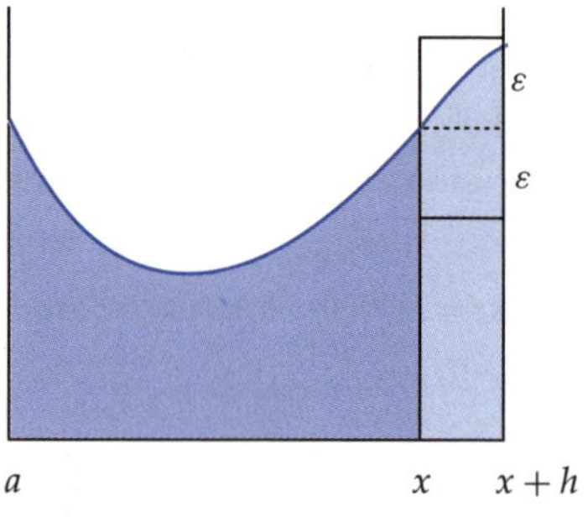

erfüllen die Inklusionen $R \subset B \subset S$ und wegen Satz 7.1 und Aufgabe 7.2 folgt $\mu(R) \le \mu(B) \le \mu(S)$, d. h.:

$$h \cdot (f(x) - \varepsilon) < F(x+h) - F(x) < h \cdot (f(x) + \varepsilon) \,.$$

Hieraus folgt:

$$\lim_{h \searrow 0} \frac{F(x+h) - F(x)}{h} = f(x) \,.$$

Analog zeigt man $\lim_{h \nearrow 0} \frac{F(x+h)-F(x)}{h} = f(x)$. Also ist F differenzierbar mit Ableitung $F'(x) = f(x)$. Den Fall $f(x) \le 0$ behandelt man auf analoge Weise.

Die letzte Aussage folgt, weil Stammfunktionen sich auf einem Intervall nur durch eine Konstante (in diesem Fall $F(a)$) unterscheiden. ■

Beispiel: Mit $F(x) = \frac{1}{2}\left(x\sqrt{1-x^2} - \arccos(x)\right)$ gilt $F'(x) = \sqrt{1-x^2} =: f(x)$. Dann ist $O_+(f)$ die halbe Einheitsscheibe und die Fläche davon gleich

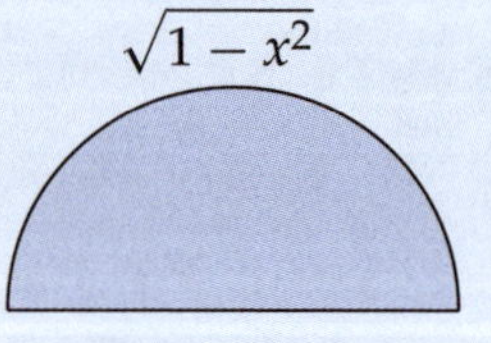

$$\int_{-1}^1 \sqrt{1-x^2}\,\mathrm{d}x = \frac{1}{2}\left(x\sqrt{1-x^2} - \arccos(x)\right]_{-1}^1 = \pi/2 \,.$$

Aufgaben

Lösung

Aufgabe 7.4 Berechnen Sie die nachfolgenden Integrale.

1. $\int_0^1 x^2 \, dx$ 2. $\int_0^{\pi} \sin(x) \, dx$ 3. $\int_{-1}^1 \frac{1}{x^2+1} \, dx$

4. $\int_0^1 \frac{1}{x+1} \, dx$ 5. $\int_0^{\pi/2} \sin^2(x) \, dx$ 6. $\int_0^{1/2} \frac{1}{\sqrt{1-x^2}} \, dx$

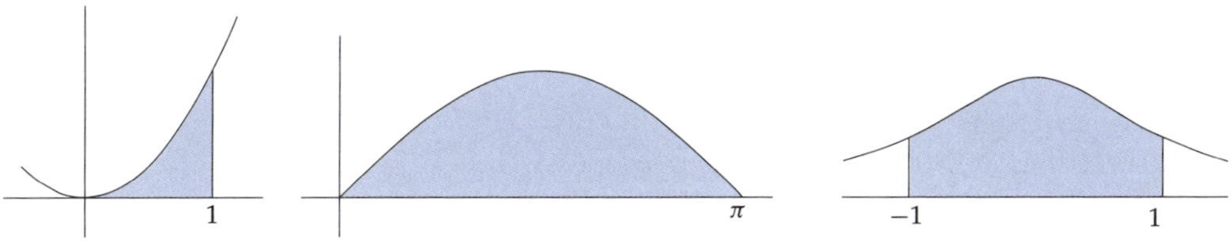

Aufgabe 7.5 Es sei $a \in [0, 1]$ und betrachten Sie die Funktion:

$$f(x) = \begin{cases} \sqrt{1-x^2} & a \le x \le 1 \\ \sqrt{1-a^2} \cdot \frac{x}{a} & 0 \le x < a \end{cases}$$

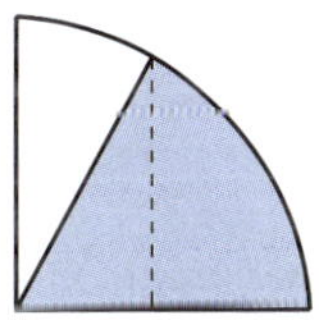

Berechnen Sie $\int_0^1 f(x) \, dx$.

Aufgabe 7.6 Es seien $a, b > 0$ und betrachten Sie das Innere einer Ellipse:

$$A = \left\{ (x, y) \colon \frac{x^2}{a^2} + \frac{y^2}{b^2} < 1 \right\} .$$

Zeigen Sie, dass die Fläche von A gleich $\pi \cdot ab$ ist.

Aufgabe 7.7

1. Zeigen Sie, dass

$$\int_0^1 \frac{x^4(1-x)^4}{1+x^2} \, dx = \frac{22}{7} - \pi .$$

Hinweis: $x^4(1-x)^4 = (1+x^2)(4 - 4x^2 + 5x^4 - 4x^5 + x^6) - 4$

2. Zeigen Sie

$$\frac{1}{2} \int_0^1 x^4(1-x)^4 \, dx \le \int_0^1 \frac{x^4(1-x)^4}{1+x^2} \, dx \le \int_0^1 x^4(1-x)^4 \, dx$$

und folgern Sie $\frac{1979}{630} \le \pi \le \frac{3959}{1260}$. Wie gut ist diese Annäherung von π?

Aufgabe 7.8 Es sei $f(x)$ und $g(x)$ auf $[a, b]$ stetige Funktionen und $c \in \mathbb{R}$. Warum gelten die Formeln

$$\int_a^b f(x) + g(x) \, dx = \int_a^b f(x) \, dx + \int_a^b g(x) \, dx \text{ und } \int_a^b cf(x) \, dx = c \int_a^b f(x) \, dx \, ?$$

7.3 *Das Riemann-Integral*

Eine Zerlegung $Z = (a_0, \dots, a_n)$ des Intervalls $[a, b]$ ist eine Sequenz von Punkten $a = a_0 < a_1 < \dots < a_n = b$. Es sei $f\colon [a, b] \to \mathbb{R}$ beschränkt, Z eine Zerlegung von $[a, b]$. Wir definieren die Untersumme $U(f, Z)$ und die Obersumme $O(f, Z)$:

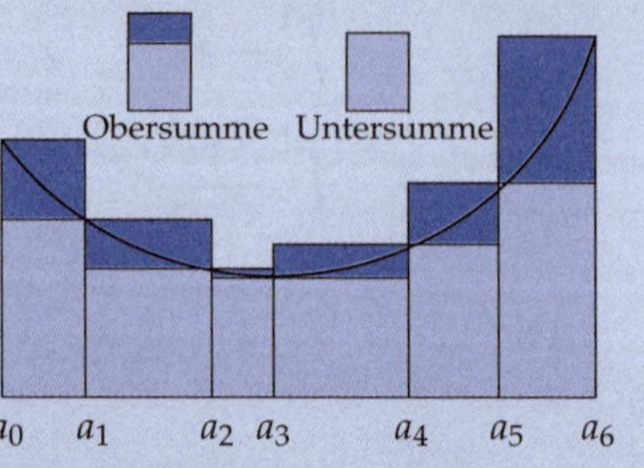

$$U(f, Z) := \sum_{i=1}^{n} (a_i - a_{i-1}) \inf f([a_{i-1}, a_i])$$

$$O(f, Z) := \sum_{i=1}^{n} (a_i - a_{i-1}) \sup f([a_{i-1}, a_i]) .$$

Weiterhin definieren wir:

Das Unterintegral: $I_*(f, a, b) := \sup \{U(f, Z)\colon Z \text{ Zerlegung von } [a, b]\}$
Das Oberintegral: $I^*(f, a, b) := \inf \{O(f, Z)\colon Z \text{ Zerlegung von } [a, b]\}$

Die Funktion f heißt Riemann-integrierbar, wenn $I_*(f, a, b) = I^*(f, a, b)$.

Satz 7.8 Ist $f\colon [a, b] \to \mathbb{R}$ stetig, so ist f Riemann-integrierbar und es gilt:

$$I_*(f, a, b) = I^*(f, a, b) = \int_a^b f(x)\,\mathrm{d}x .$$

Insbesondere ist für stetige Funktionen das Riemann-Integral gleich dem Integral, so wie wir es definiert haben.

Lemma 7.9 Ist $f\colon [a, b] \to \mathbb{R}$ beschränkt, $c \in [a, b]$, dann gilt:

$$I_*(f, a, b) = I_*(f, a, c) + I_*(f, c, b)$$
$$I^*(f, a, b) = I^*(f, a, c) + I^*(f, c, b) .$$

Beweis Wir betrachten eine Zerlegung $Z = (a_0, \dots, a_s)$ von $[a, b]$ und schauen nach, was passiert, wenn wir eine neue Zerlegung Z' durch Hinzunahme eines Punktes c betrachten. Sei $a_{k-1} \le c \le a_k$. Dann:

$$\begin{aligned}(a_k - a_{k-1}) \inf f([a_{k-1}, a_k]) &= (c - a_{k-1}) \inf f([a_{k-1}, a_k]) + (a_k - c) \inf f([a_{k-1}, a_k]) \\ &\le (c - a_{k-1}) \inf f([a_{k-1}, c]) + (a_k - c) \inf f([c, a_k]) .\end{aligned}$$

Ist $A \supset B$, so ist offensichtlich $\inf(A) \le \inf(B)$. Es folgt $U(f, Z) \le U(f, Z')$. Die Gleichung

$$I_*(f, a, c) + I_*(f, c, b) = I_*(f, a, b)$$

lässt sich wie eine ähnliche Aussage über Bogenlänge ($b(\alpha+\beta) = b(\alpha) + b(\beta)$, siehe Satz 2.6) nachweisen. Ist Z eine Zerlegung von $[a, b]$ und entsteht Z' durch Hinzunahme von c (wenn nötig), so bekommen wir Zerlegungen Z_1 von $[a, c]$ und Z_2 von $[c, b]$ mit:

$$U(f, Z) \leq U(f, Z') = U(f, Z_1) + U(f, Z_2) \leq I_*(f, a, c) + I_*(f, c, b) .$$

Dies gilt für alle Z, also:

$$I_*(f, a, b) = \sup\{U(f, Z) \colon Z \text{ Zerlegung von } [a, b]\} \leq I_*(f, a, c) + I_*(f, c, b) .$$

Ist umgekehrt eine Zerlegung Z_1 von $[a, c]$ und Z_2 von $[c, b]$ gegeben, so können wir diese verschmelzen zu einer Zerlegung Z von $[a, b]$ mit $U(f, Z_1) + U(f, Z_2) = U(f, Z)$. Ist nun $\varepsilon > 0$ und Z_1, Z_2 so gewählt, dass $U(f, Z_1) > I_*(f, a, c) + \varepsilon/2$ und $U(f, Z_2) > I_*(f, c, b) - \varepsilon/2$. Es folgt:

$$I_*(f, a, c) + I_*(f, c, b) - \varepsilon < U(f, Z_1) + U(f, Z_2) = U(f, Z) \leq I_*(f, a, b) .$$

Dies gilt für alle ε, somit folgt die Ungleichung $I_*(f, a, b) \geq I_*(f, a, c) + I_*(f, c, b)$ und damit die Gleichheit. Das Argument für I^* ist analog. ■

Wir können nun weitermachen mit dem Beweis des Satzes 7.8 und betrachten eine stetige Funktion $f \colon [a, b] \to \mathbb{R}$. Die Idee ist folgende. Wir betrachen $I_*(f, a, x)$ und $I^*(f, a, x)$ als Funktion von $x \in [a, b]$ und beweisen, dass beide Stammfunktionen von $f(x)$ sind. Da Stammfunktionen sich nur durch eine Konstante unterscheiden und da diese Konstante wegen $I_*(f, a, a) = I^*(f, a, a) = 0$ gleich 0 ist, folgt $I_*(f, a, x) = I^*(f, a, x)$, insbesondere für $x = b$.

Es sei $x < b$ und $x < x + h \leq b$. Dann gilt:

$$I_*(f, a, x+h) - I_*(f, a, x) = I_*(f, x, x+h)$$

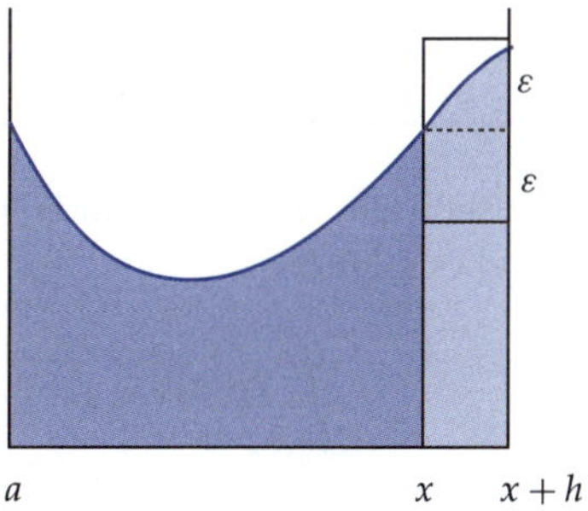

Sei $\varepsilon > 0$. Es existiert ein δ, so dass für alle $0 < h < \delta$ gilt, dass $f(x) - \varepsilon < f(x+h) < f(x) + \varepsilon$. Daher:

$$h(f(x) - \varepsilon) \leq I_*(f, x, x+h) \leq h(f(x) + \varepsilon)$$

Es folgt, dass $\lim_{h \searrow 0} \frac{I_*(f,a,x+h) - I_*(f,a,x)}{h} = f(x)$. Den Fall $\lim_{h \nearrow 0}$ zeigen wir auf analoge Weise. Genauso behandeln wir das Oberintegral $I^*(f, a, x)$.

Weil $I^*(f, a, a) = I_*(f, a, a) = 0$, folgt $I_*(f, a, x) = I^*(f, a, x)$. Somit ist f Riemann-integrierbar und weil $I_*(f, a, x)$ eine Stammfunktion von f ist, folgt aus dem Hauptsatz 7.7:

$$\int_a^b f(x)\,\mathrm{d}x = I_*(f, a, b) - I_*(f, a, a) = I_*(f, a, b) .$$ ■

7.4 Stammfunktionen, Substitutionsregel

Sei I ein Intervall und $f\colon I \to \mathbb{R}$ stetig. Mit $\int f(x)\,\mathrm{d}x$ bezeichnen wir die Menge aller Stammfunktionen von $f(x)$. Wir nennen $\int f(x)\,\mathrm{d}x$ das **unbestimmte Integral** von $f(x)$.

Ist $F(x)$ eine Stammfunktion von $f(x)$, so ist $\int f(x)\,\mathrm{d}x = \{F(x) + C : C \in \mathbb{R}\}$. Wir schreiben meist kurz $\int f(x)\,\mathrm{d}x = F(x) + C$.

Ist φ differenzierbar und φ' stetig, $F(x)$ eine Stammfunktion von $f(x)$, so ist $F(\varphi(t))$ eine Stammfunktion von $f(\varphi(t))\varphi'(t)$ nach der Kettenregel. Mit der symbolischen Notation $\mathrm{d}\varphi(t) = \varphi'(t)\,\mathrm{d}t$ folgt die Substitutionsregel für unbestimmte Integrale:

$$\int f(x)\,\mathrm{d}x = \int f(\varphi(t))\,\mathrm{d}\varphi(t) = \int f(\varphi(t))\varphi'(t)\,\mathrm{d}t$$

Beispiel: Wir berechnen $\int \frac{1}{e^x+1}$. Mit $t = e^{-x}$, also $x = -\log(t)$, folgt $\mathrm{d}x = -\mathrm{d}t/t$ und

$$\int \frac{1}{e^x+1} = \int -\frac{1}{t(1/t+1)}\,\mathrm{d}t = -\log(1+t) + C = -\log(1+e^{-x}) + C\,.$$

Satz 7.10 (Substitutionsregel für bestimmte Integrale) Es sei f stetig auf $[a,b]$. Sei $\varphi\colon [c,d] \to [a,b]$ differenzierbar, φ' stetig und $\varphi(c) = a$, $\varphi(d) = b$. Dann:

$$\int_a^b f(x)\,\mathrm{d}x = \int_c^d f(\varphi(t)) \cdot \varphi'(t)\,\mathrm{d}t\,.$$

Es sei F eine Stammfunktion von f. Dann ist $F(\varphi(t))$ eine Stammfunktion von $f(\varphi(t))\varphi'(t)$ und es folgt:

$$\int_a^b f(x)\,\mathrm{d}x = F(b) - F(a) = F(\varphi(d)) - F(\varphi(c)) = \int_c^d f(\varphi(t))\varphi'(t)\,\mathrm{d}t\,.$$

Beispiel:

1. $\int_0^1 x^3(1-x)^{16}\,\mathrm{d}x$: Wir setzen $x = t+1$. Dann $\mathrm{d}x = \mathrm{d}t$ und

$$\int_0^1 x^3(1-x)^{16}\,\mathrm{d}x = \int_{-1}^0 (t+1)^3 t^{16}\,\mathrm{d}t = \int_{-1}^0 t^{16} + 3t^{17} + 3t^{18} + t^{19}\,\mathrm{d}t = \frac{1}{19380}\,.$$

2.

$$\int_0^1 t \cdot \sqrt{1+t^2}\,\mathrm{d}t = \int_{t=0}^{t=1} \frac{1}{2}\sqrt{1+t^2}\,\mathrm{d}(1+t^2) \overset{x=1+t^2}{=} \frac{1}{2}\int_{x=1}^{x=2} \sqrt{x}\,\mathrm{d}x = \frac{1}{3}\left(\sqrt{8}-1\right)\,.$$

Aufgaben

Lösung

Aufgabe 7.9 Berechnen Sie die nachfolgenden unbestimmten Integrale.

1. $\int x^3(x^4+2)^{20}\,\mathrm{d}x$
2. $\int \frac{1}{3x+5}\,\mathrm{d}x$
3. $\int x\sin(x^2)\,\mathrm{d}x$
4. $\int \frac{1}{\sqrt{x}(4+\sqrt{x})}\,\mathrm{d}x$
5. $\int x\sqrt{1+x^2}\,\mathrm{d}x$
6. $\int \sqrt{4-\sqrt{x}}\,\mathrm{d}x$
7. $\int \frac{\mathrm{e}^x(\mathrm{e}^x-4)}{\mathrm{e}^x+2}\,\mathrm{d}x$
8. $\int \frac{1}{\sqrt{x}+1}\,\mathrm{d}x$
9. $\int \sqrt{\mathrm{e}^x+1}\,\mathrm{d}x$
10. $\int \frac{1}{x\log(x)}\,\mathrm{d}x$
11. $\int \sin^{24}(x)\cos(x)\,\mathrm{d}x$
12. $\int \frac{x}{\sqrt{x+1}}\,\mathrm{d}x$
13. $\int \frac{x^3}{\sqrt{x^2-4}}\,\mathrm{d}x$
14. $\int \frac{2+\sqrt{x}}{-1+\sqrt{x}}\,\mathrm{d}x$
15. $\int \frac{\sqrt{x^2-1}}{x}$

Aufgabe 7.10 Sei $\varphi\colon [c,d] \to [a,b]$ eine differenzierbare Funktion $\varphi(c) = b$ und $\varphi(d) = a$. Die Funktionen φ' und $f\colon [a,b] \to \mathbb{R}$ seien stetig. Zeigen Sie:

$$\int_a^b f(x)\,\mathrm{d}x = -\int_c^d f(\varphi(t))\varphi'(t)\,\mathrm{d}t\,.$$

Aufgabe 7.11 Berechnen Sie die nachfolgenden Integrale.

1. $\int_0^1 \frac{1}{\mathrm{e}^x+\mathrm{e}^{-x}}\,\mathrm{d}x$
2. $\int_0^3 \frac{1}{\sqrt{9-x^2}}\,\mathrm{d}x$
3. $\int_0^1 x^2(1-x)^{20}\,\mathrm{d}x$
4. $\int_0^2 \frac{x}{1+x^2}\,\mathrm{d}x$
5. $\int_2^3 \frac{1}{x\log(x)}\,\mathrm{d}x$
6. $\int_0^{\pi/2} \cos(x)\,\mathrm{e}^{\sin(x)}\,\mathrm{d}x$
7. $\int_0^1 \frac{1}{x^2+4}\,\mathrm{d}x$
8. $\int_0^{\pi/2} \mathrm{e}^{\sin^2(x)}\sin(2x)\,\mathrm{d}x$
9. $\int_0^1 \mathrm{e}^x\sqrt{1+\mathrm{e}^x}\,\mathrm{d}x$
10. $\int_0^{\pi/2} \frac{\sin(x)}{3+\cos(x)}\,\mathrm{d}x$
11. $\int_0^{\pi} \frac{\cos\left(\sqrt{x}\right)}{\sqrt{x}}\,\mathrm{d}x$
12. $\int_0^{\pi/2} \cos^3(x)\,\mathrm{d}x$

Aufgabe 7.12 Sei $p^2 - q < 0$.

1. Berechnen Sie $\int \frac{1}{x^2+2px+q}\,\mathrm{d}x$.
2. Berechnen Sie $\int \frac{x}{x^2+2px+q}\,\mathrm{d}x$.

   Tipp: quadratische Ergänzung.
3. Führen Sie die unbestimmten Integrale $\int \frac{1}{(x^2+2px+q)^n}$ und $\int \frac{x}{(x^2+2px+q)^n}$ mittels Subsitutionen zurück auf Integrale vom Typ $\int \frac{u}{(u^2+1)^n}\,\mathrm{d}u$ und $\int \frac{1}{(s^2+1)^n}\,\mathrm{d}s$.

7.5 Partielle Integration

Satz 7.11 (Partielle Integration) Es seien f, g differenzierbar, f' und g' seien stetig auf $[a, b]$. Dann gilt:

$$\int_a^b f(x)g'(x)\,\mathrm{d}x = \big(f(x)g(x)\big]_a^b - \int_a^b f'(x)g(x)\,\mathrm{d}x$$
$$\int f(x)g'(x)\,\mathrm{d}x = f(x)g(x) - \int f'(x)g(x)\,\mathrm{d}x\,.$$

Die Produktregel für das Differenzieren ergibt $(fg)' = f'g + fg'$. Es folgt:

$$\big(f(x)g(x)\big]_a^b = \int_a^b (fg)'(x)\,\mathrm{d}x = \int_a^b f'(x)g(x)\,\mathrm{d}x + \int_a^b f(x)g'(x)\,\mathrm{d}x\,.$$

Die Aussage für unbestimmte Integrale folgt ebenfalls. ■

Beispiel:

1 $$\int_1^2 \log(x)\,\mathrm{d}x = \int_1^2 1\cdot\log(x)\,\mathrm{d}x = \big(x\log(x)\big]_1^2 - \int_1^2 x\cdot\frac{1}{x}\,\mathrm{d}x = 2\log(2) - 1\,.$$

2 $$\int_a^b x\mathrm{e}^x\,\mathrm{d}x = \big(x\mathrm{e}^x\big]_a^b - \int_a^b \mathrm{e}^x\,\mathrm{d}x = b\mathrm{e}^b - a\mathrm{e}^a - \big(\mathrm{e}^x\big]_a^b = \mathrm{e}^b(b-1) - \mathrm{e}^a(a-1)\,.$$

Satz 7.12 (Formel von Wallis) $\frac{\pi}{2} = \frac{2}{1}\cdot\frac{2}{3}\cdot\frac{4}{3}\cdot\frac{4}{5}\cdot\frac{6}{5}\cdot\frac{6}{7}\cdots$

Sei $a_n = \int_0^1 (1-x^2)^{n/2}\,\mathrm{d}x$. Dann ist $a_0 = 1$, $a_1 = \pi/4$ und die partielle Integration (Aufgabe 7.15) ergibt die Rekursionsformel $a_n = \frac{n+3}{n+2}\cdot a_{n+2}$. Deshalb:

$$\frac{a_{2n+1}}{a_{2n}} = \frac{2n+2}{2n+3}\cdot\frac{2n+4}{2n+3}\cdot\frac{a_{2n+3}}{a_{2n+2}};$$
$$\frac{\pi}{4} = \frac{a_1}{a_0} = \frac{2}{3}\cdot\frac{4}{3}\cdot\frac{a_3}{a_2} = \frac{2}{3}\cdot\frac{4}{3}\cdot\frac{4}{5}\cdot\frac{6}{5}\cdot\frac{a_5}{a_4} = \cdots$$
$$= \frac{2}{3}\cdot\frac{4}{3}\cdot\frac{4}{5}\cdot\frac{6}{5}\cdots\frac{2n}{2n+1}\cdot\frac{2n+2}{2n+1}\cdot\frac{a_{2n+1}}{a_{2n}}$$

Weil $a_{n+2} < a_{n+1} < a_n$ und $\lim_{n\to\infty}\frac{a_n}{a_{n+2}} = \lim_{n\to\infty}\frac{n+3}{n+2} = 1$, folgt $\lim_{n\to\infty}\frac{a_{2n+1}}{a_{2n}} = 1$. ■

Aufgaben

Lösung

Aufgabe 7.13 Bestimmen Sie die nachfolgenden unbestimmten Integrale.

1. $\int x e^x \, dx$ 2. $\int \frac{\log(x)}{x^2} \, dx$ 3. $\int x \cos(2x) \, dx$

4. $\int x^2 \sin(x) \, dx$ 5. $\int \frac{x}{\cos^2(x)} \, dx$ 6. $\int \frac{1}{\sin^4(x)} \, dx$

7. $\int e^{ax} \sin(bx) \, dx$ 8. $\int e^{ax} \cos(bx) \, dx$ 9. $\int \log^2(x) \, dx$

10. $\int x^4 e^x \, dx$ 11. $\int \frac{\log(x)}{x^{10}} \, dx$ 12. $\int x \sin(x) \cos(x) \, dx$

13. $\int \sqrt{1 - x^2} \, dx$ 14. $\int \sqrt{1 + x^2} \, dx$ 15. $\int \sqrt{x^2 - 1} \, dx$

Aufgabe 7.14 Berechnen Sie die nachfolgenden Integrale.

1. $\int_1^e \log(x) \, dx$ 2. $\int_0^1 x e^{2x} \, dx$ 3. $\int_0^\pi x \sin(x) \, dx$

4. $\int_0^1 \arctan(x) \, dx$ 5. $\int_0^{\pi/2} x \cos(x) \, dx$ 6. $\int_{-1}^0 \arccos(x) \, dx$

7. $\int_1^e \sqrt{x} \cdot \log(x) \, dx$ 8. $\int_0^1 x^3 \cdot e^{-x^2} \, dx$ 9. $\int_0^1 x \cdot \arctan(x) \, dx$

Aufgabe 7.15 Sei a_n wie im Beweis der Formel von Wallis. Zeigen Sie mit partieller Integration die Rekursionsformel $a_n = \frac{n+3}{n+2} \cdot a_{n+2}$.

Aufgabe 7.16 Sei $I_n = \int \frac{1}{(1+x^2)^n} \, dx$. Zeigen Sie mit Hilfe der partiellen Integration, dass für $n > 1$:

$$I_n = \frac{2n-3}{2n-2} I_{n-1} + \frac{x}{2(n-1)(1+x^2)^{n-1}} \, .$$

Tipp: Fangen Sie mit I_{n-1} an.

7.6 Integrieren von rationalen Funktionen

Stammfunktionen von rationalen Funktionen $f(x)/g(x)$ können „berechnet" werden und wir skizzieren, wie das zu tun ist.

Aus dem Hauptsatz der Algebra folgt, dass $g(x)$ immer einen linearen oder einen quadratischen Faktor hat. Somit ist folgender Satz über Partialbruchzerlegung immer anwendbar.

Satz 7.13 (Partialbruchzerlegung) Es seien $f(x)$ und $g(x)$ Polynome.

1 Wenn $g(x) = (x-a)^n \cdot h(x)$ und $h(a) \neq 0$, so gibt es $b \in \mathbb{R}$ und ein Polynom $\tilde{f}(x)$ mit
$$\frac{f(x)}{g(x)} = \frac{b}{(x-a)^n} + \frac{\tilde{f}(x)}{(x-a)^{n-1}h(x)}.$$

2 Sei $g(x) = (x^2+bx+c)^n \cdot h(x)$, wobei x^2+bx+c und $h(x)$ keine gemeinsame Faktoren haben und $x^2+bx+c=0$ keine reellen Nullstellen hat. Dann gibt es $d, e \in \mathbb{R}$ und ein Polynom $\tilde{f}(x)$ mit $\dfrac{f(x)}{g(x)} = \dfrac{dx+\mathrm{e}}{(x^2+bx+c)^n} + \dfrac{\tilde{f}(x)}{(x^2+bx+c)^{n-1}h(x)}$.

Sei $b = f(a)/h(a)$. Dann hat $f(x) - bh(x)$ die Nullstelle $x = a$, nach Polynomdivision ist $f(x) - bh(x) = (x-a) \cdot \tilde{f}(x)$. Teilen Sie diese Gleichung durch $g(x) = (x-a)^n h(x)$.

Für die zweite Aussage, siehe Aufgabe 7.20. ∎

Beispiel: $\dfrac{3}{x^3+1} = \dfrac{1}{x+1} + \dfrac{-x+2}{x^2-x+1}$

Es gilt $x^3+1 = (x+1)(x^2-x+1)$, $a = -1$ und $h(x) = x^2-x+1$. Dann ist $b = f(-1)/h(-1) = 3/3 = 1$ und $3 - 1 \cdot (x^2-x+1) = -x^2+x-2 = (x+1)(-x+2)$. Also $\tilde{f}(x) = -x+2$.

Man kann die Antwort auch durch den folgenden Ansatz finden: $\frac{3}{x^3+1} = \frac{A}{x+1} + \frac{Bx+C}{x^2-x+1}$, die rechte Seite unter einen Nenner bringen, Koeffizientenvergleich und Lösen eines linearen Gleichungssystems in A, B, C.

Wiederholte Anwendung der Partialbruchzerlegung ergibt, dass die Integration von rationalen Funktionen auf einige Grundtypen zurückgeführt werden kann, die schon in den Aufgaben behandelt wurden.

1 Polynome **2** $\displaystyle\int \frac{a}{(x+p)^n}$ **3** $\displaystyle\int \frac{ax+b}{(x^2+px+q)^n}x\,, \quad p^2-4q<0\,.$

Es ist vernünftig, bei der Berechnung von Stammfunktionen von $f(x)/g(x)$ zunächst die Polynomdivision durchzuführen: $f(x) = q(x)g(x) + r(x)$. Dann ist $f(x)/g(x) = q(x) + r(x)/g(x)$ mit $q(x)$ ein Polynom und der Grad von $r(x)$ kleiner gleich dem von $g(x)$.

Aufgaben

Lösung

Aufgabe 7.17 Bestimmen Sie $\int \frac{x}{(x^2+1)^n}\,\mathrm{d}x$ für $n \in \mathbb{N}$. (Die Integrale $\int \frac{1}{(x^2+1)^n}\,\mathrm{d}x$ können mit Aufgabe 7.16 berechnet werden.)

Aufgabe 7.18 Berechnen Sie eine Stammfunktion der nachfolgenden Funktionen.

1. $\dfrac{1}{x^2-1}$
2. $\dfrac{1}{x^2+2x}$
3. $\dfrac{x+4}{x^2+x-6}$
4. $\dfrac{x-1}{x^2-2x-3}$
5. $\dfrac{x+4}{x^2+2x}$
6. $\dfrac{x-1}{x^2+3x+2}$
7. $\dfrac{2}{(x+1)(x^2+1)}$
8. $\dfrac{1}{x^3-1}$
9. $\dfrac{1}{x^2(x+1)}$
10. $\dfrac{4x^3+3x^2+17x+5}{(x^2+4)(2x^2+x+1)}$
11. $\dfrac{1}{x^4-16}$
12. $\dfrac{\sin(x)}{4-\cos^2(x)}$
13. $\dfrac{2x^2+6x-1}{x^3+x^2+x}$
14. $\dfrac{1}{x^4+5x^2+4}$

Aufgabe 7.19 Berechnen Sie die nachfolgenden Integrale.

1. $\displaystyle\int_0^1 \frac{1}{(x+1)(x^2+1)}\,\mathrm{d}x$
2. $\displaystyle\int_2^3 \frac{1}{x(x-1)}\,\mathrm{d}x$
3. $\displaystyle\int_0^1 \frac{7x+2}{x^2-3x-4}\,\mathrm{d}x$
4. $\displaystyle\int_0^1 \frac{1}{(1+\mathrm{e}^x)(1+2\mathrm{e}^{-x})}\,\mathrm{d}x$
5. $\displaystyle\int_0^\pi \frac{\sin(x)}{4-\cos^2(x)}\,\mathrm{d}x$
6. $\displaystyle\int_{1/3}^{1/2} \frac{x^4}{x^2-1}\,\mathrm{d}x$

Aufgabe 7.20 Zeigen Sie die zweite Aussage des Satzes 7.13.

Tipp: Sei a eine komplexe Nullstelle von $x^2+bx+c=0$. Bestimmen Sie reelle Zahlen d, e, so dass

$$f(x)-(dx+e)h(x)$$

die Nullstellen a und $\overline{a}$ hat, also durch $(x-a)(x-\overline{a}) = x^2+bx+c$ teilbar ist.

7.7 Spezielle Substitutionen

Wir betrachten links Integrale und in der Mitte eine geschickt gewählte Substitution. Das Ergebnis ist ein Integral, welches oft einfacher zu berechnen ist.

	Integral	Substitution	Ergebnis
1	$\int R(e^{ax})\,dx$	$t = e^{ax}$	$\frac{1}{a} \cdot \int R(t) \cdot \frac{1}{t}\,dt$
2	$\int R(x, \sqrt[n]{ax+b})\,dx$	$t = \sqrt[n]{ax+b}$	$\frac{n}{a} \int R\left(\frac{t^n - b}{a}, t\right) t^{n-1}\,dt$
3	$\int R(\cos(x), \sin(x))\,dx$	$t = \tan(x/2)$	$\int R\left(\frac{1-t^2}{1+t^2}, \frac{2t}{1+t^2}\right) \frac{2}{1+t^2}\,dt$
4	$\int R(x, \sqrt{1-x^2})\,dx$	$x = \cos(t)$	$\int -R(\cos(t), \sin(t)) \cdot \sin(t)\,dt$
5	$\int R(x, \sqrt{x^2+1})\,dx$	$x = \sinh(t)$	$\int R(\sinh(t), \cosh(t)) \cdot \cosh(t)\,dt$
6	$\int R(x, \sqrt{x^2-1})\,dx$	$x = \cosh(t)$	$\int R(\cosh(t), \sinh(t)) \cdot \sinh(t)\,dt$

Bei Integralen vom Typ $\int R(\cosh(t), \sinh(t)\,dt$ benutzt man oft die Substitution $\cosh(t) = (e^t + e^{-t})/2$ und $\sinh(t) = (e^t - e^{-t})/2$. Dann bekommt man ein Integral vom Typ 1.

Allgemeine $\int R(x, \sqrt{ax^2+bx+c})\,dx$ lassen sich durch quadratische Ergänzung auf eine der folgenden drei Grundformen 4., 5. oder 6. in der Liste zurückführen.

Es ist noch zu bemerken, dass es nicht immer vernünftig ist, die vorherigen Substitutionen durchzuführen, wie man z. B. an der Funktion $\sqrt{1-x^2}$ sieht. Ist R tatsächlich eine Funktion von $\sin^2(x)$ und $\cos^2(x)$, so macht man besser die Substitution $t = \tan(x)$.

Aufgaben

Lösung

Aufgabe 7.21 Berechnen Sie die nachfolgenden Integrale. Passen Sie auf: Es ist nicht immer ratsam, die Substitutionen, welche auf der vorherigen Seite beschrieben sind, durchzuführen.

1. $\int \frac{1}{\sin(x)}\,\mathrm{d}x$
2. $\int \frac{1}{\cos(x)}\,\mathrm{d}x$
3. $\int_0^{\pi/2} \frac{1}{2+\cos(x)}\,\mathrm{d}x$
4. $\int_0^{\pi/2} \frac{1}{3\cos(x)+4\sin(x)}\,\mathrm{d}x$
5. $\int \sqrt{1-x^2}\,\mathrm{d}x$
6. $\int \sqrt{x^2+1}\,\mathrm{d}x$
7. $\int_1^{9} \frac{25}{x\sqrt{x}\,(-5+\sqrt{x})}\,\mathrm{d}x$
8. $\int \frac{1}{x+\sqrt{1-x^2}}\,\mathrm{d}x$
9. $\int \frac{1}{(x^2+1)\sqrt{1-x^2}}\,\mathrm{d}x$
10. $\int \frac{3-4\cos(x)}{(2-\cos(x))\sin(x)}\,\mathrm{d}x$
11. $\int \frac{1}{\sqrt{2x-x^2}}\,\mathrm{d}x$
12. $\int \frac{1}{\sqrt{15+4x-4x^2}}\,\mathrm{d}x$
13. $\int \frac{1}{\sqrt{x}-\sqrt[3]{x}}\,\mathrm{d}x$
14. $\int_0^{\pi/6} \frac{\tan(x)}{\cos(x)}\,\mathrm{d}x$
15. $\int_{\pi/3}^{\pi/2} \frac{1}{\sin(x)(\sin(x)-\cos(x))}\,\mathrm{d}x$
16. $\int_0^{\pi/4} \frac{1+\sin(2x)}{\sin^2(x)+3\cos^2(x)}\,\mathrm{d}x$
17. $\int x\sqrt{3-2x-x^2}\,\mathrm{d}x$
18. $\int \frac{\sqrt{x^2+4x+3}}{x+1}\,\mathrm{d}x$
19. $\int x^3\sqrt{x^2-16}\,\mathrm{d}x$
20. $\int \frac{x^3}{\sqrt{4+x^2}}\,\mathrm{d}x$
21. $\int \frac{1}{x\sqrt{1+\log^2(x)}}\,\mathrm{d}x$
22. $\int \frac{1}{x\sqrt{4-\log^2(x)}}\,\mathrm{d}x$
23. $\int (2x+\mathrm{e}^x)^2\,\mathrm{d}x$
24. $\int \frac{3x+4\sin(2x)}{\cos^2(x)}\,\mathrm{d}x$
25. $\int \frac{1}{\sqrt[3]{x+1}},dx$
26. $\int \frac{1}{x}\cdot\sqrt{\frac{x+4}{x+1}}\,\mathrm{d}x$

7.8 Integrale über (halb-)offenen Intervallen

Wenn $f\colon [a,b) \to \mathbb{R}$ stetig ist, so ist $O_+(f)$ eine σ-Menge. Es ist beim Beweis nicht notwendig, dass f auf ganz $[a,b]$ überhaupt definiert ist. Sei $b_i \geq a$ eine wachsende Folge, die gegen b konvergiert, und $f_i\colon [b_i, b_{i+1}) \to \mathbb{R}$ die Einschränkung von f. Dann ist $O_+(f)$ die disjunkte Vereinigung von $O_+(f_i)$, die $O_+(f_i)$ sind σ-Mengen und es gilt (Aufgabe 7.1):

$$\mu(O_+(f)) = \sum_{i=1}^{\infty} \mu(O_+(f_i)) = \lim_{i\to\infty} \int_a^{b_i} f_+(x)\,\mathrm{d}x$$

Natürlich braucht $\mu(O_+(f))$ nicht endlich zu sein. Ähnliche Aussagen gelten für $O_-(f)$ und wenn $f\colon (a,b\,] \to \mathbb{R}$, oder selbst nur $f\colon (a,b) \to \mathbb{R}$ stetig ist.

Ist I ein (offenes, halboffenes) Intervall mit Grenzen a und b und ist $f\colon I \to \mathbb{R}$ stetig, so heißt f **integrierbar**, wenn sowohl $O_+(f)$ als $O_-(f)$ endliche Flächen haben, und dann definieren wir:

$$\int_a^b f(x)\,\mathrm{d}x := \mu(O_+(f)) - \mu(O_-(f))\,.$$

Ist z. B. $f\colon [a,b) \to \mathbb{R}$ stetig und f integrierbar, so ist $\int_a^b = \lim_{t\nearrow b} \int_a^t f(x)\,\mathrm{d}x$.

Beispiel:

1 Die Funktion $\dfrac{1}{\sqrt{1-x^2}}$ ist integrierbar auf $[0,1)$:

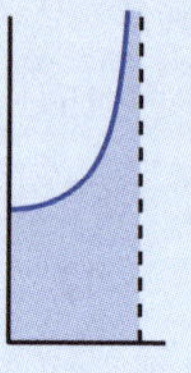

$$\lim_{t\nearrow 1} \int_0^t \frac{1}{\sqrt{1-x^2}}\,\mathrm{d}x = \lim_{t\nearrow 1} \arcsin(x)]_0^t = \pi/2\,.$$

2

$$\int_0^\infty x\mathrm{e}^{-x^2}\,\mathrm{d}x = \lim_{t\to\infty} \left(-\frac{1}{2}\mathrm{e}^{-x^2}\right]_0^t = \lim_{t\to\infty} \left(\frac{1}{2} - \frac{1}{2}\mathrm{e}^{-t^2}\right) = \frac{1}{2}$$

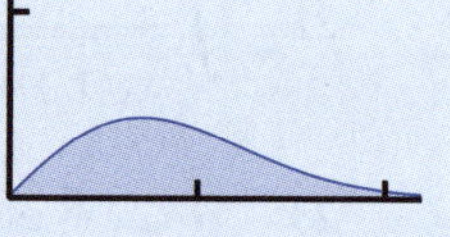

3

$$\int_1^\infty \frac{1}{x}\,\mathrm{d}x \text{ konvergiert nicht: } \lim_{t\to\infty} \int_1^t \frac{1}{x}\,\mathrm{d}x = \lim_{t\to\infty} (\log(x)]_1^t = \lim_{t\to\infty} \log(t) = \infty\,.$$

Aufgaben

Lösung

Aufgabe 7.22 Es sei für $x \geq a$ die stetige Funktion $f(x)$ und $g(x)$ gegeben und es gelte die Ungleichung $|f(x)| \leq |g(x)|$. Zeigen Sie: Ist $g(x)$ über (a, b) integrierbar, so ist auch $f(x)$ über (a, b) integrierbar. (Hier ist wieder $b = \infty$ erlaubt.)

Aufgabe 7.23 Bestimmen Sie, ob die nachfolgenden Integrale konvergieren, und bestimmen Sie gegebenenfalls ihren Wert.

1. $\displaystyle\int_0^\infty \frac{1}{(x+1)^2}\,dx$
2. $\displaystyle\int_0^\infty e^{-x}\,dx$
3. $\displaystyle\int_0^\infty \frac{1}{x^2+1}\,dx$
4. $\displaystyle\int_0^1 \frac{1}{\sqrt{x}}\,dx$
5. $\displaystyle\int_1^2 \frac{1}{x^2-1}\,dx$
6. $\displaystyle\int_0^\infty \frac{\log(1+x^2)}{x^2}\,dx$
7. $\displaystyle\int_1^\infty \frac{1}{x+\sqrt{x}+\cos(x)}\,dx$
8. $\displaystyle\int_0^\infty \frac{e^{-1/x}}{x^2}\,dx$
9. $\displaystyle\int_0^\infty \frac{e^{-x}}{e^{-2x}+1}\,dx$
10. $\displaystyle\int_0^\infty \frac{1}{(1+x)\sqrt{x}}\,dx$
11. $\displaystyle\int_0^1 x^2\log(1-x)\,dx$
12. $\displaystyle\int_0^\infty x^n\,e^{-x}\,dx,\quad n \in \mathbb{N}$
13. $\displaystyle\int_0^\infty \frac{\arctan(x)}{(1+x^2)}\,dx$
14. $\displaystyle\int_0^{\pi/2} \frac{1}{x} - \frac{1}{\sin(x)}\,dx$

Aufgabe 7.24 Sei $a_k := \displaystyle\int_0^\infty x^k e^{-x^2}\,dx$ für $k \in \mathbb{N}_0$. Zeigen Sie:

1. $a_k = \dfrac{2}{k+1}a_{k+2}$
2. $a_{2k+1} = \dfrac{1}{2}\cdot k!$
3. $a_0 = \dfrac{2^k}{(2k-1)(2k-3)\cdots 3\cdot 1}a_{2k}\,.$

Aufgabe 7.25 Die Funktion $f(x) = \sin(x)/x$ ist nicht integrierbar, aber der Grenzwert $\lim_{t\to\infty}\int_0^t \frac{\sin(x)}{x}\,dx$ existiert. Zeigen Sie diese Aussagen.
Tipp: partielle Integration

Bemerkung. Es lässt sich zeigen, dass $\lim_{t\to\infty}\int_0^t \frac{\sin(x)}{x}\,dx = \frac{\pi}{2}$. Wenn $\lim_{t\to\infty}\int_a^t f(x)\,dx$ existiert, so nennt man $\int_a^\infty f(x)\,dx$ ein konvergentes uneigentliches Integral.

7.9 Trapezregel und Simpsonsche Regel

Man muss sich oft mit lediglich einer Annäherung des Integrals $\int_a^b f(x)\,\mathrm{d}x$ begnügen. Die ist aber nur dann sinnvoll, wenn man den Fehler abschätzen kann.

Satz 7.14

1 **Trapezregel**: Existiert $f''(x)$ auf $[a, b]$, so gibt es ein ξ in $[a, b]$ mit:

$$\int_a^b f(x)\,\mathrm{d}x = \frac{1}{2}(b-a)(f(a)+f(b)) - \frac{1}{12}f''(\xi)\,.$$

2 Regel von **Simpson**: Existiert $f^{(4)}(x)$ auf $[a, b]$, so gibt es ein ξ in $[a, b]$ mit:

$$\int_a^b f(x)\,\mathrm{d}x = \frac{b-a}{6}\left(f(a)+4f\left(\frac{1}{2}(a+b)\right)+f(b)\right) - \frac{(b-a)^5}{2^5\cdot 90}f^{(4)}(\xi)$$

Es sei $f\colon [a, b] \to \mathbb{R}$ und die Zahl K sei so definiert, dass mit

$$g(x) := \int_a^x f(t)\,\mathrm{d}t - \frac{1}{2}(x-a)(f(x)+f(a)) - K(x-a)^3$$

gilt $g(b) = 0$. Zu zeigen ist, dass $K = -f''(\xi)/12$ für ein ξ. Man rechnet nach, dass $g(a) = g'(a) = 0$ und $g''(x) = -\frac{1}{2}(x-a)f''(x) - 6K(x-a)$. Der gewünschte Ausdruck für K folgt durch zweimalige Anwendung des Satzes von Rolle. Der Beweis des Satzes von Simpson ist analog. (Aufgabe 7.30) ∎

Bei der Trapezregel ist die Idee, den Graph von f durch ein Geradenstück durch die Punkte $(a, f(a))$ und $(b, f(b))$ zu ersetzen. Bei der Simpsonschen Regel wird der Graph von f durch eine Parabel durch die Punkte $(a, f(a))$, $((a+b)/2, f((a+b)/2)$ und $(b, f(b))$ ersetzt.

Beispiel: Eine Anwendung der Trapezregel auf $\int_0^1 \frac{1}{1+x^2}dx$ ergibt $\pi/4 \approx \frac{1}{2}(1+1/2)$, also $\pi \approx 3$. Die Simpsonsche Regel ist besser: $\pi/4 \approx \frac{1}{6}(1+4\cdot\frac{4}{5}+\frac{1}{2})$, also $\pi \approx 94/30 = 3,133\cdots$.

Wir können natürlich die Trapezregel und die Simpsonsche Regel wiederholt anwenden: Für $g\colon [a, b] \to \mathbb{R}$ sei $\|g\|$ das Supremum aller $g(x)$ für $x \in [a, b]$. Sei $n \in \mathbb{N}$, $h := \frac{b-a}{n}$, $x_i = a + ih$ für $i = 0, \ldots, n$. Dann gilt:

1
$$\int_a^b f(x)\,\mathrm{d}x \approx h\cdot\left(\frac{1}{2}f(a)+f(x_1)+\cdots+f(x_{n-1})+\frac{1}{2}f(b)\right)$$
mit einem Fehler von höchstens $\frac{1}{12}h^2\cdot(b-a)\cdot\|f''\|$

2 n gerade: $\displaystyle\int_a^b f(x)dx \approx \frac{h}{3}\left(f(a)+4f(x_1)+2f(x_2)+4f(x_3)+\cdots+4f(x_{n-1})+f(b)\right)$
mit einem Fehler von höchstens $\frac{h^4}{180}\cdot(b-a)\|f^{(4)}\|$.

Aufgaben

Lösung

Aufgabe 7.26 Betrachten Sie $\int_1^2 \frac{1}{1+x}\,dx$.

1. Wenden Sie die Trapezregel und die Simpsonsche Regel mit $n = 4$ an, um eine Annäherung dieses Integrals zu berechnen. Wie gut ist diese Annäherung?
2. Wiederholen Sie diese Aufgabe für $n = 8$. Benutzen Sie eventuell einen Taschenrechner.

Aufgabe 7.27 Sei $f(x) = \frac{1}{1+x^2}$.

1. Zeigen Sie: $f^{(4)}(x) = \frac{24(5x^4 - 10x^2 + 1)}{(x^2+1)^5}$
2. Zeigen Sie: $|f^{(4)}(x)| \le 100$ für $0 < x < 1$
3. Wenden Sie die wiederholte Simpsonsche Regel auf das Integral $\int_0^1 \frac{4}{1+x^2}dx$ mit $n = 10$ an. Geben Sie eine Abschätzung für den Fehler.
4. Schreiben Sie ein Computerprogramm, welches mit der Simpsonschen Regel Annäherungen von π berechnet. Versuchen Sie, π mit so vielen Dezimalstellen wie möglich zu berechnen.

Aufgabe 7.28

1. Schreiben Sie die Funktion $\int_0^x e^{-t^2}\,dt$ als Potenzreihe in x.
2. Berechnen Sie hiermit $\int_0^1 e^{-t^2}\,dt$ mit einem Fehler von höchstens 10^{-4}.
3. Berechnen Sie ebenfalls dieses Integral mit der Simpsonschen Regel mit einem Fehler von höchsten 10^{-4}.

Welche Methode halten Sie für besser?

Aufgabe 7.29

1. Zeigen Sie, dass die Parabel durch die drei Punkte $(a, f(a))$, $(b, f(b))$ und $(c, f(c))$, mit $c = (a+b)/2$ der Graph der folgenden Funktion ist:
$$g(x) = \frac{2}{(b-a)^2}\big((x-b)(x-c)f(a) + (x-c)(x-a)f(b) - 2(x-a)(x-b)f(c)\big)\ .$$
2. Zeigen Sie:
$$\int_a^b g(x)\,dx = \frac{b-a}{6}\big(f(a) + 4f(c) + f(b)\big)\ .$$

Aufgabe 7.30 Beweisen Sie die Simpsonsche Regel.
Tipp: Sei $m = (a+b)/2$. Betrachte
$$g(x) := \int_{m-x}^{m+x} f(t)\,dt - \frac{x}{3}\big(f(m-x) + 4f(m) + f(m+x)\big) - Kx^5\ ,$$
wobei K so gewählt ist, dass $g((b-a)/2)) = 0$. Wenden Sie dreimal den Satz von Rolle an, finden Sie einen Ausdruck für K und wenden Sie den Mittelwertsatz an.

7.10 Das Integralkriterium

Satz 7.15 Sei $m \in \mathbb{N}$ und $f\colon [m, \infty) \to \mathbb{R}_+$ eine streng monoton fallende stetige Funktion. Dann

$$\sum_{k=m}^{\infty} f(k) \text{ konvergiert genau dann, wenn } f \text{ integrierbar ist.}$$

Unabhängig davon ist die Folge (a_n) mit $a_n := \sum_{k=m}^{n-1} f(k) - \int_m^n f(x)\,\mathrm{d}x$ konvergent und der Grenzwert liegt im Intervall $[0, f(m)]$.

Beispiel:

1 Die harmonische Reihe ist divergent: $\int_1^{\infty} \frac{1}{x}\,\mathrm{d}x = \lim_{t\to\infty} \log(t) = \infty$.

2 Die Reihe $\sum_{n=1}^{\infty} \frac{1}{n^2}$ ist konvergent, da $\int_1^{\infty} \frac{1}{x^2}\,\mathrm{d}x = 1$. Selbst $\sum_{n=1}^{\infty} \frac{1}{n^2} - 1 \in [0,1]$ und somit $\sum_{n=1}^{\infty} \frac{1}{n^2} \in [1,2]$. Nach Aufgabe 5.37 ist der Wert dieser Reihe gleich $\pi^2/6$.

3 Die Folge

$$1 + \frac{1}{2} + \frac{1}{3} + \cdots + \frac{1}{n} - \log(n)$$

konvergiert und der Grenzwert wird Euler-Mascheroni Konstante genannt und erhält die Bezeichnung γ. Es ist ein offenes Problem, ob γ rational ist oder nicht. Man glaubt zwar, dass γ nicht rational ist, doch ein Beweis der Irrationalität ist bis heute nicht erbracht.

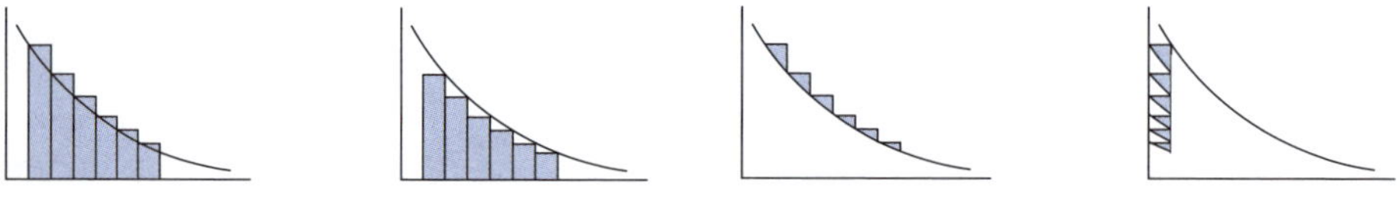

Es reicht, die zweite Aussage zu zeigen. Wir nehmen der Einfachheit halber an, $m = 1$ und wir betrachten die Zerlegung $Z = (1, \ldots, n)$ von $[1, n]$. Dann:

$$f(1) + f(2) + \cdots + f(n-1) \geq \int_1^n f(x)\,\mathrm{d}x \geq f(2) + \cdots + f(n)\,.$$

Es folgt $a_n \geq 0$ und

$$a_n = f(1) + \cdots + f(n-1) - \int_1^n f(x)\,\mathrm{d}x \leq f(1) + f(2) + \cdots + f(n) - \int_1^n f(x)\,\mathrm{d}x \leq f(1)$$

und $a_{n+1} - a_n = f(n) - \int_n^{n+1} f(x)\,\mathrm{d}x \geq 0$. Die Folge (a_n) ist somit monoton wachsend, beschränkt durch $f(1)$ und deshalb konvergent. ■

Aufgaben

Lösung

Aufgabe 7.31 Benutzen Sie das Integralkriterium, um zu bestimmen, ob die nachfolgenden Reihen konvergieren.

1. $\sum_{n=2}^{\infty} \frac{1}{n\log(n)}$ 2. $\sum_{n=1}^{\infty} \frac{n}{e^{n^2}}$ 3. $\sum_{n=0}^{\infty} \frac{1}{\sqrt{n+4}}$

4. $\sum_{n=1}^{\infty} \frac{1}{n^{\pi}}$ 5. $\sum_{n=1}^{\infty} \frac{1}{n^{e}}$ 6. $\sum_{n=1}^{\infty} \frac{1}{\sqrt[5]{n+2}}$

7. $\sum_{n=2}^{\infty} \frac{1}{n(\log(n))^2}$ 8. $\sum_{n=1}^{\infty} \frac{\log(n^2)}{n}$ 9. $\sum_{n=1}^{\infty} e^{-2n}$

Aufgabe 7.32

$$\text{Sei } s_{2n} := 1 - \frac{1}{2} + \frac{1}{3} + \cdots - \frac{1}{2n} \text{ und } c_n := 1 + \frac{1}{2} + \frac{1}{3} + \cdots + \frac{1}{n} - \log(n)\,.$$

Zeigen Sie, dass $s_{2n} = c_{2n} - c_n + \log(2)$, und folgern Sie:

$$1 - \frac{1}{2} + \frac{1}{3} + \cdots = \log(2)\,.$$

Aufgabe 7.33 Für welche $p > 0$ konvergiert $\sum_{n=2}^{\infty} \frac{1}{n(\log(n))^p}$?

Aufgabe 7.34 Konvergiert die Reihe $\sum_{n=2}^{\infty} \frac{1}{n\log(n)\cdot\log(\log(n))}$?

Aufgabe 7.35 Sei $f\colon [1,\infty) \to \mathbb{R}_+$ wie im Satz 7.15 und $s := \sum_{k=1}^{\infty} f(k)$ konvergent.

1. Zeigen Sie, dass $0 \leq s - s_n \leq \int_n^{\infty} f(x)\,dx$.
2. Wie viel weicht $\sum_{n=1}^{30} \frac{1}{n^4}$ vom richtigen Wert $\sum_{n=1}^{\infty} \frac{1}{n^4}$ höchstens ab?
3. Zeigen Sie: $11,5 < \sum_{n=1}^{50} \frac{1}{\sqrt{n+1}} < 12,3$.

7.11 Bogenlänge

Sei $f\colon [a,b] \to \mathbb{R}$ stetig, $Z = (a_0, \dots, a_k)$ eine Zerlegung von $[a,b]$ und $P_i = (a_i, f(a_i))$. Dann:

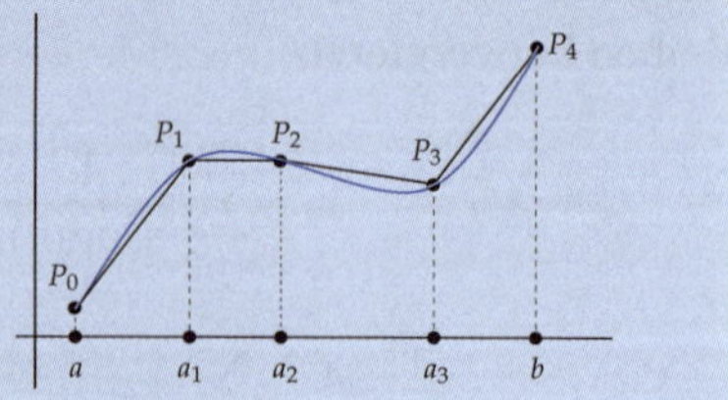

1 $S(f,Z) := \sum\limits_{i=k}^{k} \mathrm{d}(P_i, P_{i-1})$.

2 $L(f,a,b) := \sup\{S(f,Z)\colon Z \text{ Zerlegung von } [a,b]\}$.
Wir nennen $L(f,a,b)$ die Bogenlänge des Graphen von a nach b.

Satz 7.16 Ist $L(f,a,b) < \infty$, dann für alle $a < c < b$ auch $L(f,a,c)$ und $L(f,c,b) < \infty$ und $L(f,a,b) = L(f,a,c) + L(f,c,b)$.

Weil der Beweis ähnlich ist zum Beweis von Satz 2.6, 1. Teil, lassen wir diesen aus.

Satz 7.17 Es sei $f\colon [a,b] \to \mathbb{R}$ eine stetig differenzierbare Funktion. Dann ist $L(f,a,x)$ differenzierbar mit Ableitung $\sqrt{1+f'(x)^2}$.

Es folgt $L(f,a,b) = \int_a^b \sqrt{1+f'(x)^2}\,\mathrm{d}x$.

Sei $A := \max\{|f'(\xi)|\colon \xi \in [a,b]\}$. Sei $Z = (a_0, \dots, a_k)$ eine Zerlegung von $[a,b]$ und $\xi_i \in (a_{i-1}, a_i)$ mit $f(a_i) - f(a_{i-1}) = (a_i - a_{i-1})f'(\xi_i)$ (Mittelwertsatz). Dann:

$$S(f,Z) = \sum_{i=1}^{k} (a_i - a_{i-1})\sqrt{1+f'(\xi_i)^2} \le (b-a)\sqrt{1+A^2}\,. \tag{7.3}$$

Somit ist $S(f,Z)$ beschränkt und $L(f,a,b) < \infty$. Es sei $a \le x < b$. Wir nehmen an, dass $f'(x) > 0$, und wählen ein ε mit $0 < \varepsilon < f'(x)$ und $\delta > 0$ mit $f'(x) - \varepsilon < f'(x+h) < f'(x) + \varepsilon$ für alle $h \in [x, x+\delta]$. Wegen der Ungleichung 7.3 gilt $L(f,x,x+h) \le h \cdot \sqrt{1+(f'(x)+\varepsilon)^2}$.

Durch Betrachtung der Zerlegung $(x, x+h)$ des Intervalls $[x, x+h]$ folgt:

$$L(f,x,x+h) \ge \sqrt{h^2 + (f(x+h) - f(x))^2} = \sqrt{h^2 + (hf'(\xi))^2} \ge h\sqrt{1+(f'(x)-\varepsilon)^2}$$

mit $\xi \in (x, x+h)$ nach dem Mittelwertsatz. Wegen $L(f,a,x+h) - L(f,a,x) = L(f,x,x+h)$ folgt:

$$\sqrt{1+(f'(x)-\varepsilon)^2} \le \frac{L(f,a,x+h) - L(f,a,x)}{h} \le \sqrt{1+(f'(x)+\varepsilon)^2}\,.$$

Es folgt, dass $\lim_{h\searrow 0} \dfrac{L(f,a,x+h) - L(f,a,x)}{h} = \sqrt{1+f'(x)^2}$. Den Fall $\lim_{h\nearrow 0}$ zeigt man analog. ■

Aufgaben

Lösung

Aufgabe 7.36

1. Beweisen Sie die folgende Verschärfung von Satz 7.17:

   Ist $f\colon [a,b]$ stetig, differenzierbar auf (a,b). Dann ist $\sqrt{1+f'(x)^2}$ auf $[a,b]$ integrierbar genau dann, wenn $L(f,a,b) < \infty$. In diesem Fall gilt:

   $$L(f,a,b) = \int_a^b \sqrt{1+f'(x)^2}\,\mathrm{d}x\,.$$

   (Die Funktion $f(x)$ darf somit z. B. für $x = a$ oder b „senkrechte Tangenten haben".)
2. Berechnen Sie $L(\sqrt{1-x^2}, -1, 1)$. Warum sollte die Antwort nicht überraschen?
3. Sei $f(x) = x\sin(1/x)$ und $f(0) = 0$. Warum ist $L(f, \pi, 0) = \infty$?

Aufgabe 7.37 Berechnen Sie die Bogenlänge $L(f,a,b)$ in den nachfolgenden Fällen:

1. $L(x\sqrt{x}, 0, 7/3)$
2. $L\left(2e^x + e^{-x}/8, 0, \log(2)\right)$
3. $L(\cosh(x), -\log(2), \log(2))$
4. $L\left(\frac{x^3}{3} + \frac{1}{4x}, 1, 4\right)$
5. $L(\log(\cos(x)), 0, \pi/6)$
6. $L\left(\frac{1}{2}x^2, 0, 1\right)$
7. $L(x, 0, 4)$
8. $L(\log(x+\sqrt{x^2-1}), 1, 3)$

Aufgabe 7.38 Wir betrachten ein Hochspannungskabel mit gleichmäßig verteilter Masse. Dieses ist an den Punkten A und B in gleicher Höhe befestigt. Welche Funktion beschreibt dieses Kabel? Der Graph dieser Funktion wird die Kettenlinie genannt. Wir wählen die Koordinaten wie in der Abbildung.

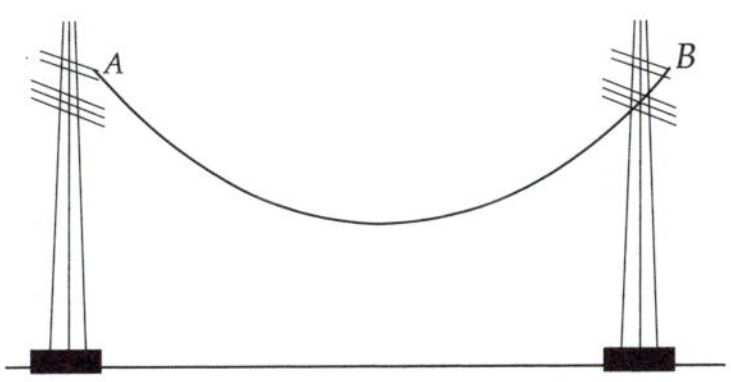

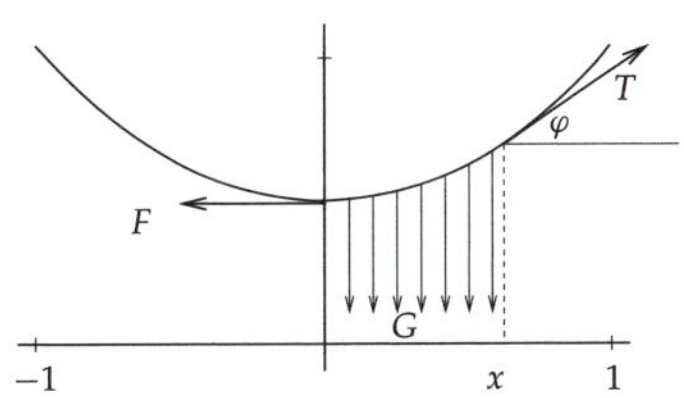

Aus physikalischen Gründen gibt es eine Zugkraft T beim Punkt $(x, f(x))$ und eine *konstante* Zugkraft F, die beim Punkt $(0,0)$ horizontal wirkt. Es existiert bekanntlich die Schwerkraft, welche nach unten zeigt und die proportional ist zur Länge der Kurve $L(f,0,x)$. Es gilt $G = mL(f,0,x)$ für ein $m > 0$. Begründen Sie:

1. $T\cos(\varphi) = F\,,\quad T\sin(\varphi) = G$
2. $f'(x) = \tan(\varphi) = \frac{mL(f,0,x)}{F}$
3. $f''(x) = \frac{m}{F}\sqrt{1+f'(x)^2}$
4. Mit $a = m/F$ gilt $f'(x) = \sinh(ax)$
5. $f(x) = \cosh(ax)/a + c$

7.12 *Das Fehlerintegral*

Erstaunlich ist folgender Satz, der in der Statistik eine herausragende Rolle spielt.

Satz 7.18 (Fehlerintegral)

$$\int_{-\infty}^{\infty} e^{-x^2}\, dx = \sqrt{\pi}\,.$$

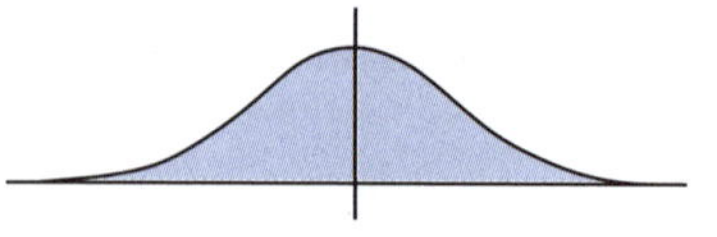

Es reicht natürlich, $\int_0^\infty e^{-x^2}\, dx = \frac{\sqrt{\pi}}{2}$ zu zeigen. Wir setzen:

$$a_k = \int_0^\infty x^k e^{-x^2}\, dx$$

Wir wollen also a_0 berechnen. In der Aufgabe 7.24 haben Sie gezeigt, dass

1 $a_k = \frac{2}{k+1} a_{k+2}\,,$ **2** $a_{2k+1} = \frac{1}{2} k!\,,$ **3** $a_0 = \frac{2^k}{(2k-1)(2k-3)\ldots 3\cdot 1} a_{2k}\,.$

Jetzt kommt der Trick: Weil $x^k(x+t)^2 e^{-x^2}$ für alle $x \geq 0$ positiv ist, folgt:

$$a_{k+2} + 2ta_{k+1} + t^2 a_k = \int_0^\infty x^k (x+t)^2 e^{-x^2}\, dx \geq 0\,.$$

Als Funktion von t nimmt der Ausdruck $a_{k+2} + 2ta_{k+1} + t^2 a_k$ keine negativen Werte an. Wir wissen dann, dass die Diskriminante nicht positiv ist. Also:

$$a_{k+1}^2 \leq a_{k+2} a_k = \frac{k+1}{2} \cdot a_k^2\,.$$

Es folgt:

$$\frac{(k!)^2}{4k+2} = \frac{2}{2k+1} \cdot a_{2k+1}^2 \leq a_{2k}^2 \leq a_{2k-1} a_{2k+1} = \frac{1}{4}(k-1)!k! = \frac{(k!)^2}{4k}\,.$$

Weil wir a_0 in a_{2k} ausdrücken können (siehe oben), folgt:

$$\frac{2^{2k}}{(1\cdot 3\ldots(2k-1))^2} \cdot \frac{(k!)^2}{2k+1} \leq 2\cdot a_0^2 \leq \frac{2^{2k}}{(1\cdot 3\ldots(2k-1))^2} \cdot \frac{(k!)^2}{2k+1} \cdot \frac{2k+1}{2k}\,.$$

Nun gilt wegen der Formel von Wallis, Satz 7.12:

$$\lim_{k\to\infty} \frac{2^{2k}}{(1\cdot 3\ldots(2k-1))^2} \cdot \frac{(k!)^2}{2k+1} = \frac{\pi}{2}\,.$$

Also folgt $2a_0^2 = \pi/2$. ■

7.13 *Irrationalität von π*

Obwohl die „meisten" reellen Zahlen nicht rational sind, ist es in der Praxis sehr schwer, die Irrationalität einer gegebenen Zahl nachzuweisen.

Wenn ein solcher Beweis schon gelingt, hat man oft die folgende Beweisidee. Wenn s rational wäre, so konstruiere eine ganze Zahl $g(s)$ mit $0 < g(s) < 1$, Widerspruch! Diese Idee funktioniert z. B. für $s = \pi$. Diese Zahl $g(s)$ ist sehr mysteriös:

$$g(s) = \pi a^n \int_0^1 p_n(x) \sin(\pi x) \, dx .$$

Die Notation wird im Beweis erklärt.

Satz 7.19 Die Kreiszahl π ist nicht rational.

Wir beweisen selbst, dass $\pi^2 \notin \mathbb{Q}$. Nehmen Sie an, $\pi^2 \in \mathbb{Q}$, also $\pi^2 = a/b$ mit $b \in \mathbb{N}$. Betrachten Sie für $n \in \mathbb{N}$ die Polynome

$$p_n(x) := \tfrac{1}{n!} x^n (1-x)^n .$$

Dann gilt $p_n^{(k)}(0) \in \mathbb{Z}$ und $p_n^{(k)}(1) \in \mathbb{Z}$ für $k \in \mathbb{N}_0$. Dies beweisen wir mit Induktion nach k. Für $k = 0$ ist dies klar. Bemerke, dass $p_n'(x) = (1-2x)p_{n-1}(x)$, also ist der Induktionsschritt auch leicht.

Betrachte nun

$$P_n(x) := b^n \sum_{k=0}^{n} (-1)^k \pi^{2n-2k} p_n^{(2k)}(x) .$$

Da $\pi^2 = a/b$, gilt $P_n(0), P_n(1) \in \mathbb{Z}$. Bemerke:

$$P_n''(x) + \pi^2 P_n(x) = b^n \pi^{2n+2} p_n(x) .$$

Man rechnet deshalb direkt nach, dass:

$$(P_n(x) \sin(\pi x) - \pi P_n(x) \cos(\pi x))' = b^n \pi^{2n+2} p_n(x) \sin(\pi x) .$$

Nun ist $b^n \pi^{2n+2} = a^n \pi^2$ und deshalb gilt für alle $n \in \mathbb{N}$:

$$\pi a^n \int_0^1 p_n(x) \sin(\pi x) \, dx = \left(\frac{1}{\pi} P_n'(x) \sin(\pi x) - P_n(x) \cos(\pi x) \right]_0^1 = P_n(0) + P_n(1) \in \mathbb{Z} .$$

Andererseits ist, da offensichtlich $0 < p_n(x) < 1/n!$ für $0 < x < 1$

$$0 < \pi a^n \int_0^1 p_n(x) \sin(\pi x) \, dx < \pi a^n \frac{1}{n!} < 1$$

für n groß, Widerspruch! ■

7.14 *Das Lebesgue-Integral*

Wir haben bislang das Integral für stetige Funktionen definiert. Dieses Integral basiert auf der Fläche von σ-Mengen. Wir werden die Definition der Fläche für allgemeinere Mengen geben und somit auch eine allgemeinere Definition für das Integral. Das resultierende Lebesgue-Integral ist allgemeiner als das Riemann-Integral.

Es sei $A \subset \mathbb{R}^2$. Wir definieren das äußere Lebesguemaß von A durch:

$$\mu^*(A) := \inf\left\{\mu(O) : O \supset A \text{ und } O \text{ eine } \sigma - \text{Menge}\right\} \in [0, \infty] .$$

Wir nennen A **Lebesguemessbar** oder einfach **messbar**, wenn für jedes $\varepsilon > 0$ eine σ-Menge $O \supset A$ existiert, so dass $\mu^*(O \setminus A) < \varepsilon$. In diesem Fall nennen wir $\mu^*(A) =: \mu(A)$ einfach die Fläche von A.
Eine **Nullmenge** N ist eine Menge mit $\mu^*(N) = 0$. Diese Mengen sind immer Lebesguemessbar.

Aus der Definition folgt sofort das nachfolgende Lemma.

Lemma 7.20 Eine Menge ist A Lebesguemessbar genau dann, wenn für jedes $\varepsilon > 0$ σ-Mengen $O \supset A$ und $U \supset O \setminus A$ existieren, so dass $\mu(U) < \varepsilon$.

Bemerke, dass σ-Mengen Lebesguemessbar sind.

Satz 7.21

1. Ist A Lebesguemessbar, so auch das Komplement A^c.
2. Wenn $A_1, A_2, A_3, \ldots$ Lebesguemessbar, so auch $\bigcup_{i=1}^{\infty} A_i$.
3. Sind $A_1, A_2, A_3, \ldots$ Lebesguemessbar und paarweise disjunkt, so gilt die σ-Additivität: $\mu\left(\bigcup_{i=1}^{\infty} A_i\right) = \sum_{i=1}^{\infty} \mu(A_i)$.

Andere schöne Eigenschaften der Fläche leitet man sofort hieraus ab, siehe Aufgabe 7.39.

Ist $I \subset \mathbb{R}$ und $f: I \to \mathbb{R}$ eine Funktion, so nennen wir f Lebesgueintegrierbar, wenn die Ordinatenmengen $O_+(f)$ und $O_-(f)$ Lebesguemessbar mit endlichem Maß sind. Das Lebesguesche-Integral ist dann definiert durch:

$$\int_I f(x)\,\mathrm{d}x := \mu(O_+(f)) - \mu(O_-(f)) .$$

Aufgaben

Lösung

Aufgabe 7.39 In dieser Aufgabe dürfen Sie die Aussagen des Satzes 7.21 benutzen. Es seien $A_1, A_2, A_3, \ldots$ messbare Mengen.

1. Zeigen Sie: Der Durchschnitt $\cap_{i=1}^{\infty} A_i$ ist eine messbare Menge.
2. Zeigen Sie: Ist $A_1 \subset A_2 \subset A_3 \subset \cdots$, so gilt $\mu\left(\bigcup\limits_{i=1}^{\infty} A_i\right) = \lim_{i\to\infty} \mu(A_i)$.
3. Zeigen Sie: Ist $A_1 \supset A_2 \supset A_3 \subset \cdots$ und $\mu(A_i) < \infty$ für mindestens ein i, so ist $\mu\left(\bigcap\limits_{i=1}^{\infty} A_i\right) = \lim_{i\to\infty} \mu(A_i)$.
4. Bestimmen Sie A_i so, dass $A_1 \supset A_2 \supset A_3 \subset \cdots$ mit $\mu(A_i) = \infty$ für jedes i und $\cap_{i=1}^{\infty} A_i$ hat endliche Fläche.

Aufgabe 7.40

1. Zeigen Sie den Satz von Levi: Sei A eine Teilmenge von $\mathbb{R}$ und $f_n \colon A \to \mathbb{R}$ Funktionen mit $0 \leq f_1 \leq f_2 \leq \cdots$ und $f(x) = \lim_{n\to\infty} f_n(x)$. Dann gilt:

$$\int_A f(x)\,\mathrm{d}x = \lim_{n\to\infty} \int_A f_n(x)\,\mathrm{d}x \,.$$

2. Wenden Sie den Satz von Levi an auf die Funktionen $f_n \colon [0,1) \to \mathbb{R}$:

$$f_n(x) = (1-x^2) + (x^4 - x^6) + \cdots + (x^{4n} - x^{4n+2})$$

und beweisen Sie hiermit die Gregory-Leibniz-Formel.

3. Zeigen Sie erneut, dass $\log(2) = 1 - \frac{1}{2} + \frac{1}{3} - \frac{1}{4} + \cdots$

Aufgabe 7.41

1. Sei A Lebesguemessbar und $c \in \mathbb{R}$. Sei $A + c = \{p + c \colon p \in A\}$. Zeigen Sie, dass $\mu(A+c) = \mu(A)$.
2. Sei $f \colon [a,b] \to \mathbb{R}$ Lebesguemessbar. Sei:

$$G(f) = \{(x,y) \colon a \leq x < b \text{ und } y = f(x)\} \,.$$

Zeigen Sie, dass $\mu(G(f)) = 0$.
Tipp: Betrachten Sie der Einfachheit halber nur $f(x) \geq 0$ und betrachten Sie $f(x) + 1/n$ für $n \in \mathbb{N}$.

3. Es sei $Q = (c,d)$ links von $P = (a,b)$. Betrachten Sie das Parallelogramm:

$$A = \{\lambda P + \mu Q \colon 0 < \lambda, \mu < 1\} \,.$$

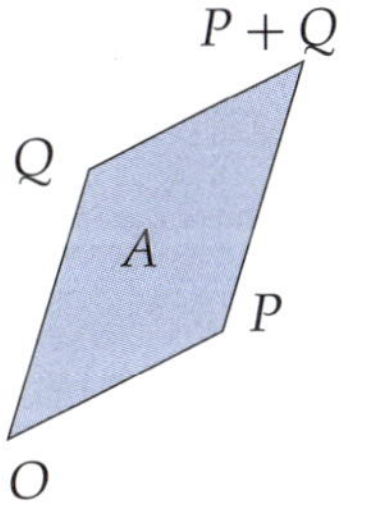

Zeigen Sie, dass $\mu(O(A)) = ad - bc = \det(P,Q)$.

Beschränken Sie sich der Einfachheit halber auf den Fall, dass P im ersten Quadranten und Q im ersten oder zweiten Quadranten liegt.

Beweis des Satzes 7.21

Beweis von Satz 7.21

1 Sind $R_1, R_2, \ldots$ halboffene Rechtecke, nicht notwendigerweise paarweise disjunkt, so ist die Vereinigung $\cup_{i=1}^{\infty} R_i$ trotzdem eine σ-Menge, wie wir jetzt sehen werden.

Sind R, Q Rechtecke, so ist die Differenz $R \setminus Q$ die Vereinigung von höchstens vier disjunkten Rechtecken. Mit Induktion ist dann $R \setminus (Q_1 \cup \cdots \cup Q_n) = (R \setminus Q_N) \setminus (Q_1 \cup \cdots Q_{N-1})$ eine endliche Vereinigung von disjunkten Rechtecken. Sind also $R_1, R_2, R_3, \cdots$ Rechtecke, so ist

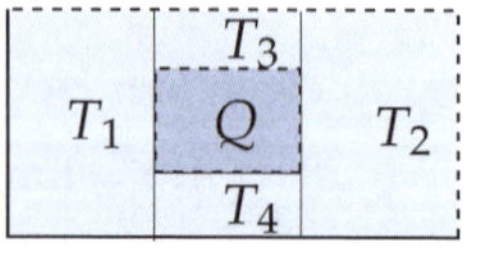

$$R_1 \cup R_2 \cup R_3 \cup \cdots = R_1 \cup (R_2 \setminus R_1) \cup (R_3 \setminus (R_1 \cup R_2)) \cup \cdots$$

eine abzählbare disjunkte Vereinigung von disjunkten Rechtecken, also eine σ-Menge. Ist O diese σ-Menge, so ist $\mu(O) \leq \sum_{i=1}^{\infty} \mu(R_i)$. Dies sieht man z. B. durch eine Anwendung des Satzes 7.6: Ist $O = \cup_{j=1}^{\infty} Q_i$ mit Q_i paarweise disjunkt, so ist unter Anwendung des großen Umordnungssatzes:

$$\mu(O) = \sum_{i=1}^{\infty} \mu(Q_i) \overset{\text{Satz 7.6}}{\leq} \sum_{i=1}^{\infty} \sum_{j=1}^{\infty} \mu(Q_i \cap R_j) = \sum_{j=1}^{\infty} \sum_{i=1}^{\infty} \mu(Q_i \cap R_j) \overset{\text{Satz7.6}}{\leq} \sum_{j=1}^{\infty} \mu(R_j)$$

2 Wir zeigen nun die sogenannte σ-Subadditivität: Sind $A_1, A_2, A_3, \ldots$ beliebige Teilmengen von $\mathbb{R}^2$, so gilt:

$$\mu^* \left(\cup_{i=1}^{\infty} A_i \right) \leq \sum_{i=1}^{\infty} \mu^*(A_i) \, .$$

Wir wählen dazu für jedes A_i Rechtecke R_{ij} mit $\cup_{j=1}^{\infty} R_{ij} \supset A_i$ und

$$\sum_{j=1}^{\infty} \mu(R_{ij}) \leq \mu^*(A_i) + \varepsilon / 2^i \, .$$

Die R_{ij} bilden zusammen eine abzählbare Menge von Rechtecken, deren Vereinigung eine σ-Menge ist und die $A := \cup_{i=1}^{\infty} A_i$ überdecken. Es gilt somit unter Benutzung des ersten Teils:

$$\mu^*(A) \leq \sum_{i,j=1}^{\infty} \mu(R_{ij}) \leq \sum_{i=1}^{\infty} \mu^*(A_i) + \sum_{i=1}^{\infty} \varepsilon/2^i = \sum_{i=1}^{\infty} \mu^*(A_i) + \varepsilon$$

Dies gilt für alle $\varepsilon > 0$, woraus die σ-Subadditivität folgt.

3 Wir können jetzt den zweiten Teil des Satzes 7.21 zeigen. Bemerke, dass aus $A \subset B$ sofort die Monotonie folgt: $\mu^*(A) \leq \mu^*(B)$. Sind nun $A_1, A_2, A_3, \cdots$ messbare Mengen

und $\varepsilon > 0$, so können wir σ-Mengen $O_i \supset A_i$ wählen mit $\mu^*(O_i \setminus A_i) < \varepsilon/2^i$. Dann ist $O = \cup_{i=1}^{\infty} O_i$ auch eine σ-Menge und:

$$\bigcup_{i=1}^{\infty} (O_i \setminus A_i) \supset \bigcup_{i=1}^{\infty} O_i \setminus \bigcup_{i=1}^{\infty} A_i = O \setminus A\,.$$

Die σ-Subadditivität und die Monotonie ergeben:

$$\mu^*(O \setminus A) \leq \sum_{i=1}^{\infty} \mu^*(O_i \setminus A_i) \leq \sum_{i=1}^{\infty} \frac{\varepsilon}{2^i} = \varepsilon\,.$$

Somit haben wir zu jedem $\varepsilon > 0$ eine σ-Menge O bestimmt mit $\mu^*(O \setminus A) < \varepsilon$. Deshalb ist A eine messbare Menge.

4 Sei A eine messbare Menge und R ein Rechteck. Wir zeigen, dass $R \cap A$ ebenfalls eine messbare Menge ist.

Sei dazu $O = \cup_{i=1}^{n} Q_i \supset A$ eine σ-Menge mit $\mu^*(O \setminus A) < \varepsilon$. Dann ist auch $R \cap O = \cup_{i=1}^{n} Q_i \cap R$ ein σ-Menge. Auch ist $(O \cap R) \setminus (A \cap R)$ eine Teilmenge von $O \setminus A$, also ist insbesondere $\mu^*(O \cap R \setminus A \cap R) < \varepsilon$. Es folgt, dass $A \cap R$ eine messbare Menge ist.

5 Die Menge $\mathbb{R}^2$ ist eine abzählbare Vereinigung von Rechtecken: Die Menge $\{(a, b) : a, b \subset \mathbb{Z}\}$ ist abzählbar und die Rechtecke

$$R_{a,b} := \{(x, y) : a \leq x < a + 1,\ b \leq y < b + 1\}$$

haben als Vereinigung den ganzen $\mathbb{R}^2$.

6 Wir zeigen jetzt die erste Aussage des Satzes 7.21. Die Menge $\mathbb{R}^2$ ist eine abzählbare Vereinigung von Rechtecken. Abzählbare Vereinigungen von messbaren Mengen sind selbst wieder messbar. Deshalb reicht es zu zeigen, dass für ein Rechteck R die Menge $A^c \cap R$ messbar ist. Wir dürfen deshalb auch $A \subset R$ voraussetzen. Hier kommt das komplizierte Bild zum Beweis.

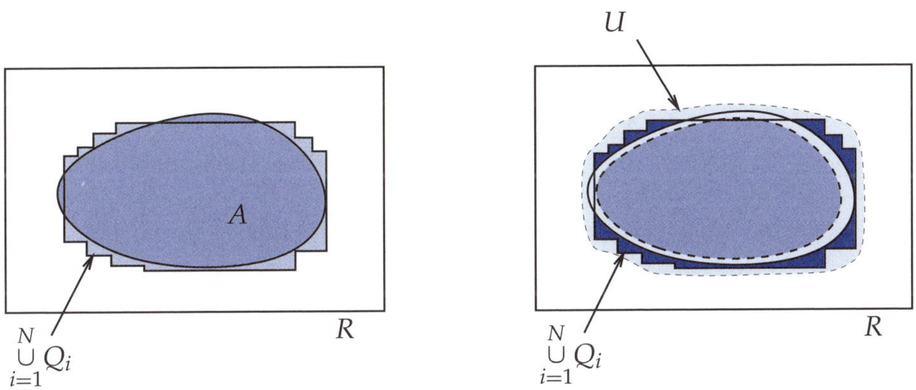

Es sei $\varepsilon > 0$. Weil A messbar ist, existieren σ-Mengen $O \supset A$ und $U \supset O \setminus A$ mit $\mu(U) < \varepsilon/2$. Sei $O = \cup_{i=1}^{\infty} Q_i$ mit Q_i Rechtecke und N so groß, dass $\mu(\cup_{i=N+1}^{\infty} \mu(Q_i) < \varepsilon/2$. Wir schreiben:

$$F = \cup_{i=1}^{N} Q_i,\quad G = \cup_{i=N+1}^{\infty} Q_i = O \setminus F\,.$$

Nach dem ersten Teil ist $R \setminus F$ eine endliche Vereinigung von Rechtecken. Also:

a. $V := U \cup (R \setminus F)$ ist eine σ-Menge mit $V \supset R \cap A^c$. (Ist $p \notin A$, so ist entweder $p \in O$ oder $p \notin F \subset O$.)

b. $W = U \cup G$ ist eine σ-Menge mit $W \supset V \setminus (R \cap A^c) = V \cap A$ und $\mu(W) < \varepsilon$. (Ist $p \in V \cap A$, dann $p \in U$ oder $p \in A \cap F^c \subset O \cap F^c = G$.)

Also ist A^c messbar.

7 Es sei wiederum A messbar und R ein Rechteck. Wir zeigen $\mu(R) = \mu(R \cap A) + \mu(R \cap A^c)$. Wiederum dürfen wir $A \subset R$ voraussetzen. Wir nehmen die Notation aus dem vorherigen Teil:

$$\begin{aligned}\mu(A) + \mu(R \cap A^c) &\leq \mu(A) + \mu(U) + \mu(R \setminus F)\\ &= \mu(A) + \mu(U) + \mu(R) - \sum_{i=1}^{N} \mu(Q_i)\\ &\leq \sum_{i=1}^{\infty} \mu(Q_i) + \mu(U) + \mu(R) - \sum_{i=1}^{N} \mu(Q_i)\\ &= \mu(G) + \mu(U) + \mu(R) < \mu(R) + \varepsilon\,.\end{aligned}$$

Dies gilt für alle $\varepsilon > 0$, also $\mu(R) \geq \mu(A) + \mu(R \cap A^c)$. Die Ungleichung $\mu(R) \leq \mu(A) + \mu(R \cap A^c)$ ist die Subadditivität.

8 Es seien A, B disjunkte messbare Mengen. Wir zeigen:

$$\mu(A \cup B) = \mu(A) + \mu(B)\,.$$

Wir dürfen annehmen, dass sowohl $\mu(A), \mu(B)$ endlich sind. Die Ungleichung $\mu(A \cup B) \leq \mu(A) + \mu(B)$ ist die Subadditivität.

Wähle nun disjunkte Rechtecke Q_i, so dass $\cup_{i=1}^{\infty} Q_i \supset A \cup B$ und $\sum_{i=1}^{\infty} \mu(Q_i) < \mu(A \cup B) + \varepsilon$. Unter Benutzung des 7. Teils, und weil $B \subset A^c$, folgt:

$$\begin{aligned}\mu(A \cup B) + \varepsilon > \sum_{i=1}^{\infty} \mu(Q_i) &= \sum_{i=1}^{\infty} \mu(Q_i \cap A) + \sum_{i=1}^{\infty} \mu(Q_i \cap A^c)\\ &\geq \sum_{i=1}^{\infty} \mu(Q_i \cap A) + \sum_{i=1}^{\infty} \mu(Q_i \cap B) \geq \mu(A) + \mu(B)\end{aligned}$$

Die letzte Ungleichung folgt aus der Subadditivität. Diese Ungleichung gilt für alle $\varepsilon > 0$, also $\mu(A \cup B) \geq \mu(A) + \mu(B)$.

9 Jetzt können wir schließlich die σ-Additivität zeigen. Sei $A_1, A_2, A_2, \ldots$ messbar und paarweise disjunkt. Mit Induktion und dem eben Bewiesenen:

$$\mu\left(A_1 \cup \cdots \cup A_N\right) = \sum_{i=1}^{N} \mu(A_i)$$

Die Ungleichung $\mu(A) \geq \mu\left(A_1 \cup \cdots \cup A_N\right)$ ist offensichtlich und somit gilt $\mu(A) \geq \sum_{i=1}^{N} \mu(A_i)$ für jedes N. Deshalb $\mu(A) \geq \sum_{i=1}^{\infty} \mu(A_i)$.

Die Ungleichung $\mu(A) \leq \sum_{i=1}^{\infty} \mu(A_i)$ ist die Subadditivität. Der Satz ist bewiesen. ■

Funktionenfolgen

8

ÜBERBLICK

LERNZIELE

- Funktionenfolgen: gleichmäßige und punktweise Konvergenz
- Eine gleichmäßig konvergente Folge stetiger Funktionen konvergiert gegen eine stetige Funktion.
- Vertauschen von Grenzwert und Integral und Grenzwert
- Gleichmäßige Konvergenz von Reihen: das Weierstraßkriterium
- Das Sinusprodukt und die Partialbruchzerlegung des Cotangens

Sei A eine Teilmenge von $\mathbb{R}$ (oder von $\mathbb{C}$). Ist für jede natürliche Zahl n eine Funktion $f_n\colon A \to \mathbb{R}$ gegeben, so sprechen wir von einer Funktionenfolge. Diese Funktionenfolgen sind das Thema des letzten Kapitels dieses Buches.

Wir behandeln zwei Konvergenzbegriffe: die der punktweisen Konvergenz und die der gleichmäßigen Konvergenz. Punktweise Konvergenz ist hierbei einfach: $\lim_{n\to\infty} f_n = f$, wenn für jedes $x \in A$ gilt, dass die Folge $(f_n(x))$ gegen $f(x)$ konvergiert.

Die wichtigsten Sätze in diesem Kapitel benötigen jedoch eine andere Konvergenz. Hierzu betrachte man den Abstand $\|f - g\|_A$ zwischen zwei Funktionen $f, g\colon A \to \mathbb{R}$. Es ist das Supremum von $|f(x) - g(x)|$ für $x \in A$. Dann heißt (f_n) gleichmäßig konvergent gegen f, wenn es für jedes $\varepsilon > 0$ ein N gibt, so dass $\|f - f_n\|_A < \varepsilon$ für jedes $n \geq N$.

Im nachfolgenden Bild wird diese Definition erläutert.

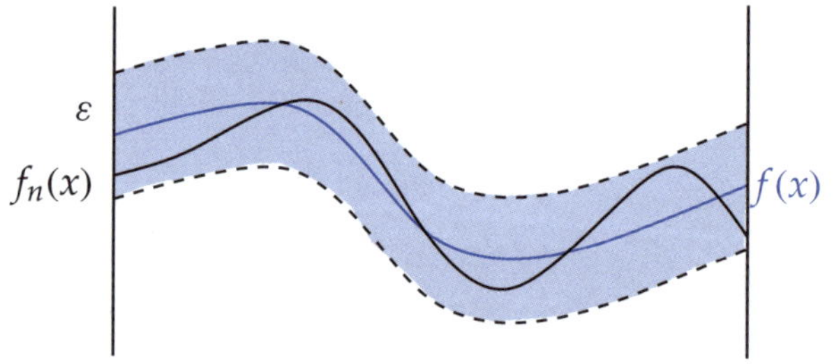

Hier ist um die Grenzwertfunktion $f(x)$ ein hellblauer Streifen zwischen $f(x) - \varepsilon$ und $f(x) + \varepsilon$ gezeichnet. Für alle hinreichend großen n muss der Graph von f_n dann in diesem Bereich liegen.

Die wichtigsten Sätze, welche wir beweisen, sind die nachfolgenden. Sind $f_n\colon [a, b] \to \mathbb{R}$ stetig und konvergiert (f_n) gleichmäßig gegen $f\colon [a, b]$, so gilt:

1 f ist stetig.

2 $\displaystyle\int_a^b f(x)\,\mathrm{d}x = \int_a^b \lim_{n\to\infty} f_n(x)\,\mathrm{d}x = \lim_{n\to\infty} \int_a^b f_n(x)\,\mathrm{d}x$ [1]

1 Es sollte hier erwähnt werden, dass sich mit dem Lebesgue-Integral viel bessere Vertauschungsgesetze formulieren und beweisen lassen. Um hiervon einen Eindruck zu bekommen, verweisen wir auf den Satz von Levi, siehe Aufgabe 7.40.

Es lässt sich ebenfalls ein Vertauschungsgesetz für das Differenzieren formulieren.

Wir betrachten ebenfalls Reihen von Funktionen: Wir nennen eine Reihe $\sum_{n=0}^{\infty} f_n(x)$ gleichmäßig konvergent, wenn die Folge der Partialsummen

$$s_n(x) = f_0(x) + \cdots + f_n(x)$$

gleichmäßig konvergent ist. Das Weierstraßkriterium, welches wir in diesem Fall beweisen, ist eine Art „Vergleichskriterium": Ist $0 \leq |g_n| \leq f_n$ und ist $\sum_{n=0}^{\infty} f_n(x)$ gleichmäßig konvergent, dann auch $\sum_{n=0}^{\infty} g_n(x)$. Als Folgerung sind Potenzreihen

$$a_0 + a_1 x + a_2 x^2 + \cdots$$

mit Konvergenzradius R gleichmäßig konvergent auf $[-a, a]$ für $a \leq R$. Hiermit lässt sich die Ableitungsregel für Potenzreihen erneut herleiten.

8.1 Gleichmäßige Konvergenz

A sei eine Menge von reellen Zahlen und $f: A \to \mathbb{R}$. Wir definieren $\|f\| := \|f\|_A := \sup\{|f(x)|: x \in [a, b]\}$.

Dieses Supremum kann unendlich sein. Ist A ein abgeschlossenes Intervall und f stetig, so ist $\|f\|$ eine endliche Zahl, denn f hat ein Maximum und ein Minimum.

1. Eine Folge von Funktionen $(f_n): A \to \mathbb{R}$ konvergiert **gleichmäßig** gegen f, wenn die Folge von reellen Zahlen $(\|f - f_n\|)$ eine Nullfolge ist.
2. Die Folge (f_n) konvergiert punktweise gegen f, wenn $(f_n(x))$ eine konvergente Folge mit Grenzwert $f(x)$ für alle $x \in [a, b]$ ist.

Ist $(\|f - f_n\|)$ eine Nullfolge und $x \in A$ und $\varepsilon > 0$, dann gibt es ein N mit $(\|f - f_n\|) < \varepsilon$ für jedes $n \geq N$. Es folgt, dass $(f(x) - f_n(x)\|) < \varepsilon$. Wir folgern, dass aus gleichmäßiger Konvergenz die punktweise Konvergenz folgt. Die Umkehrung gilt nicht, siehe das Beispiel weiter unten.

Satz 8.1 $f_n: [a, b] \to \mathbb{R}$ sei eine Folge stetiger Funktionen. Konvergiert f_n gleichmäßig gegen $f: [a, b] \to \mathbb{R}$, so ist f stetig.

Sei $c \in [a, b]$. Wir beweisen die Stetigkeit von f in c. Sei $\varepsilon > 0$ gegeben. Dann gibt es ein n mit $\|f - f_n\| < \varepsilon/3$. Die Funktion f_n ist stetig in a. Also gibt es ein $\delta > 0$, so dass für alle $x \in [a, b]$ und $|x - c| < \delta$ gilt $|f_n(x) - f_n(c)| < \varepsilon/3$. Für solche x gilt:

$$\begin{aligned} |f(x) - f(c)| &\leq |f(x) - f_n(x)| + |f_n(x) - f_n(c)| + |f_n(c) - f(c)| \\ &< \varepsilon/3 + \varepsilon/3 + \varepsilon/3 = \varepsilon \end{aligned}$$

und die Stetigkeit der Funktion f in c ist bewiesen. ■

Beispiel: Betrachte $f_n: [0, 1] \to \mathbb{R}$, gegeben durch $f_n(x) = x^n$. Dann ist f_n für jedes n stetig, aber die Grenzwertfunktion

$$f(x) = \begin{cases} 0 & 0 \leq x < 1 \\ 1 & x = 1 \end{cases}$$

ist nicht stetig. Der Grenzwert f der Folge von stetigen Funktionen (f_n), welcher punktweise gegen f konvergiert, braucht deshalb nicht stetig zu sein.

Aufgaben

Lösung

Aufgabe 8.1 Zeigen Sie, dass die Funktionenfolge (f_n) mit $f_n = x\mathrm{e}^{-nx}$ auf $[0, \infty)$ gleichmäßig gegen die Nullfunktion konvergiert.
Tipp: Berechnen Sie das Maximum von $f_n(x)$.

Aufgabe 8.2 Zeigen Sie, dass die Funktionenfolge $f_n(x) = \frac{nx}{nx+1}$ auf $[0, 1]$ nicht gleichmäßig konvergent ist.
Tipp: Untersuchen Sie $\lim\limits_{n\to\infty} f_n(x)$.

Aufgabe 8.3 Untersuchen Sie die punktweise und die gleichmäßige Konvergenz der nachfolgenden Funktionen auf den angegebenen Intervallen.

1. $f_n(x) = nx\mathrm{e}^{-nx}$ auf $[0, 1]$
2. $f_n(x) = \dfrac{1}{nx+1}$ auf $(0, 1)$
3. $f_n(x) = \dfrac{nx^2+1}{nx+1}$ auf $(0, 1)$
4. $f_n(x) = x\mathrm{e}^{-nx^2}$ auf $[0, \infty)$
5. $f_n(x) = \dfrac{3x+n}{n}$ auf $\mathbb{R}$
6. $f_n(x) = \dfrac{nx}{nx+1}$ auf $[1, \infty)$
7. $f_n(x) = \sqrt{n} \cdot x\mathrm{e}^{-2n^2x^2}$ auf $[0, \infty)$
8. $f_n(x) = x^2\mathrm{e}^{-1/(nx)}$ auf $(0, a]$, a fest
9. $f_n(x) = \dfrac{x^2}{n^2}$ auf $\mathbb{R}$
10. $f_n(x) = \dfrac{x^2}{n^2}$ auf $[-a, a]$, a fest
11. $f_n(x) = \dfrac{x^{2n}}{1+x^{2n}}$ auf $[0, 1]$
12. $f_n(x) = \cos^n(x)$ auf $(0, \pi/2)$
13. $f_n(x) = \dfrac{\cos(nx)}{nx+2}$ auf $(0, \infty)$
14. $f_n(x) = \dfrac{x^n \log(x)}{x^n+1}$ auf $(0, \infty)$

Aufgabe 8.4 Bestimmen Sie das größte Intervall, für das die Funktionenfolge $f_n(x) = x^2 - \dfrac{x^n}{n}$ gleichmäßig konvergiert.

8.2 Integrieren und differenzieren: Vertauschungsgesetze

Satz 8.2 Die Folge von stetigen Funktionen $f_n \colon [a,b] \to \mathbb{R}$ auf $[a,b]$ konvergiere gleichmäßig gegen f. Dann:

$$\int_a^b f(x)\,\mathrm{d}x = \lim_{n\to\infty} \int_a^b f_n(x)\,\mathrm{d}x = \int_a^b \lim_{n\to\infty} f_n(x)\,\mathrm{d}x$$

Die Funktion $f(x)$ ist stetig auf $[a,b]$, also existiert das Integral $\int_a^b f(x)\,\mathrm{d}x$. Sei $\varepsilon > 0$. Dann gibt es ein N, so dass $|f(x) - f_n(x)| < \varepsilon/(b-a)$ für alle $n \geq N$ und alle $x \in [a,b]$. Es folgt:

$$\left|\int_a^b f(x) - f_n(x)\,\mathrm{d}x\right| \leq \int_a^b |f(x) - f_n(x)|\,\mathrm{d}x \leq (b-a)\cdot\frac{\varepsilon}{b-a} = \varepsilon\,, \quad \text{also}$$

$$\int_a^b f(x)\,\mathrm{d}x - \lim_{n\to\infty}\int_a^b f_n(x)\,\mathrm{d}x = \lim_{n\to\infty}\int_a^b f(x) - f_n(x)\,\mathrm{d}x = 0\,.$$

Satz 8.3 Es seien f_n differenzierbare Funktionen auf $[a,b]$ mit f_n' stetig. Es gelte:

1 $f_n(x)$ ist für (mindestens) ein $x_0 \in [a,b]$ konvergent.

2 Die Folge der Ableitungen (f_n') ist gleichmäßig konvergent.

Dann ist (f_n) punktweise konvergent. Ist $f := \lim_{n\to\infty} f_n$, so ist f differenzierbar auf $[a,b]$ mit $f'(x) = \lim_{n\to\infty} f_n'(x)$ für alle $x \in [a,b]$.

Wegen Satz 8.2 und des Hauptsatzes der Differential- und Integralrechnung gilt:

$$\lim_{n\to\infty}\int_{x_0}^x f_n'(t)\,\mathrm{d}t = \int_{x_0}^x \lim_{n\to\infty} f_n'(t)\,\mathrm{d}t = \lim_{n\to\infty}\big(f_n(x) - f_n(x_0)\big)\,.$$

Weil $\lim_{n\to\infty} f_n(x_0)$ existiert, folgt, dass $f(x) := \lim_{n\to\infty} f_n(x)$ ebenfalls existiert und:

$$f(x) = \int_{x_0}^x \lim_{n\to\infty} f_n'(t)\,\mathrm{d}t + f(x_0)\,.$$

Da $\lim_{n\to\infty} f_n'$ als Grenzwert von gleichmäßig stetigen Funktionen selbst wieder stetig ist, folgt aus dem Hauptsatz der Differential- und Integralrechnung:

$$f'(x) = \lim_{n\to\infty} f_n'(x)\,.$$

Aufgaben

Lösung

Aufgabe 8.5 Betrachte die nachfolgenden Funktionen.

$$f_n(x) = \begin{cases} n^2x & 0 \leq x \leq \frac{1}{2n} \\ n - n^2x & \frac{1}{2n} \leq x \leq \frac{1}{n} \\ 0 & \frac{1}{n} \leq x \leq 1 \end{cases}$$

1. Zeichnen Sie den Graph der Funktionen für $n = 1, 2, 3, 4$.
2. Die Folge $(f_n(x))$ konvergiert punktweise gegen die Nullfunktion, aber nicht gleichmäßig.
3. Für jedes n ist $\int_0^1 f_n(x)\,\mathrm{d}x = 1/4$.
4. Es gilt: $\int_0^1 \lim_{n\to\infty} f_n(x)\,\mathrm{d}x \neq \int_0^1 f(x)\,\mathrm{d}x$.

Bemerkung. Die Vertauschung von Grenzwerten von Funktionen und Integralen ist deshalb im Allgemeinen nicht erlaubt, selbst wenn die Grenzwertfunktion stetig ist. Schwächere Bedingungen als die gleichmäßige Konvergenz kann man mit Hilfe des Lebesgue-Integrals ableiten.

Aufgabe 8.6 Ohne die Bedingung, dass die Folge (f_n') gleichmäßig konvergiert, ist Satz 8.3 im Allgemeinen falsch: Zeigen Sie dazu, dass die Folge $f_n(x) = \frac{\sin(nx)}{n}$ auf $[0, \pi]$ gleichmäßig gegen die Nullfunktion konvergiert, die Ableitung jedoch nicht.

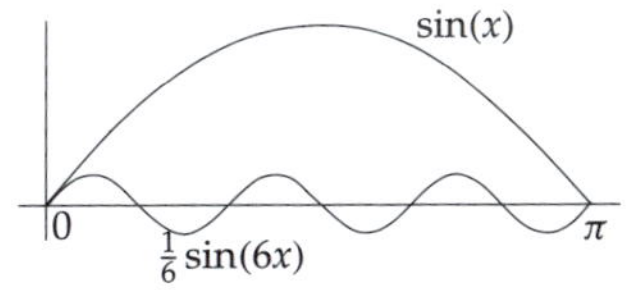

Aufgabe 8.7 Zeigen Sie mit den Voraussetzungen von Satz 8.3, dass die Folge (f_n) sogar gleichmäßig konvergent ist.

Aufgabe 8.8

1. Zeichnen Sie die Graphen der Funktion $f_n(x) = nx(1 - x^2)^n$ für $n = 1, 2, 3$ und $0 \leq x \leq 1$.
2. Berechnen Sie $\lim_{n\to\infty} f_n(x)$ für $0 \leq x \leq 1$.
3. Berechnen Sie $\lim_{n\to\infty} \int_0^1 f_n(x)\,\mathrm{d}x$.
4. Ist f_n gleichmäßig konvergent auf $[0, 1]$?

Aufgabe 8.9 Sei $f_n(x) = \mathrm{e}^{-nx}/n, f(x) = \lim_{n\to\infty} f_n(x)$. Zeigen Sie, dass $f'(0) \neq \lim_{n\to\infty} f_n'(0)$.

Aufgabe 8.10 Berechnen Sie $\lim_{n\to\infty} \int_0^\infty \frac{nx}{1+n^2x^4}\,\mathrm{d}x$. Zeichnen Sie die Graphen der Funktionen $\frac{nx}{1+n^2x^4}$ für verschiedene n mit einem Computeralgebrasystem und rechnen Sie nach, was Sie beobachten.

8.3 Reihen von Funktionen: Weierstraßkriterium

Sei $f_n\colon A \to \mathbb{R}$. Die Reihe von Funktionen $\sum\limits_{n=0}^{\infty} f_n(x)$ heißt gleichmäßig bzw. punktweise konvergent, wenn dies für die Folge der Partialsumme (s_n) gilt. Hierbei ist

$$s_n(x) = \sum_{k=0}^{n} f_k(x) .$$

Satz 8.4 Ist $f(x) = \sum f_n(x)$ gleichmäßig konvergent, so konvergiert $f_n(x)$ gleichmäßig gegen die Nullfunktion.

Folgt aus

$$\|f_n\| = \left\| \sum_{k=1}^{n} f_k(x) - \sum_{k=1}^{n-1} f_k(x) \right\| \leq \|s_n(x) - f(x)\| + \|s_{n-1}(x) - f(x)\| .$$

■

Satz 8.5 (Weierstraßkriterium) Die Reihe $f(x) = f_0(x) + f_1(x) + f_2(x) + \cdots$ sei gleichmäßig konvergent auf A und $g\colon A \to \mathbb{R}$ mit $|g(x)| \leq f(x)$ für $n = 0, 1, 2, \ldots$ und alle $x \in A$. Dann ist auch $g_0(x) + g_1(x) + g_2(x) + \ldots$ gleichmäßig konvergent auf A.

Nach dem Vergleichskriterium konvergiert $g(x) = g_0(x) + g_1(x) + g_2(x) + \cdots$ absolut. Sei $\varepsilon > 0$. Dann existiert ein N, so dass für alle $n \geq N$ gilt:

$$\left| f(x) - \sum_{k=0}^{n} f_k(x) \right| < \varepsilon .$$

Dann gilt für $n \geq N$ und alle $x \in A$:

$$\left| g(x) - \sum_{k=0}^{n} g_k(x) \right| = \left| \sum_{k=n+1}^{\infty} g_k(x) \right| \leq \sum_{k=n+1}^{\infty} f_k(x) = \left| f(x) - \sum_{k=0}^{n} f_k(x) \right| < \varepsilon .$$

Somit ist $g_0(x) + g_1(x) + \cdots$ ebenfalls gleichmäßig konvergent. ■

Satz 8.6 Eine Potenzreihe $a_0 + a_1 x + a_2 x^2 + \cdots$ mit Konvergenzradius R konvergiert auf jedem Intervall $(-b, b)$ für $b < R$ gleichmäßig.

Die Reihe $\sum_{n=0}^{\infty} a_n b^n$ ist absolut konvergent (Satz 5.11). Für $-b < x < b$ gilt $|a_n x^n| < |a_n b^n|$ und wir können das Weierstraßkriterium anwenden. ■

Aufgaben

Lösung

Aufgabe 8.11

1. Zeigen Sie, dass $\sum_{n=0}^{\infty} x^n$ nicht gleichmäßig auf $(0, 1)$ konvergiert.
2. Zeigen Sie, dass $\sum_{n=1}^{\infty} \frac{(-1)^n}{n^x}$ nicht gleichmäßig auf $(0, \infty)$ konvergiert.

Aufgabe 8.12 Zeigen Sie, dass $s(x) = \sum_{n=1}^{\infty} \frac{(-1)^n}{x+n}$ für $x \geq 0$ gleichmäßig konvergiert.

Aufgabe 8.13 Eine Potenzreihe mit Konvergenzradius R konvergiert im Allgemeinen nicht gleichmäßig auf $(-R, R)$: Zeigen Sie, dass $\sum_{n=0}^{\infty} \frac{x^n}{n!}$ nicht gleichmäßig auf $\mathbb{R}$ konvergiert.

Aufgabe 8.14 Berechnen Sie:

1. $$\int_1^2 \sum_{n=0}^{\infty} \frac{1}{(n+x)^2}$$
2. $$\int_0^{\pi} \sum_{n=0}^{\infty} \frac{n \sin(nx)}{\mathrm{e}^n} \,\mathrm{d}x$$

Aufgabe 8.15 Benutzen Sie die Sätze 8.6 und 8.3 und Aufgabe 5.33, um einen neuen Beweis des Satzes 5.13 über das Differenzieren von Potenzreihen zu geben.

Aufgabe 8.16

1. Zeigen Sie: Die Reihe $\sum_{n=1}^{\infty} x^n(1-x)$ konvergiert punktweise, aber nicht gleichmäßig auf $(0, 1)$.
2. Zeigen Sie, dass trotzdem gilt:

$$\int_0^1 \sum_{n=1}^{\infty} x^n(1-x)\,\mathrm{d}x = \sum_{n=1}^{\infty} \int_0^1 x^n(1-x)\,\mathrm{d}x\,.$$

Aufgabe 8.17

1. Zeigen Sie, dass die Reihe $\sum_{n=1}^{\infty} n \left(\frac{x}{x^2+1}\right)^{n-1}$ auf $\mathbb{R}$ gleichmäßig konvergiert.
2. Berechnen Sie die Ableitung von $\sum_{n=1}^{\infty} \left(\frac{x}{x^2+1}\right)^n$ mit zwei verschiedenen Methoden.

8.4 *Das Sinusprodukt*

Satz 8.7

$$\sin(\pi x) = \pi x \prod_{k=1}^{\infty} \left(1 - \frac{x}{k}\right)^2 \left(= \pi x \lim_{n\to\infty} \prod_{k=1}^{n} \left(1 - \frac{x}{k}\right)^2 \right) .$$

Betrachte das Integral:

$$I_n(x) := \int_0^{\pi/2} \cos(2xt) \cos^n(t) \, \mathrm{d}t .$$

Sei $n \geq 2$. Dann folgt mit partieller Integration:

$$\begin{aligned}
2x \cdot I_n(x) &= \sin(2xt) \cos(t)^n\big]_0^{\pi/2} + n \int_0^{\pi/2} \sin(2xt) \cos^{n-1}(t) \sin(t) \, \mathrm{d}t \\
4x^2 I_n(x) &= n \int_0^{\pi/2} \cos(2xt) \left(\cos^n(t) - (n-1) \cos^{n-2}(t) \sin^2(t)\right) \mathrm{d}t \\
&= n \int_0^{\pi/2} \cos(2xt) \left(n \cos^n(t) - (n-1) \cos^{n-2}(t)\right) \mathrm{d}t \\
&= n^2 I_n(x) - n(n-1) I_{n-2}(x)
\end{aligned}$$

Also $(n^2 - 4x^2) I_n(x) = n(n-1) I_{n-2}(x)$ und

$$\frac{I_{n-2}(x)}{I_{n-2}(0)} = \left(1 - \frac{4x^2}{n^2}\right) \frac{I_n(x)}{I_n(0)} .$$

Man berechnet $2xI_0(x) = \sin(\pi x)$ und $I_0(0) = \pi/2$. Es folgt mit Induktion:

$$\sin(\pi x) = \pi x \frac{I_0(x)}{I_0(0)} = \pi x \prod_{k=1}^{n} \left(1 - \frac{x^2}{k^2}\right) \cdot \frac{I_{2n}(x)}{I_{2n}(0)} . \tag{8.1}$$

Weil $1 - \cos(2xt) \leq 2x^2 t^2$ (Leibniz) und $t \cos(t) \leq \sin(t)$ (Aufgabe):

$$\begin{aligned}
0 \leq (I_n(0) - I_n(x)) &= \int_0^{\pi/2} (1 - \cos(2xt)) \cos^n(t) \, \mathrm{d}t \\
&\leq 2x^2 \int_0^{\pi/2} t^2 \cos^n(t) \, \mathrm{d}t \leq 2x^2 \int_0^{\pi/2} t \cos^{n-1}(t) \sin(t) \, \mathrm{d}t \\
&= 2x^2 \int_0^{\pi/2} \frac{1}{n} \cos^n(t) \, \mathrm{d}t = 2 \frac{x^2}{n} I_n(0) .
\end{aligned}$$

Es folgt $\lim_{n\to\infty} I_n(x)/I_n(0) = 1$. Setze diesen Grenzwert in Gleichung (8.1) ein und der Satz folgt. ∎

8.5 *Partialbruchzerlegung des Cotangens*

Satz 8.8 Für $x \notin \mathbb{Z}$ gilt:

$$\pi \operatorname{cotan}(\pi x) = \frac{1}{x} + \sum_{k=1}^{\infty} \frac{2x}{x^2 - k^2}$$

Ist $0 < x < 1$, so ist $\sin(\pi x) > 0$, also dürfen wir den Logarithmus nehmen in der Gleichung (8.1). Es folgt:

$$\log(\sin(\pi x)) = \log(\pi x) + \sum_{k=1}^{n} \log\left(1 - \frac{x^2}{k^2}\right) + \log(I_{2n}(x)/I_{2n}(0))$$

Für $n \to \infty$ folgt

$$\log(\sin(\pi x)) = \log(\pi x) + \sum_{k=1}^{\infty} \log\left(1 - \frac{x^2}{k^2}\right)$$

Insbesondere ist die Reihe konvergent. Es ist eine Aufgabe zu zeigen, dass für $0 < a < 1/2$ die Reihe

$$\frac{1}{x} + \sum_{k=1}^{\infty} \frac{2x}{x^2 - k^2}$$

gleichmäßig auf $[a, 1-a]$ konvergiert. Sie ist deshalb nach Satz 8.3 gleich der Ableitung von $\log(\sin(\pi x))$. Diese Ableitung ist gleich $\pi \operatorname{cotan}(\pi x)$, also ist der Satz für $0 < x < 1$ bewiesen.

Um den Satz für $x \notin \mathbb{Z}$ zu zeigen, bemerken wir, dass $\pi \operatorname{cotan}(\pi x)$ periodisch mit Periode 1 ist. Es reicht deshalb zu zeigen, dass die Reihe

$$\frac{1}{x} + \sum_{k=1}^{\infty} \frac{2x}{x^2 - k^2}$$

ebenfalls periodisch mit Periode 1 ist. Dazu betrachte man

$$S_n(x) := \frac{1}{x} + \sum_{k=1}^{n} \frac{2x}{x^2 - k2} = \frac{1}{x} + \sum_{k=1}^{n} \left(\frac{1}{x-k} + \frac{1}{x+k}\right) = \sum_{k=-n}^{n} \frac{1}{x+k}$$

Es folgt $S_n(x+1) - S_n(x) = \frac{1}{x+n+1} - \frac{1}{x-n} \to 0$ für $n \to \infty$. Also ist die Reihe

$$\frac{1}{x} + \sum_{k=1}^{\infty} \frac{2x}{x^2 - k^2}$$

periodisch mit Periode 1 und der Satz ist bewiesen. ∎

Satz 8.9 Für $k \in \mathbb{N}$ gilt:

$$\zeta(2k) := \sum_{n=1}^{\infty} \frac{1}{n^{2k}} = (-1)^{k-1} \frac{2^{2k-1} \cdot \pi^{2k}}{(2k)!} \cdot B_{2k}$$

Wir haben nach Aufgabe 5.40 und Satz 8.8:

$$\begin{aligned}\sum_{k=0}^{\infty} (-1)^k \frac{2^{2k}\pi^{2k}}{(2k)!} B_{2k} x^{2k} &= \pi x \operatorname{cotan}(x)\\ &= 1 + \sum_{n=1}^{\infty} \frac{2x^2}{x^2 - n^2}\\ &= 1 - 2\sum_{n=1}^{\infty}\sum_{k=1}^{\infty} \left(\frac{x}{n}\right)^{2k} = 1 - 2\sum_{k=1}^{\infty}\sum_{n=1}^{\infty} \left(\frac{x}{n}\right)^{2k}\end{aligned}$$

Die Doppelsumme konvergiert für $|x| < 1$, wir dürfen deshalb den großen Umordnungssatz anwenden. Vergleiche nun die Koeffizienten von x^{2k} (Aufgabe 5.36) und der Satz folgt. ∎

Insbesondere gilt:

$$\sum_{n=1}^{\infty} \frac{1}{n^2} = \frac{\pi^2}{6}, \qquad \sum_{n=1}^{\infty} \frac{1}{n^4} = \frac{\pi^4}{90}$$

Index

A

B

C

D

E

F

G

H

I

K

L

T

U

V

W

Z

it
informatik

INFORMATIK

Bjarne Stroustrup

Einführung in die Programmierung mit C++

ISBN 978-3-8689-4005-3

69.95 EUR [D], 72.00 EUR [A], 109.00 sFr*

1224 Seiten

Einführung in die Programmierung mit C++

BESONDERHEITEN

Bjarne Stroustrup, Erfinder von C++, gibt basierend auf seiner langjährigen Erfahrung in Softwareentwicklung und Lehre mit diesem didaktisch ausgefeilten Werk einen praxisnahen und problemorientierten Einstieg in die Programmierung mithilfe von C++. Im Gegensatz zu anderen Einführungen in die Programmierung deckt dieses Buch praxisorientierte Themen wie die Wartbarkeit von Code, das Testen und die professionelle Softwareentwicklung ab. Für jeden, der sich intensiv mit der Programmierung oder mit professioneller Softwareentwicklung auseinandersetzen will, führt kein Weg an diesem Buch vorbei!

KOSTENLOSE ZUSATZMATERIALIEN

Für Dozenten:

- Alle Abbildungen aus dem Buch

Für Studenten:

- Lokalisierte Beispielsammlung
- Weiterführende Links und Informationen

*unverbindliche Preisempfehlung